MATHEMATICAL MODELING
FOR BEGINNERS

零基础学
数学建模

国忠金 尹逊汝 孟静 刘伟彦◎编著

清华大学出版社
北京

内 容 简 介

本书是一部系统阐释数学建模原理、方法和示例的书籍。全书共 9 章：第 1 章数学模型与数学建模概述，介绍了数学模型概念、数学建模方法、步骤等；第 2 章初等模型，介绍了函数、数列、比例、方程、概率等初等数学模型；第 3 章线性规划模型，介绍了整数线性规划、0-1 型整数线性规划概念、方法、求解及案例分析等；第 4 章非线性规划模型，阐释了无约束、带约束非线性规划问题及求解方法；第 5 章统计方法与分析，对常见随机变量的分布、描述统计、推断统计进行了总结；第 6 章微分方程模型，介绍了微分方程概念、求解、Python 示例；第 7 章差分方程模型，介绍了差分方程概念、求解及建模案例；第 8 章图与网络模型，介绍了图与网络基本概念、最短路及最小生成树问题；第 9 章数学建模竞赛与论文写作，介绍了全国大学生数学建模竞赛及论文写作要求。

本书适合作为理工科专业本科生和研究生的课程教材，也可以作为广大数学建模爱好者、数学建模指导教师的参考用书。

图书在版编目（CIP）数据

零基础学数学建模/国忠金等编著. —北京：清华大学出版社，2023.6(2024.12重印)
ISBN 978-7-302-63078-4

Ⅰ．①零…　Ⅱ．①国…　Ⅲ．①数学模型－系统建模　Ⅳ．①O141.4

中国国家版本馆 CIP 数据核字(2023)第 045024 号

责任编辑：崔　彤
封面设计：李召霞
责任校对：申晓焕
责任印制：沈　露

出版发行：清华大学出版社
网　　址：https://www.tup.com.cn，https://www.wqxuetang.com
地　　址：北京清华大学学研大厦 A 座　　邮　　编：100084
社 总 机：010-83470000　　邮　　购：010-62786544
投稿与读者服务：010-62776969，c-service@tup.tsinghua.edu.cn
质量反馈：010-62772015，zhiliang@tup.tsinghua.edu.cn
课件下载：https://www.tup.com.cn,010-83470236
印 装 者：大厂回族自治县彩虹印刷有限公司
经　　销：全国新华书店
开　　本：186mm×240mm　　印　　张：14　　　　字　　数：317 千字
版　　次：2023 年 7 月第 1 版　　　　　　　　印　　次：2024 年 12 月第 5 次印刷
印　　数：5201～6700
定　　价：49.00 元

产品编号：097162-01

前言
PREFACE

　　数学科学的作用和地位日益受到人们的重视,这主要源于它的应用。各行各业都在运用数学,或是建立在数学基础之上。"数学无处不在"已成为不可争辩的事实。特别是在知识经济时代,经济全球化和计算机技术的迅猛发展,以及数学理论与方法的不断扩充使得数学的应用越来越深入。数学与计算机技术结合,已形成一种可实现、可应用、可推广的数学技术。数学建模就是联系数学和实际问题的桥梁。

　　本书结合国内外数学建模及数学软件的最新研究成果,总结了编者多年来数学建模教学和竞赛指导中积累的经验,从引领、指导、推广和应用的角度汇集了一些典型数学模型,从数学建模思维的角度阐释数学建模的原理、方法和过程,引领学生学习和欣赏数学模型,学会运用 MATLAB、Python 等现代数学软件解决实际问题。本书语言精练,深入浅出,注重基础,可读性强,强调现代数学软件及数值方法在数学建模中的重要应用。

　　本书的编写遵循数学建模的基本原理,精选了一些典型数学模型案例,注重讲解数学建模的基本框架和方法。全书共 9 章,主要涉及数学模型与数学建模概述、初等模型、线性规划模型、非线性规划模型、统计方法与分析、微分方程模型、差分方程模型、图与网络模型及数学建模竞赛与论文写作,附加赠送 MATLAB、Python 软件入门知识和使用简介电子资源。本书主要具备以下特点。

　　(1) 以案例教学的形式,介绍数学建模的内容、方法和步骤,提升学生综合素质和能力。

　　(2) 以"问题—建模—求解"为主线,强调数学语言的表述和数学模型的符号表达。

　　(3) 介绍常用的数学建模软件,引导学生树立运用数学软件解决实际问题的意识。

　　(4) 介绍全国大学生数学建模竞赛,精选了专家讲评论文,使学生在学习建模的同时,了解并做好参加全国大学生数学建模竞赛的准备。

　　(5) 配备了相关模块作业。

　　希望本书可以使更多的读者了解数学建模、热爱数学建模、应用数学建模。本书的编写和出版,得到了清华大学出版社的大力支持,在此表示衷心的感谢。

　　由于编者水平有限,书中难免存在不足和错误,恳请同行专家和读者批评指正。

编　者

2023 年 6 月

目 录
CONTENTS

第 1 章

数学模型与数学建模概述

数学是研究现实世界数量关系或空间形式的科学。数学的特点不仅在于其概念的抽象性、逻辑的严密性、图形的直观性,还在于其应用的广泛性。随着科学技术的迅速发展,特别是计算机及新兴技术的广泛应用,数学已应用到各行各业之中。著名科学家钱学森曾说"信息时代高科技的竞争本质上是数学技术的竞争"。换言之,高科技的发展关键是数学技术的发展,而数学技术与新兴技术结合的关键就是数学模型。建立数学模型、求解数学模型、分析数学模型已成为处理各类实际问题,实现定量化、数学化的重要工具。

马克思曾说"一种科学只有在成功地运用数学时,才能达到真正完善的地步"。数学模型是应用数学思考问题的方法,是运用数学解决实际问题的工具。数学建模即数学模型的建立过程,是联系数学和实际问题的桥梁,是开启数学大门的金钥匙。

1.1 数学模型的基本概念

现实世界中大量的实际问题往往不能直接地以现成的数学形式呈现,这就要求我们把实际问题抽象出来,再将其尽量简化,通过假设变量和参数,运用一些数学方法建立变量和参数的数学关系式或者算法等,这样抽象成的数学关系式或算法就是所谓的数学模型。

1.1.1 模型

简单地说,模型就是一种模仿物,就是用一种东西代替另一种东西,前者即为后者的模型。按表述给定问题的真实程度,模型可分为比例模型、模拟模型和符号模型等。

(1)比例模型是指小规模的重现,也称图像模型,例如实验空气流动的风洞等。

(2)模拟模型是指根据系统或过程的特性,按一定规律用计算机程序语言模拟系统原型的数学方程,探索系统结构与功能随时间变化规律的模型。

(3)符号模型是指将现实世界的特性用数学等专门符号语言表示的一种模型。模型不一定用公式表示,也可以用符号、逻辑图形及计算机程序表示。

1.1.2 数学模型

数学模型的概念十分广泛,目前描述性定义很多。例如:数学模型是指对于一个给定的现实对象,为了一个特定的目的,根据其内在规律,做出必要的简化假设,运用适当的数学工具得出的一个数学结构。也就是说,数学模型是通过抽象、分析、简化等过程,采用数学语言对现实问题的一个近似刻画,以便于人们深刻地认识所研究的对象。作为一种数学思考问题的方式,数学模型或是能够解释特定现象的现实形态,或是能够预测所研究问题的未来发展规律,或是能够提供处理实际对象的最优决策,或是给出解决实际问题的实施方案等。

1.1.3　数学模型的分类

数学模型包括各种数学关系式、程序、图形、表格、方案等。数学模型的分类非常广泛,常见的分类有以下几种。

（1）按变量可分为:离散模型与连续模型,确定模型与随机模型,线性模型与非线性模型,单变量模型与多变量模型等。

（2）按时间变化可分为:静态模型与动态模型。

（3）按研究方法可分为:初等模型、优化模型、逻辑模型、扩散模型、统计模型和模拟模型等。

（4）按研究对象可分为:人口模型、交通模型、生态模型、生理模型、经济模型和社会模型等。

1.1.4　数学模型与数学

实际上,数学模型并不是新的事物,自从有了数学并可以用数学解决实际问题开始,就有了数学模型。从简单到复杂,从低维到高维,从低级到高级,在数学发展的过程中,数学模型应运而生,发挥了越来越重要的作用。《牛津通识读本:数学》中指出“数学研究的对象只是有关现实世界的数学模型,数学模型可能并不是相应的现实世界,而只是它的一个近似的代表与反映”。

数学模型与数学有着密切的关系,但与数学又不完全相同,主要体现在三方面。

（1）研究内容。数学主要研究对象的共性和一般规律,数学模型主要研究对象的个性和特殊规律。

（2）研究方法。数学的主要研究方法是演绎推理,即按照已有的一般原理、公理考察特定的研究对象,继而通过推理获得结论。数学模型的主要研究方法是归纳演绎,即将现实对象的信息加以翻译、归纳,经过求解、演绎,获得数学上的解答,再经过翻译回到现实对象,给出分析、控制和决策的结果与解释。

（3）研究结果。数学研究结果侧重结果的准确性。数学模型研究结果是对实际问题的一种解释,与模型的假设、研究方法等有关,侧重问题解释,因此数学模型需要对研究结果进行模型检验。

因此,评价一个数学模型的优劣一般是看数学模型是否有一定的实际背景,假设是否合理,推理是否正确,方法是否有效,论述是否清晰,结果是否符合实际,等等。

1.2　数学建模及其方法

　　应用数学知识和方法解决现实问题首要的工作就是从实际问题本身出发,从形式上杂乱无章的现象中抽象出恰当的数学关系,也就是构建这个现实问题的数学模型,其过程就是数学建模。

1.2.1　数学建模

　　数学建模就是综合运用数学知识、方法和计算机等工具来解决实际问题,建立数学模型的全过程。也就是说,通过数学方法对模型分析与求解,然后解释和验证所得解,进而阐释实际问题。大致来说,数学建模过程可以分为表述、求解、解释和验证等阶段,如图1-1所示。

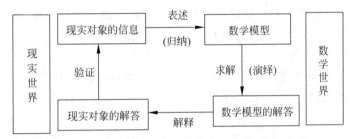

图 1-1　从现实世界到数学建模的全过程

　　表述是指根据建模的目的和掌握的信息,将实际问题“翻译”成数学问题,用数学语言准确地表述出来。

　　求解是指选择恰当的数学方法求得数学模型的解答。

　　解释是指将数学语言的解答翻译回到现实对象,给出实际问题的解答。

　　验证是指用现实对象的信息检验得到解答,以确认结果是否准确、符合实际。

1.2.2　数学建模的方法

　　数学建模通过现实问题背景,梳理出一些数据、参数、图形及定性描述的已知信息,进而依据这些信息建立数学模型。

1. 解法分类

建立数学模型的方法有很多,从基本解法上大致分为3种。

1)机理分析法

根据对客观事物特性的认识从基本物理定律及系统的结构数据来推导模型,主要是根据现实中的客观事实进行推理分析,用已知的数据确定模型的参数或直接用给定参数进行计算分析。常用的有如下方法。

(1)分析法是建立变量之间函数关系的最基本、最常用的方法。

(2) 代数方法是求解离散问题(离散的数据、符号、图形)的主要方法。

(3) 逻辑方法是人们在逻辑思维过程中,根据现实问题按逻辑思维的规律、规则形成概念、做出判断和进行推理的方法。

(4) 常微分方程方法是解决两个变量之间的变化规律,建立"瞬时变化率"表达式的方法。

(5) 偏微分方程方法是解决因变量与两个以上自变量之间变化规律的方法。

2) 数据分析法

根据对客观事物特性的数据描述推导模型,也就是通过对测量数据的统计分析,找出与数据拟合最好的模型。常用的有如下方法。

(1) 回归分析法是利用数据统计原理,对大量统计数据进行数学处理,并确定因变量与某些自变量的相关关系,建立一个相关性较好的回归方程,并加以外推,用于预测未来的因变量变化的分析方法。

(2) 时间序列分析法是通过对样本的分析研究,找出动态过程的特性,找到最佳的数学模型,继而估计模型参数,利用数学模型进行统计预测的方法。

3) 仿真方法

仿真是指基于实验或训练的目的,将根据客观事物特性建立的系统、事务或流程,建立一个模型以表征其关键特性或行为,予以系统化与公式化,以便对关键特性做出模拟。常用的有如下方法。

(1) 连续系统仿真是指对连续系统从时间、数值两方面进行离散化,并选择合适的数值计算方法来近似积分运算,由此得到离散模型来近似原连续模型。

(2) 离散事件系统仿真是指运用计算机对离散事件系统进行仿真实验的方法,实验步骤主要包括画出系统的工作流程图,确定达到模型、服务模型和排队模型,编制描述系统活动的运行程序并在计算机上执行这个程序。

(3) 仿真实验方法是指为了对系统进行深入的分析和综合研究,在计算机上对仿真模型进行多次仿真,包括交叉效应、迭代寻优和统计实验等。

2. 模型分析方法

从解决数学问题所使用的方法工具上,建立数学模型的方法大致分为9种。

1) 类比分析法

类比分析法是指在具体分析实际问题各个因素的基础上,通过联想、归纳对各因素进行分析,并且与已知模型比较,把未知关系转换为已知关系,在不同的对象或完全不相关的对象中找出同样的或相似的关系,用已知模型的某些结论类比得到解决类似问题的数学方法,最终建立起解决问题的模型。

2) 量纲分析法

量纲分析法是指在经验和实验的基础上,利用物理定律的量纲齐次性,确定各物理量之间关系的一种方法,通过量纲分析,可以正确地分析各变量之间的关系和性质,简化实验,便于成果整理。在数学建模过程中常常进行无量纲化,无量纲化是指根据量纲分析思想,恰当地选择特征尺度将有量纲量转换为无量纲量,从而达到减少参数、简化模型的效果。

3) 差分法

差分法是指通过泰勒(Taylor)级数展开等方法把控制方程中的导数用网格节点上的函数值的差商代替进行离散,从而建立以网格节点上的值为未知数的方程组的数学方法。构造差分的方法有多种形式,最常用的主要是泰勒级数展开方法。基本的差分表达式主要包括一阶向前差分、一阶向后差分、一阶中心差分和二阶中心差分等格式,其中前两种格式为一阶计算精度,后两种格式为二阶计算精度。通过对时间和空间进行不同差分,可以组合成不同的差分计算格式。差分法的解题步骤为:建立微分方程,构造差分格式,求解差分方程,检验模型精度。

4) 变分法

变分法是以变分学和变分原理为基础的一种近似计算方法。变分原理实际上就是以变分形式表述的物理定律,也就是说,在所有满足一定约束条件的可能的物质运动状态中,真实的运动状态应使某物理量取极值或驻值。现实中很多现象可以表达为泛函极小问题,即变分问题。

5) 图论法

图论法是指对一些事物进行抽象、化简,并用图来描述事物特征及内在联系过程的分析方法。一个图中的节点表示对象,两点之间的连线表示两对象之间具有某种特定关系(如先后关系、胜负关系、传递关系和连接关系等)。事实上,任何一个包含了某种二元关系的系统都可以用图来模拟。图论算法分为很多种,如最短路、网络流、二分图等。

6) 数据拟合法

实际问题有时仅给出一组数据,处理这类问题较简单易行的方法是通过数据拟合求得"最佳"的近似函数式。从几何上看就是找一条"最佳"的曲线,使之和给定的数据点靠得最近,即进行曲线拟合。根据一组数据来确定其经验公式,一般可分为如下三步进行。

(1) 决定经验公式的形式。根据所描绘系统固有的特点,参照已知数据的图形和特点或它应服从的规律来决定经验公式的形式。大致思路:一是利用所研究系统的有关问题在理论上已有的结论,来确定经验公式的形式;二是在无现成理论情况下,最简单的处理手段是用描图的方法,将数据点连成光滑曲线,把它与已知函数曲线进行比较,找出与之比较接近的曲线;三是如要考虑所建立的模型必要的逻辑性与理论价值,可利用合适的数学方法,对所研究系统的有关问题进行定量化的机理分析,推导出较为严密的数学公式。

(2) 决定经验公式中的待定参数。一般可用线性情况下的最小二乘法,此方法误差较小,适用于测定数据比较精确的情况。在使用最小二乘法时,如遇到数学模型是非线性经验公式,参数的确定方法通常是尝试能否经适当的变量替换,将之转换为线性模型来计算。

(3) 模型检验。求得确定的经验公式后,将实际测定值与用公式算出的理论值进行比较。

7) 回归分析法

回归分析法是统计分析的重要组成部分,用回归分析法来研究建模问题是一种常用的有效方法,一般与实际联系比较密切,因为随机变量的取值是随机的,大多数是通过试验得到的。这种来自实际与随机变量相关的数学模型准确度(可信度)如何,需通过进一步的统计试验来判断其模型中随机变量(回归变量)的显著性,而且往往需要经过反复地检验和修改模型,直到得到最佳结果,最后应用于实际。回归分析的内容主要包括:从一组数据出发,确定这些变量(参数)间的定量关系(回归模型);对模型的可信度进行统计检验;从有关的许多变量中,判断变量的显著性(显著的保留,不显著的忽略);应用结果时对实际问题做出判断。根据回归模型的特征,常见的回归模型有一元线性回归模型、多元线性回归模型、非线性回归模型等。

8) 数学规划法

数学规划法是指在给定的约束条件下,按照目标函数寻求计划、管理工作中的最优方案的一种数学方法。建立数学规划后,还需判定其类型,常用的有如下类型。

(1) 线性规划。约束条件可以用一组线性不等式或线性等式表示,目标函数为决策变量的线性函数的最优化问题。线性规划问题的解法在变量比较少的情形下可以用图解法得到最优解,在变量比较多的情形下一般应用单纯形法求解。

(2) 非线性规划。目标函数或约束条件中至少有一个是非线性函数的最优化问题。非线性规划问题的解法主要有罚函数法和近似规划法。

(3) 整数规划。整数规划问题是要求决策变量取整数值的线性或非线性规划问题,可分为整数线性规划和整数非线性规划。求解整数规划的方法主要有分枝定界法和割平面法。

(4) 动态规划。动态规划是用来解决多阶段决策过程问题的一种最优化方法。采用动态规划求解的问题一般要具有 3 个性质。①满足最优化原理:如果问题的最优解所包含的子问题的解也是最优的,就称该问题具有最优子结构,即满足最优化原理。②无后效性:即某阶段状态一旦确定,就不受这个状态以后决策的影响,也就是说,某状态以后的过程不会影响以前的状态,只与当前状态有关。③有重叠子问题:即子问题之间是非独立的,子问题在下一阶段决策中可能被多次使用到。动态规划就是分阶段进行决策,其基本思路是按时空特点将复杂问题划分为相互联系的若干个阶段,在选定系统行进方向之后,逆着这个行进方向,从终点向始点计算,逐步对每个阶段寻找某种决策,使整个过程达到最优,故又称为逆序决策过程。实际应用中可以按以下几个简化的步骤进行设计:分析最优解的性质,并刻画其结构特征;以自底向上或自顶向下的记忆化方式(备忘录法)计算出最优值;根据计算最优值时得到的信息,构造问题的最优解。

(5) 目标规划。目标规划是在线性规划的基础上,为适应经济管理中多目标决策的需要而逐步发展起来的一个分支。目前,目标规划已经在经济计划、生产管理、经营管理、市场分析、财务管理等方面得到广泛的应用。目标规划模型的建模步骤:根据要研究问题所提出的各目标与条件,确定目标值,列出目标约束与绝对约束;根据决策者的需要,将某些或全部绝对约束转换为目标约束。这时只需要给绝对约束加上负偏差变量或减去正偏差变量即可;给各目标赋予相应的优先因子;对同一优先等级中的各偏差变量,若需要可按其重要程度的不同,赋予相应的权系数。

9）现代优化算法

现代优化算法也称为智能优化算法或现代启发式算法，是一种具有全局化性能、通用性强且适合并行处理的算法。现代优化算法一般具有严密的理论依据，理论上可在一定时间内找到最优解或近似最优解，共同特点是从任一解出发，按照某种机制，以一定的概率在整个求解空间中探索最优解，并且可将搜索空间扩展到整个问题空间，具有全局最优性能。

模拟退火算法是一种通用的随机探索算法，其基本思想是把某类优化问题的求解过程与统计热力学中的热平衡问题进行对比，试图通过模拟高温物体退化过程来探寻最优化问题的全局最优解或近似全局最优解。模拟退火算法具有质量高、初值鲁棒性强、简单、通用、易实现的优点，但也由于要求较高的初始温度、较慢的降温速率、较低的终止温度及各温度下足够多次的抽样，优化过程较长。

遗传算法是一种基于群体进化的计算模型，它通过群体的个体之间繁殖、变异、竞争等方法进行的信息交换，优胜劣汰，从而逐步逼近问题最优解。对个体的遗传操作主要通过选择（繁殖）、交叉和变异（突变）等基本遗传算子来实现。基本遗传算法可用于解决求参数优化问题的全局最优解，其寻优过程包括编码、产生初始群体、构造评价函数、遗传操作、判定收敛性、最优个体解码。遗传算法具有很强的鲁棒性、很高的并行性、较高的可扩充性、较强的智能性等优点，可以用来解决复杂的非结构化问题。

1.3 数学建模的一般步骤

数学建模就是针对现实世界中的实际问题进行分析、简化、提炼，根据某种定律或数据隐含的规律建立变量和参数间的数学关系，即数学模型，然后用解析方法或近似数值方法求解数学模型，继而解释和验证求解结果，通过验证之后应用于实际问题，解释和解决实际问题，乃至更进一步作为一般模型来解决更广泛问题的过程。建立数学模型并没有固定的模式，下面只是按照一般情况，给出建模的主要步骤。数学建模的一般步骤如图1-2所示。

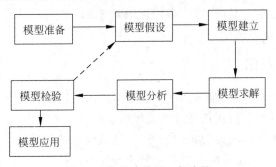

图 1-2 数学建模的一般步骤

1.3.1 模型准备

首先要了解问题的实际背景，明确建模的目的，搜集问题对象的各种信息，如数据、原理、现象等,查阅资料,弄清所研究对象的特征,尽量对问题有较为清晰的了解,由此初步确定问题建模的方向,做好建模的准备工作,继而形成一个比较清晰的"问题"。

1.3.2 模型假设

根据实际对象的特征和建模的目的,对问题进行合理简化,并用精确的语言做出问题假设,这也是数学建模的关键一步。一般来说,一个现实问题不经过简化假设就很难翻译成数学问题。数学建模的关键是抓问题的核心和主要矛盾,揭示事物和现象内在的数学规律。不同的假设会得到不同的模型,假设做得不合理或过分简单,会导致模型脱离实际问题,如果假设过分详细,试图把复杂对象各方面因素都考虑进去,可能会无法继续下一步的工作。通常,做假设的依据一是出于对问题内在规律的认识,二是来自对数据或现象的分析,也可以是二者的综合。做假设时既要运用与问题相关的物理、化学、经济、生物等方面的知识,又要充分发挥想象力、洞察力、判断力,善于辨别问题的主次,抓问题主要因素,舍去次要因素,在合理与简化之间做出折中。

1.3.3 模型建立

根据所做的模型假设,在明确建模目的的前提下利用对象的内在规律和适当的数学工具,建立起问题中相关量或因素的数学规律,可以是数学表达式、图形、表格、算法或其他数学结构。通常情况下,建模的目的可以是描述或解释现实世界的现象,也可以是为了预测一个事件是否发生,或未来的发展趋势,还可以是为了优化管理、决策或控制等。如果为了描述或解释现实世界的现象,则一般采用机理分析方法去研究事物的内在规律;如果为了预测事件的发生和发展,则常常采用概率统计、优化理论或模拟仿真等有关的建模方法;如果为了优化管理、决策或控制等,则除了有效地利用上述方法外,还需要合理有效地引入一些可量化的评价指标及评价依据和方法。对于现实世界中的一个复杂问题,往往需要综合运用各种不同方法和不同学科知识来建立数学模型,才能够很好地解决问题。模型建立时还应遵循尽量采取简单数学工具的原则,有效合理地解决现实问题,以便使更多人能够理解和使用。

1.3.4 模型求解

不同数学模型的求解方法、难易程度一般是不同的。通常情况下,对较简单的问题应力求普遍性,对较复杂的问题,可用从特殊到一般的求解思路来完成。数学模型的求解通常涉及不同数学分支及相关学科的专门知识和方法,这就要求我们除了掌握一些数学知识和方法,还应具备在必要时针对实际问题学习新知识的能力,同时还应具备熟练的计算机操作能力、程序编写能力等。

1.3.5 模型分析

对所求模型解的现实意义分析,有时需要根据问题的性质,分析变量之间的依赖关系或稳定性态,有时需要根据所获得的结果给出数学上的预测。无论哪种情况,常常需要进行误差分析,分析模型对数据的稳定性或进行灵敏度分析等。

1.3.6　模型检验

实际问题分析中将模型求解结果及模型分析翻译回现实问题,并与实际现象、数据比较,检验模型的合理性和适用性。如果检验结果不符合或部分不符合实际情况,则需要回到建模之初,修改、补充、假设,继而重新建模,有些模型可能需要经过几次反复修正、完善,直到检验结果获得某种程度上的满意。因此,模型检验对数学建模成败非常重要,有利于模型的修正和完善,提升数学模型与实际问题的贴合度。

1.3.7　模型应用

对数学模型的应用方式取决于问题的性质和建模的目的。对所建立的数学模型及求解结果,只有拿到实际中应用检验后,才能被证明是否正确,只有经过实际的检验才可更好地用于实际,并可进行适当的应用推广。

应当指出的是,并非所有数学建模都要经过上述这些步骤,有时各个步骤之间的界限也并不那么明显。因此,建模时不应拘泥于形式,重要的是根据实际对象的特点和建模的目的,采取灵活的表述方式。

第2章

初 等 模 型

当今社会日益数学化,在人们的日常生活、生产管理中,数学无处不在。数学的应用已渗透到各个领域,或者说各行各业日益依赖于数学。而随着数学的发展,数学模型无处不在,已成为我们解决实际问题的"刀匠"。

衡量一个数学模型优劣的标准在于它的应用效果,而不是采用高深、复杂的数学方法。也就是说,如果能用简单或初等的方法可以解决某个实际问题,其有效性与用所谓的高深数学建模方法获得的结果相差无几,或者说应用效果区别不大时,人们应该更倾向于应用初等模型。初等模型通常是指研究对象的机理比较简单,可以运用较简单的数学模型描述实际问题。

2.1 函数模型

运用函数的观点解决实际问题是初等数学建模中最重要、最常用的方法。实际问题中能找到两个或几个变量之间的联系,并用数学表达式建立函数关系的模型都可归于函数模型。本节主要通过加油站价格竞争模型、椅子平衡模型介绍函数模型的建立与求解。

2.1.1 加油站价格竞争模型

1. 问题提出

假设同一公路旁建有甲、乙两家加油站,可以提供同样的汽油为公路上行驶的汽车提供加油服务,彼此竞争。某一天,甲站推出"降价销售"吸引加油顾客,结果造成乙站的顾客被吸引,影响了乙站的销售额。因为利润是受到销售价格和销售量影响及控制的,乙站为挽回损失,也采取降价销售争取顾客。那么,乙站如何决定汽油的价格,才可以既同甲站竞争,又可获取尽可能高的利润呢?

2. 问题分析

在甲、乙两家加油站"价格战"营销中,问题需要站在乙站的立场上为其制定价格策略。因此,需要建立一个模型来描述甲站汽油价格下调后乙站销售量的变化情况,从而得到乙站的销售利润。

随着甲站汽油降价幅度的增加,乙站汽油销售量随之减少;而随着乙站汽油降价幅度的增加,乙站汽油销售量随之增大;同时随着两站之间汽油销售价格差的增加乙站汽油销售量也随之减少。因此,影响乙站汽油销售量的因素主要包括甲站汽油降价的幅度、乙站汽油降价的幅度及甲、乙两站之间汽油销售价格差。

3. 模型假设

(1) 假设在甲、乙两家加油站价格竞争中,汽油的正常销售价格保持不变。

(2) 甲、乙两站汽油降价的幅度及甲、乙两站汽油销售价格差对乙站汽油销售量的影响是线性的,且影响比例系数均假定为常数。

4. 符号说明

模型符号说明如表 2-1 所示。

表 2-1　加油站价格竞争模型符号说明

符　　号	含　　义
P	价格战前,甲、乙两站汽油的正常销售价格(元/升)
Z	降价前乙站的销售量(升)
W	汽油的成本价格(元/升)
x	降价后乙站的销售价格(元/升)
y	降价后甲站的销售价格(元/升)
a	甲站汽油降价的幅度对乙站汽油销售量的影响系数
b	乙站汽油降价的幅度对乙站汽油销售量的影响系数
c	甲、乙两站之间的汽油销售价格差对乙站汽油销售量的影响系数
$F(x,y)$	降价后乙站汽油销售量函数
$R(x,y)$	降价后乙站的利润函数

5. 模型建立

根据模型假设(2),乙站的汽油销售量函数为

$$F(x,y) = Z - a(P-y) + b(P-x) - c(x-y)$$

乙站的利润函数为

$$R(x,y) = (x-W)F(x,y) = (x-W)[Z - a(P-y) + b(P-x) - c(x-y)]$$

6. 模型求解

当降价后甲站的销售价格 y 确定时,利润函数为关于降价后乙站的销售价格 x 的二次函数,即

$$R(x,y) = -(b+c)x^2 + (Z - aP + bP + ay + cy + Wb + Wc)x - W(Z - aP + bP + cy)$$

计算利润函数 $R(x,y)$ 的最大值点为

$$x^* = \frac{1}{2(b+c)}[Z + (a+c)y - P(a-b) + W(b+c)]$$

7. 模型分析

由于无法要求任何一家加油站频繁调整其销售价格来统计不同价格下的销售量,因此在模型中假定 $Z=2000$,$P=4$,$W=3$,且 $a=1000$,$b=1000$,$c=4000$。甲站降价分别为 0.1、0.2、0.3 时,乙站最优销售价格及其利润如表 2-2 所示。

表 2-2　乙站最优销售价格及其利润

y/元	x/元	$R(x,y)$
3.9	3.65	2112.5
3.8	3.60	1800
3.7	3.55	1512.5

由于价格竞争前的利润为 $R_0=(4-3)\times2000=2000$ 元，这表明在上述模型下，甲、乙两站的价格下降也可能会使乙站的利润提高，但随着甲站降价幅度的增大，甲、乙双方的利润都会有较大幅度的下降，也就是说降价销售往往会导致商家"两败俱伤"。

8. 模型推广

在上述模型建立中，假设甲、乙两站降价幅度及价格差对销售量是线性影响的，且给出了线性系数均为销售量的同数量级关系。对模型进一步讨论，可以取不同的系数，且修正影响关系，给出不同影响关系下的降价策略及利润。

2.1.2　椅子平衡模型

1. 问题提出

日常生活中存在这样的现象：把四条腿的椅子往不平的地面上一放，通常只有三条腿着地，放不稳，然后只需要稍微挪动几下，一般都可以使四条腿同时着地，试从数学的角度加以解释。

2. 问题分析

根据生活常识，要把椅子通过挪动放稳，通常有拖动或转动椅子两种方法，也就是数学中所对应的平移与旋转变换。然而，由于平移椅子后问题的条件不会发生本质变化，所以用平移的办法很难解决本问题，于是可尝试将椅子就地旋转，即在旋转过程中寻找一种椅子能放稳的情形。因此，本问题可以转换为旋转变换问题。

3. 模型假设

（1）假设椅子四条腿一样长，椅脚与地面接触处视为一点，四条腿的连线呈长方形。

（2）地面高度是连续变化的，沿任何方向都不会出现间断，即从数学角度看，地面是连续曲面。

（3）椅子在任何位置至少有三条腿同时着地，即要求对于椅脚间距和椅腿长度而言，地面是相对平坦的。

4. 符号说明

模型符号说明如表 2-3 所示。

表 2-3　椅子平衡模型符号说明

符　　号	含　　义
xOy	直角坐标系
$ABCD$	旋转前椅脚连线所表示的长方形
$A_1B_1C_1D_1$	旋转后椅脚连线所表示的长方形

符 号	含 义
O	对称中心
θ	旋转角度
$f(\theta)(0\leqslant\theta\leqslant\pi)$	A、B 两脚与地面竖直距离之和
$g(\theta)(0\leqslant\theta\leqslant\pi)$	C、D 两脚与地面竖直距离之和

5. 模型建立

在上述模型假设下,问题解决的关键在于选择合适的变量,把椅子四条腿同时着地表示出来。首先引入合适的变量来表示椅子位置的挪动。下面尝试在旋转过程中寻找一种椅子能放稳的情形。

由于椅脚连线呈长方形,长方形是中心对称图形,绕它的对称中心旋转180°后,椅子仍在原地。把长方形绕它的对称中心 O 旋转,表示椅子位置的改变,于是,旋转角度 θ 就可以表示椅子的位置。为此,设椅脚连线为长方形 $ABCD$,以对角线 AC 所在的直线为 x 轴,对称中心 O 为原点,在平面上建立直角坐标系 xOy。

椅子绕 O 点沿逆时针方向旋转角度 θ 后,长方形 $ABCD$ 转至 $A_1B_1C_1D_1$ 的位置,这样就可以用旋转角 $\theta(0\leqslant\theta\leqslant\pi)$ 表示椅子绕 O 点旋转角度 θ 后的位置,如图 2-1 所示。

下面考虑椅脚着地的数学表达。

当椅脚与地面的竖直距离为 0 时,椅脚就着地了,而当这个距离大于 0 时,椅脚不着地。由于椅子在不同位置是旋转角度 θ 的函数,因此,椅脚与地面的竖直距离也是 θ 的函数。由于椅子有四条腿,因而椅脚与地面的竖直距离有四个,均为 θ 的函数。由假设(3)知,椅子在任何位置

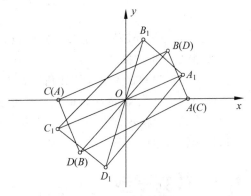

图 2-1 椅子旋转位置

至少有三条腿同时着地,即这四个函数对于任意的 θ,其函数值至少有三个同时为 0。因此,引入两个距离函数即可,考虑到长方形 $ABCD$ 为中心对称图形,绕其对称中心 O 点沿逆时针方向旋转180°后,长方形位置不变,但 A、C 和 B、D 对换了。模型假设可将问题条件转换为如下数学问题。

(1) $f(\theta)\geqslant0$,$g(\theta)\geqslant0$。

(2) $f(\theta)$ 和 $g(\theta)$ 均为关于 θ 的连续函数。

(3) 对任意旋转角度 θ,$f(\theta)$ 和 $g(\theta)$ 中至少有一个为 0,即 $f(\theta)\cdot g(\theta)=0$。

(4) $f(0)=g(\pi)$,$g(0)=f(\pi)$。

综上,问题转换为证明:存在 $\theta^*\in[0,\pi]$,使 $f(\theta^*)=g(\theta^*)=0$。

6. 模型求解

若 $f(0)=g(0)=0$,则结论成立。

如果 $g(0)$ 与 $f(0)$ 不同时为 0，不妨假设 $f(0)>0$，$g(0)=0$，此时将长方形 $ABCD$ 绕对称中心 O 点沿逆时针方向旋转 $180°$ 后，点 A、B 和 C、D 对换，但长方形 $ABCD$ 在地面上所处的位置不变，由此可知

$$f(0)=g(\pi), \quad g(0)=f(\pi)$$

而由 $f(0)>0$，$g(0)=0$ 知

$$f(\pi)=0, \quad g(\pi)>0$$

令 $h(\theta)=f(\theta)-g(\theta)$，则

$$h(0)=f(0)-g(0)>0, \quad h(\pi)=f(\pi)-g(\pi)<0$$

即

$$h(0)=-h(\pi)$$

由数学介值性定理知，必存在 $\theta^*(0<\theta^*<\pi)$，使 $h(\theta^*)=0$，即

$$f(\theta^*)=g(\theta^*)$$

又由于

$$f(\theta^*)g(\theta^*)=0$$

故 $f(\theta^*)=g(\theta^*)=0$ 成立。

综上，椅子四条腿同时着地，意味着椅子可以放稳了。

7. 模型分析与推广

椅子平衡问题在于引入旋转角度 θ 来表示椅子的位置，用 $f(\theta)$ 和 $g(\theta)$ 表示椅子四条腿与地面的竖直距离，继而将椅子是否可以放稳转换为一个数学问题，通过证明平衡点的存在性得出结论。运用这个模型，不但可以确定椅子能在不平的地面上放稳，也可以推广为如何通过旋转将地面上不稳的椅子放稳。

2.2 数列模型

数列是关于自然数集的特殊函数，诸多离散数学模型均可以用数列来描述。实际应用中，数列模型往往由递推公式给出。

等比数列的递推公式可简单表述为如下形式：

$$\begin{cases} A_1=a \\ A_{n+1}=qA_n \end{cases}$$

其中，$q\neq 0$，$n=1,2,\cdots$。

等差数列的递推公式可简单表述为如下形式：

$$\begin{cases} A_1=a \\ A_{n+1}=A_n+d \end{cases}$$

其中，$n=1,2,\cdots$。

由于数列模型相邻项（或相邻几项）的关系容易列出，数列的前几项也容易获得，整个数

列因此就确定下来了,这种刻画数列的思想方法称为递推思想。本节主要通过出租车调配模型、竞争捕食者模型介绍数列模型的建立与求解,讨论数列的应用及其递推思想。

2.2.1 出租车调配模型

1. 问题提出

某城市一家出租车公司有出租车 7000 辆,在甲地和乙地各有一家分支机构,专门负责为旅游公司提供出租车。由于甲地和乙地距离不远,出租车每天可以往返两地。根据公司统计的历史数据,每天甲地的车辆有 60% 前往乙地后返回甲地,余下 40% 前往乙地并留在乙地分支机构;而每天乙地的车辆有 70% 前往甲地后返回乙地,余下 30% 前往甲地并留在甲地分支机构。现在公司担心出现甲、乙两地车辆分布越来越不平衡的情况,如果出现,公司就必须考虑是否对甲、乙两地车辆进行调配,这就需要支付一定的调度费用。试对上述问题提出决策分析。

2. 问题分析

根据问题,可以给出甲、乙两地车辆往返数据,如图 2-2 所示。由统计规律建立相应模型,继而计算模型稳态解,得出最优策略。

图 2-2 甲、乙两地车辆往返数据统计规律示意图

3. 模型假设

(1) 假设甲、乙两地分支机构的出租车均能正常运营。

(2) 出租车司机均能接受在甲地或乙地留宿。

4. 符号说明

模型符号说明如表 2-4 所示。

表 2-4 出租车调配模型符号说明

符 号	含 义
J_n	第 n 天在甲地的出租车数量
Y_n	第 n 天在乙地的出租车数量
J^*	甲地的出租车最优车辆数
Y^*	乙地的出租车最优车辆数

5. 模型建立与求解

由历史统计规律和示意图 2-2 可知,问题模型为

$$\begin{cases} J_{n+1} = 0.6J_n + 0.3Y_n \\ Y_{n+1} = 0.4J_n + 0.7Y_n \\ J_n + Y_n = 7000 \end{cases}$$

若存在平衡状态,即 $J_n = J_{n+1}$ 及 $Y_n = Y_{n+1}$,解得

$$J^* = J_n = 3000, \quad Y^* = Y_n = 4000$$

此时说明甲地分配 3000 辆车,乙地分配 4000 辆车,则此后两地车辆数目不变,即达到平衡状态,如表 2-5 所示。

表 2-5　甲、乙两地车辆数量

n	1	2	3	4	…	n	…
甲地	3000	3000	3000	3000	…	3000	…
乙地	4000	4000	4000	4000	…	4000	…

进一步分析模型。若甲地、乙地的车辆初始状态不是 3000 和 4000 时,甲地和乙地的车辆数量每天都在变动,是否会出现不平衡,是否需要进行调配?

根据问题模型,下面分别以 (7000,0)、(5000,2000)、(2000,5000)、(0,7000) 为初始条件代入模型,递推数据结果分别如表 2-6~表 2-9 所示。

表 2-6　初始状态为 (7000,0) 的车辆数量模拟结果

n	0	1	2	3	4	5	6	7
甲地	7000	4200	3360	3108	3032.4	3009.72	3002.916	3000.875
乙地	0	2800	3640	3892	3967.6	3990.28	3997.084	3999.125

表 2-7　初始状态为 (5000,2000) 的车辆数量模拟结果

n	0	1	2	3	4	5	6	7
甲地	5000	3600	3180	3054	3016.2	3004.86	3001.458	3000.437
乙地	2000	3400	3820	3946	3983.8	3995.14	3998.542	3999.563

表 2-8　初始状态为 (2000,5000) 的车辆数量模拟结果

n	0	1	2	3	4	5	6	7
甲地	2000	2700	2910	2973	2991.9	2997.57	2999.271	2999.781
乙地	5000	4300	4090	4027	4008.1	4002.43	4000.729	4000.219

表 2-9　初始状态为 (0,7000) 的车辆数量模拟结果

n	0	1	2	3	4	5	6	7
甲地	0	2100	2730	2919	2975.7	2992.71	2997.813	2999.344
乙地	7000	4900	4270	4081	4024.3	4007.29	4002.187	4000.656

由模拟结果可知无论车辆如何分配,经过有限天数(约 7 天)后,最终将达到平衡状态,即 $\{J_n\}$ 的极限是 3000,$\{Y_n\}$ 的极限是 4000。其中,$(J^*, Y^*) = (3000, 4000)$ 为该模型系统的平衡点,而且是稳定的。

6. 模型评价

数学建模是一个迭代的过程,是一个螺旋上升的过程,通过不断的迭代、不断的修正,最终得到更好、更接近现实情况的结果。

2.2.2 竞争捕食者模型

1. 问题提出

在非洲,有一个地方栖息着一种特别的斑点猫头鹰。它们跟老鹰同处于食物链的高层,本应无忧无虑,但是由于捕食对象相同、相互竞争,因此随时有种群灭绝的危险。建立数学模型研究它们之间数量的关系。

2. 问题分析

该问题属于竞争捕食者模型,生物种群的数量与自身数量及其竞争对手数量有着紧密关系。为此,问题需要给出影响种群数量变化的因素和种群数量变化规律,继而给出种群数量动态关系模型。求解模型稳态解,可以给出斑点猫头鹰与老鹰竞争后的种群数量。

3. 模型假设

(1)假设本地区食物链仅涉及斑点猫头鹰与老鹰两类物种,不考虑其他物种的影响。

(2)假设一个种群的数量增加与其自身数量成正比。

(3)在考虑种群死亡情况下,假定一个种群数量的减少跟它的数量及竞争对手数量的乘积成正比。

4. 符号说明

模型符号说明如表 2-10 所示。

表 2-10 竞争捕食者模型符号说明

符 号	含 义
O_n	斑点猫头鹰第 n 天的数量
T_n	老鹰第 n 天的数量
k_1	斑点猫头鹰的增加比例系数
k_2	老鹰的增加比例系数
k_3	影响斑点猫头鹰数量减少的与老鹰数量乘积的比例系数
k_4	影响老鹰数量减少的与斑点猫头鹰数量乘积的比例系数

5. 模型建立与求解

首先,假定一个种群的数量增加与其自身数量成正比,在不考虑死亡的情况下考虑两类种群数量关系,则斑点猫头鹰的增加量为

$$\Delta O_n = k_1 O_n \quad (k_1 \in \mathbf{R}^+)$$

老鹰的增加量为

$$\Delta T_n = k_2 T_n \quad (k_2 \in \mathbf{R}^+)$$

其次,考虑种群的死亡问题,由于斑点猫头鹰和老鹰是地区霸主,不担心被别的动物吞食,它们的死亡主要由于缺乏食物造成。假定一个种群数量的减少跟它的数量与其竞争对手数量的乘积成正比,则斑点猫头鹰的变化量为

$$\Delta O_n = k_1 O_n - k_3 O_n T_n \quad (k_3 \in \mathbf{R}^+)$$

老鹰的变化量为

$$\Delta T_n = k_2 T_n - k_4 O_n T_n \quad (k_4 \in \mathbf{R}^+)$$

则该动态系统模型的状态转移方程为

$$\begin{cases} O_{n+1} = O_n + \Delta O_n = (1+k_1)O_n - k_3 O_n T_n \\ T_{n+1} = T_n + \Delta T_n = (1+k_2)T_n - k_4 O_n T_n \end{cases}$$

假定比例系数为 $k_1 = 0.2, k_2 = 0.3, k_3 = 0.001, k_4 = 0.002$，则状态转移方程为

$$\begin{cases} O_{n+1} = 1.2 O_n - 0.001 O_n T_n \\ T_{n+1} = 1.3 T_n - 0.002 O_n T_n \end{cases}$$

由

$$\begin{cases} O^* = O_n = O_{n+1} \\ T^* = T_n = T_{n+1} \end{cases}$$

得平衡点为

$$(O^*, T^*) = (150, 200) \quad \text{或} \quad (O^*, T^*) = (0, 0)(\text{舍去})$$

进一步考察该动态系统平衡点的稳定性，考虑如下 4 种初始情况下斑点猫头鹰和老鹰的变化趋势，如表 2-11 所示。

表 2-11 斑点猫头鹰和老鹰 4 种初始数量

物 种	情况 1	情况 2	情况 3	情况 4
斑点猫头鹰	150	151	149	10
老鹰	200	199	201	10

情况 1：两个种群数量始终保持不变，永远相互共存下去，如图 2-3 所示。但这仅仅是最理想化的情况。

情况 2：斑点猫头鹰成为胜利者，老鹰最后灭绝了，如图 2-4 所示。尽管斑点猫头鹰的数量仅比情况 1 多一只，老鹰的数量比情况 1 少一只，老鹰种群在争夺食物的大战中不敌对手，甚至灭绝。

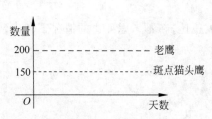

图 2-3 初始情况 1 下的斑点猫头鹰与老鹰种群变化规律

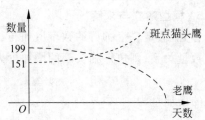

图 2-4 初始情况 2 下的斑点猫头鹰与老鹰种群变化规律

情况 3：老鹰成为胜利者，斑点猫头鹰最后灭绝了，如图 2-5 所示。尽管斑点猫头鹰的数量仅比情况 1 少一只，老鹰的数量比情况 1 多一只，老鹰种群在争夺食物的大战中成为胜利者，斑点猫头鹰惨遭灭绝。

情况 4：老鹰仍然成为胜利者，斑点猫头鹰最后还是灭绝了，如图 2-6 所示。与前面三种情况相比，两个种群的初始数量相同。但是，老鹰种群以绝对的优势赢得胜利，而斑点猫头鹰种群惨遭灭绝。

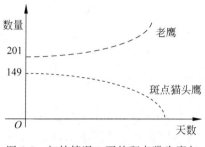

图 2-5　初始情况 3 下的斑点猫头鹰与
老鹰种群变化规律

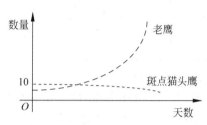

图 2-6　初始情况 4 下的斑点猫头鹰与
老鹰种群变化规律

综上，情况 1 是最理想的情况。情况 2 和情况 3 表明，即使系统只有细微偏差，但最后结果却截然不同。情况 1、情况 2 和情况 3 尽管初始数量相差不大，但最终结果相差悬殊。

6. 模型评价

综上讨论可以看出，竞争捕食者模型是一个对初始值敏感的模型。在给定比例参数的前提下，系统平衡点$(150, 200)$是一个不稳定的平衡点，即使初始值非常接近，最后的结果达不到平衡点，甚至偏离很远。若想得到更好的分析结果，需要修正问题假设，考虑更多的因素，利用更优的建模方法。

2.3　比例模型

比例是最基本、最初等的数学概念之一，很多实际对象蕴含比例关系。通常，如果 y 与 x 成正比，可以记为 $y \propto x$ 或者 $y = kx$（k 称为比例因子）等。例如，一个均匀物体的质量 M 和它的体积 V 成正比，即 $M \propto V$；对于形状相似的物体，它的表面积 S 和它的特征长度 L^2 成正比，即 $S \propto L^2$，它的体积 V 和特征长度 L^3 成正比，即 $V \propto L^3$，则它的体积 V 和表面积 S 的比例关系为 $V \propto S^{\frac{3}{2}}$。利用这种关系转换，可以简单地构造有关问题的比例模型。

2.3.1　划艇成绩模型

1. 问题提出

划艇是一种靠桨手划桨前进的小船，分单人艇、双人艇、四人艇和八人艇四种。各种划艇虽大小不同，但形状相似。各种划艇 1964—1970 年四次 2000m 比赛的最好成绩如表 2-12 所示，发现它们之间有相当一致的差别，似乎成绩与桨手数之间存在某种联系，建立数学模型来解释这种关系。

表 2-12　1964—1970 年四次 2000m 划艇比赛成绩汇总

| 艇种 | 2000m 成绩 t/min | | | | | 艇长 l/m | 艇宽 b/m | l/b | 艇重/桨手数 |
	1	2	3	4	平均				
单人	7.16	7.25	7.28	7.17	7.21	7.93	0.293	27.0	16.3
双人	6.87	6.92	6.95	6.77	6.88	9.76	0.356	27.4	13.6
四人	6.33	6.42	6.48	6.13	6.32	11.75	0.574	21.0	18.1
八人	5.87	5.92	5.82	5.73	5.84	18.28	0.610	30.0	14.7

2．问题分析

问题中，由于划艇的速度、阻力和桨手的输出功率等变量之间的精确关系不易确定，各时刻划艇的绝对速度也很难得到，建立精确的模型来描述划艇运动是困难的，而现在关心的是划完全程的时间，因此可以在不太精确的假设条件下运用比例分析法建立数学模型。

根据表 2-12 中数据，桨手数 n 增加时，艇的尺寸 l、b 及划艇重 w_0 都随之增加，但比值 l/b 和 w_0/n 变化不大。假设 l/b 是常数，即各种划艇的形状相同，则可得到划艇浸没面积和排水体积之间的关系。若假定 w_0/n 是常数，可得划艇和桨手质量与桨手数之间的关系。此外，对桨手体重、划桨功率、阻力与艇速的关系等做出简化且合理的假定，运用物理定律建立模型。

3．模型假设

（1）艇速 v 是常数，根据流体力学，所受阻力 f 与浸没部分表面积 s 与 v^2 成正比。

（2）各种艇的规格相同，l/b 是常数；艇重 w_0 与桨手数 n 成正比。

（3）所有桨手体重 w 均相同。

（4）比赛中每个桨手的输出功率 p 保持不变，且 p 与 w 成正比（其中，p 与肌肉体积、肺体积成正比，对于身材匀称的运动员，肌肉、肺的体积与 w 成正比）。

4．符号说明

模型符号说明如表 2-13 所示。

表 2-13　划艇成绩模型符号说明

符　号	含　义
v	艇速
f	艇在前进中受水的阻力
s	艇浸没部分的表面积
l	艇长
b	艇宽
w_0	艇重
w	桨手体重
V	艇的排水体积
W	艇和桨手的总质量
p	桨手的输出功率
t	划艇的比赛时间

5. 模型建立与求解

根据问题及物理规律知,n 名桨手的艇总功率 np 与阻力 f 和速度 v 的乘积成正比,即

$$np \propto fv$$

由假设(1)、(3)和(4)知

$$f \propto sv^2, \quad p \propto w$$

因此

$$v \propto \left(\frac{n}{s}\right)^{\frac{1}{3}}$$

由假设(2)知,艇的排水体积 V 与浸没面积 s 的关系为

$$V \propto s^{\frac{3}{2}}$$

即

$$s \propto V^{\frac{2}{3}}$$

由于艇重 w_0 与桨手数 n 成正比,所以艇和桨手的总质量 $W = w_0 + nw$ 也与 n 成正比,即

$$W \propto n$$

由阿基米德定律,艇的排水体积 V 与总质量 W 成正比,即 $V \propto W$,故 $s \propto n^{\frac{2}{3}}$。
因此

$$v \propto n^{\frac{1}{9}}$$

因为比赛成绩 t 与艇速 v 成反比,于是得划艇比赛成绩与桨手数之间的关系为

$$t \propto n^{-\frac{1}{9}}$$

即 $t = kn^{-\frac{1}{9}}$。

为确定上述关系参数 k,利用最小二乘估计法,代入表 2-12 的数据,得

$$k = 7.21$$

即划艇比赛成绩与桨手数之间的关系如图 2-7 所示,其关系表达为

$$t = 7.21n^{-\frac{1}{9}}$$

6. 模型评价

划艇成绩模型是在艇相对速度的简化假设基础上运用比例方法建立的模型,用此种方法建模虽不能得到关于艇速的完整表达式,但对于解决问题和建模已经足够,最后结果与实际数据吻合得也比较好。

2.3.2 商品包装规律模型

1. 问题提出

众所周知,许多商品都是包装出售的,同一种商品的包装也有大小不同的规格,而且通

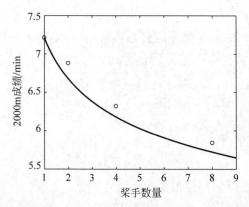

图 2-7 划艇比赛成绩与桨手数之间的关系拟合曲线

常同一种商品大包装的单位价格比小包装的单位价格低。建立数学模型分析商品包装的内在规律。

2．问题分析

该问题主要针对商品包装的内在规律进行机理性分析，面对错综复杂的生产过程和包装形式，不同的包装形式和大小影响包装价格。为简化分析，该模型仅考虑商品包装材料成本、包装工人工作劳动投入成本等。因此，需要考虑单位商品的包装材料成本、包装工人工作劳动投入成本等，继而给出对应关系。

3．模型假设

（1）商品生产和包装的工作效率是固定不变的。

（2）商品包装成本只由包装的劳动力投入和包装材料的成本构成。

（3）商品包装的形状是相似的，包装材料相似。

4．符号说明

模型符号说明如表 2-14 所示。

表 2-14 商品包装规律模型符号说明

符　　号	含　　义
a	生产一件商品的成本
b	包装一件商品的成本（b_1、b_2 分别表示劳动力和包装材料的成本）
w	每件商品的质量
s	每件商品的表面积
v	每件商品的体积
c	每件商品的单位成本

5．模型建立与求解

由假设（1），假定商品的生产成本 a 正比于商品的货物量 w，即

$$a = k_1 w \quad (k_1 \in \mathbf{R})$$

显然，包装的劳动力成本 b_1 正比于商品的货物量，即

$$b_1 = k_2 w \quad (k_2 \in \mathbf{R})$$

由假设(3)商品包装材料的成本 b_2 正比于货物的表面积 s，而商品的表面积 s 与体积有如下关系：

$$s = k_3 v^{\frac{2}{3}} \quad (k_3 \in \mathbf{R})$$

商品的体积又正比于货物量，于是有

$$b_2 = k_4 w^{\frac{2}{3}} \quad (k_4 \in \mathbf{R})$$

且

$$b = b_1 + b_2 = k_2 w + k_4 w^{\frac{2}{3}}$$

从而每件商品的单位成本 c 为

$$c = \frac{a+b}{w} = \frac{k_1 w + k_2 w + k_4 w^{\frac{2}{3}}}{w} = k_1 + k_2 + k_4 w^{-\frac{1}{3}} = p + q w^{-\frac{1}{3}} (p, q \in \mathbf{R})$$

综上，包装货物量为 w 时单位商品总成本 c 为

$$c = p + q w^{-\frac{1}{3}} \quad (p, q \in \mathbf{R})$$

不难看出，c 是 w 的减函数，表明当包装增大时每件商品的单位成本将下降，这与平时的生活经验是一致的。

6. 模型评价

从定性分析的角度看，商品单位成本 c 随货物量 w 增加的下降速率为

$$r(w) = \left| \frac{\mathrm{d}c}{\mathrm{d}w} \right| = \frac{1}{3} q w^{-\frac{4}{3}}$$

上式表明，当包装比较大时，商品单位成本的降低越来越慢。因此，当购买商品时，并不一定是越大的包装越划算。

2.4 方程模型

在研究实际问题时，常常会联系到某些变量的变化率或导数，这样得到的变量之间的关系式就是微分方程模型。在自然科学中的应用主要以物理、力学等客观规律为基础建立，而在经济学、人口预测等社会科学方面的应用则是在类比、假设等措施下建立起来的。微分方程模型反映的是变量之间的间接关系，因此要得到直接关系，需要求解微分方程。在现实社会中，又有许多变量是离散变化的，如人口数、生产周期与商品价格等，此时建立的变量之间的关系式就是差分方程模型，差分是联系连续与离散变量的一座桥梁。

2.4.1 嫌疑犯判断模型

1. 问题提出

某公寓发生一起谋杀案，死者是下午 7：30 被发现的，法医 8：20 赶到现场，经过调查，

种种迹象表明,此案最大的嫌疑犯是其单位的张某,但有人证明,张某下午 5：00 之前一直在办公室,5：00 时张某才匆匆离开,从其办公室到公寓步行需要 20 分钟,问能否证明张某不在现场。

2．问题分析

该问题主要侧重判定死者被杀的时间,继而通过测试死亡时间判断嫌疑犯是否在现场。因此,需要给出一种测试死亡时间的方法,推算死者死亡时间。根据问题所给出的信息,模型拟通过测试死者的体温推算死者死亡时间。若推算出死者是在 5：20 之前被谋杀的,就可以排除嫌疑犯,否则就不能证明嫌疑犯张某不在现场。根据现场信息知,法医在 8：20 时,测得死者体温为 32.6℃,一小时后,死者被移走时,又测量了一下体温为 31.4℃,当时室内温度为 21.1℃。能否由此来推算死者死亡时间?

3．模型假设

（1）死者生存时正常体温为 37℃,无发烧现象。

（2）室内温度在几个小时内恒定。

（3）由傅里叶热传导定律知,死者体温下降的速率和尸体温度与外界温差成正比,设比例系数为 k。

4．符号说明

模型符号说明如表 2-15 所示。

表 2-15　嫌疑犯判断模型符号说明

符　　号	含　　义
t	时间
k	体温下降速率
$T(t)$	t 时刻尸体温度
$\widetilde{T}(t)$	室温
$\hat{T}$	受害者死亡时间

5．模型建立与求解

该问题拟通过死者的体温变化判断死者死亡时间,由于死者尸体的温度是随时间变化的,设 t 时刻死者尸体温度为 $T(t)$,若假定 8：20 为 $t=0$ 时刻,则有

$$T(0)=32.6℃, \quad T(60)=31.4℃$$

由假设（3）知

$$\frac{\mathrm{d}T(t)}{\mathrm{d}t}=k[T(t)-\widetilde{T}(t)]$$

假设下午 5：00—9：20 室温是不变的,且 $\widetilde{T}(t)=21.1℃$,代入上式且分离变量得

$$\frac{\mathrm{d}T(t)}{T(t)-21.1}=k\,\mathrm{d}t$$

两边求不定积分,得

$$\ln[T(t)-21.1]=kt+C, \quad T(t)=21.1+\mathrm{e}^C\mathrm{e}^{kt}=21.1+C_1\mathrm{e}^{kt}$$

由 $T(0)=32.6, T(60)=31.4$ 得

$$C_1=11.5, \quad k=-\frac{\ln\left(\dfrac{31.4-21.1}{11.5}\right)}{60}=-0.00183672$$

综上,尸体的温度变化规律为

$$T(t)=21.1+11.5e^{-0.00183672t}$$

将 $T(t)=37$ 代入上述模型,得 $t=-176.386$,即 -2 时 56 分。因此,受害者死亡时间约为

$$\hat{T}=8\text{ 时 }20\text{ 分 }-2\text{ 时 }56\text{ 分 }=5\text{ 时 }26\text{ 分}$$

因此,不能排除张某为嫌疑犯。

6. 模型推广与应用

由于下午 5:00—9:20 室温不会是不变的,因此需要弄清室温在这段时间内是如何变化的才能正确地判定死者的死亡时间。于是向当地气象部门求助,得到以下室内温度在这段时间内的记录,如表 2-16 所示。

表 2-16　室内温度在下午 5:00—9:20 时间段内的记录

...	22.53	22.47	22.41	22.35	22.29	22.23	22.17	22.11	22.05
21.99	21.94	21.88	21.83	21.77	21.72	21.66	21.61	21.56	21.51
21.46	21.40	21.35	21.30	21.25	21.21	21.16	21.11	...	

注:上表是时间段下午 5:00—9:20 每隔十分钟的温度记录。

图 2-8 和图 2-9 分别给出了室内温度变化散点图及其三次拟合曲线。其中三次拟合方程为 $w(t)=0.00000028t^3+0.00028t^2-0.062t+23$。

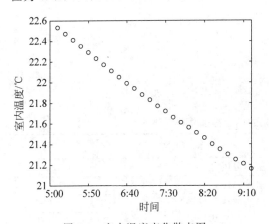

图 2-8　室内温度变化散点图

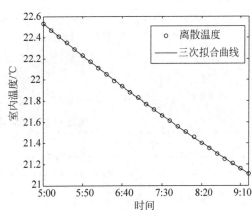

图 2-9　三次拟合曲线与温度变化的散点图比较

将以下午 5:00 作为时间起点的拟合方程转换为以下午 8:20 为时间起点的拟合方程,三次拟合方程变为 $\widetilde{T}(t)=0.00000028t^3+0.000276t^2-0.0648t+23.32$。

此时假设(2)改为:室内温度在下午 5:00—9:20 时段内变化规律为 $\widetilde{T}(t)$。代入模型

$$\frac{\mathrm{d}T(t)}{\mathrm{d}t} = k[T(t) - \widetilde{T}(t)]$$

由 $T(0) = 32.6$，$T(1) = 31.4$，化简解得 $k = -0.112$，代入原方程得

$$t = -3.0754$$

此时推算死者死亡的真正时间为

$$\hat{T} = 8\text{ 时 }20\text{ 分} - 3\text{ 时 }05\text{ 分} = 5\text{ 时 }15\text{ 分}$$

由于张某 5 时 20 分才可能达到公寓，因此此种假设条件下推得张某不在现场。

2.4.2 双层玻璃功效模型

1. 问题提出

在寒冷的北方，许多住房的玻璃窗都是双层玻璃（见图 2-10），建立一个简单的数学模型，比较两座其他条件完全相同的房屋，它们的差异仅在窗户不同时双层玻璃到底有多大的功效。

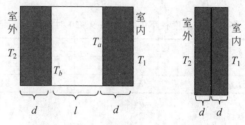

图 2-10 双层玻璃与单层玻璃示意图

2. 模型假设

（1）设室内热量的流失是热传导引起的，不存在室内外的空气对流。

（2）室内温度 T_1 与室外温度 T_2 均为常数。

（3）玻璃是均匀的，热传导系数为常数。

3. 符号说明

模型符号说明如表 2-17 所示。

表 2-17 双层玻璃功效模型符号说明

符　　号	含　　义
T_1	室内温度
T_2	室外温度
k_1	玻璃的热传导系数
k_2	空气的热传导系数
θ	热量
d	玻璃厚度
l	双层玻璃间距

4. 模型建立与求解

单位时间通过单位面积由温度高的一侧流向温度低的一侧的热量为 θ，则由热传导

公式

$$\theta = k \frac{\Delta T}{d}$$

计算得

$$\theta = k_1 \frac{T_1 - T_a}{d} = k_2 \frac{T_a - T_b}{l} = k_1 \frac{T_b - T_2}{d}$$

即

$$T_a = \frac{(1 + k_1 l / k_2 d) T_1 + T_2}{2 + (k_1 l)/(k_2 d)}$$

$$\theta = k_1 \frac{T_1 - \dfrac{(1 + k_1 l / k_2 d) T_1 + T_2}{2 + (k_1 l)/(k_2 d)}}{d} = k_1 \frac{T_1 - T_2}{d(2 + k_1 l / k_2 d)}$$

类似地,对单层玻璃而言,有

$$\theta' = k_1 \frac{T_1 - T_2}{2d}$$

$$\frac{\theta}{\theta'} = \frac{2}{2 + (k_1 l)/(k_2 d)}$$

通常情况下,$16 \leqslant \dfrac{k_1}{k_2} \leqslant 32$,从而有

$$\frac{\theta}{\theta'} \leqslant \frac{1}{1 + 8l/d}$$

记 $h = \dfrac{l}{d}$,令 $f(h) = \dfrac{1}{8h + 1}$,此函数图像如图 2-11 所示。

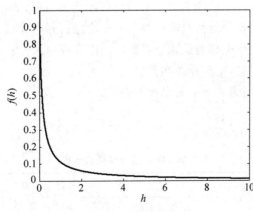

图 2-11　函数图像

5. 模型评价
考虑到美观和使用上的方便,h 不必取得过大,例如取 $h = 3$,即 $l = 3d$,此时房屋热量的

损失不超过单层玻璃窗时的 3%。

2.5 概率模型

概率是研究现实世界中某些事件发生可能性大小的工具,概率分为古典概率和几何概率。古典概率不仅要求基本事件的出现具有等可能性,而且要求样本空间为有限集。当实际问题为无限样本空间情形时,需要几何概率来解决。

2.5.1 电梯运行模型

1. 问题提出

某 11 层商务办公楼,办公室分别安排在 7 层及以上楼层,假设办公人员都乘坐电梯上下班,每层有 60 人办公。现有三部电梯可供使用,每层楼之间电梯运行时间为 3 秒,首层(1层)停留时间为 20 秒,其余各层若停留,则停留时间为 10 秒,建设每部电梯的最大容量均为10 人,在上班前电梯只在 7～11 层停留,建立数学模型回答:怎样调度电梯能使办公人员到达相应楼层所需总时间最少? 给出一种具体实用的电梯运行方案。

2. 问题分析

该问题目标为使 7～11 层办公人员共 300 人到达各自楼层所需总时间最小,给出电梯运行方案。从概率层面考虑,每部电梯随机选择 10 位乘客,且 10 位乘客随机到达 7～11层,但这样处理相对复杂。因此,可以从简单情形出发,给出各种运行方案,然后计算所需时间。

3. 模型假设

(1)所有办公人员均乘坐电梯上楼。

(2)早晨上班(如 8:00)前,所有办公人员已陆续到达首层,等待乘坐电梯上楼。

(3)假设每部电梯在首层等待时间内办公人员均能达到电梯最大容量。

(4)所有办公人员能在电梯各层相应停留时间内完成出入,不占用其他运行时间。

(5)当无人使用电梯时,电梯停留在首层。

(6)电梯运行中,某层无人上下时电梯不停留。

4. 符号说明

模型符号说明如表 2-18 所示。

表 2-18 电梯运行模型符号说明

符 号	含 义
t_0	首层等待时间,且 $t_0 = 20$ 秒
t	7～11 层每层电梯停留时间,且 $t = 10$ 秒
τ	每层楼之间电梯运行时间,且 $\tau = 3$ 秒
T	每部电梯运行的总时间
p	随机事件发生的概率

符　号	含　义
$N(1 \leqslant N \leqslant 5)$	电梯在首层外随机停留次数
$F(7 \leqslant F \leqslant 11)$	电梯随机运行中最高到达的层数
$\widetilde{T}$	电梯运行一趟所需时间
$T_{\text{总}}$	运送完全部办公人员总耗时

5. 模型建立与求解

1) 最简单、易获得的电梯运行方案1

假设三部电梯运行彼此独立,将300名办公人员平均分配给三部电梯,每部电梯每次运送10人,各运送10次。由于每次运行都有往返,故每部电梯使办公人员到达相应楼层所需总时间为

$$T = t_0 + 5 \times t + 2 \times 10 \times \tau = 20 + 50 + 60 = 130(\text{秒})$$

将全部办公人员运送完,三部电梯总耗时为

$$T_{\text{总}} = 3 \times 10 \times T = 3900(\text{秒})$$

2) 电梯运行方案1的改进与推广(电梯运行方案2)

假设一部电梯在首层外停留的次数为 N,最高到达的层数为 F,则该电梯运行一趟所需时间为

$$\widetilde{T} = t_0 + 2 \times \tau \times (F-1) + N \times t = 14 + 6F + 10N(\text{秒})$$

其中,$1 \leqslant N \leqslant 5, 7 \leqslant F \leqslant 11$。

由上式可以看出,要使 $\widetilde{T}$ 变小,需要减少停留层数,降低最高达到的楼层数。但由于第11层共有60名办公人员需要达到最高层,因此到达的最高层数由乘坐办公人员所确定,不可均变小。配置一种极端方案,即每部电梯每次运行只去某一特定的楼层,以保证中途仅开门一次,为了电梯运行时间均匀,设置每部电梯各去每层楼两次,依照此种配置运行方案,每部电梯赴7~11层楼分别用时为

$$\widetilde{T}_7 = 14 + 6 \times 7 + 10 = 66(\text{秒})$$

$$\widetilde{T}_8 = 14 + 6 \times 8 + 10 = 72(\text{秒})$$

$$\widetilde{T}_9 = 14 + 6 \times 9 + 10 = 78(\text{秒})$$

$$\widetilde{T}_{10} = 14 + 6 \times 10 + 10 = 84(\text{秒})$$

$$\widetilde{T}_{11} = 14 + 6 \times 11 + 10 = 90(\text{秒})$$

将全部办公人员运送完,三部电梯总耗时为

$$T_{\text{总}} = 3 \times 2 \times (\widetilde{T}_7 + \widetilde{T}_8 + \widetilde{T}_9 + \widetilde{T}_{10} + \widetilde{T}_{11}) = 2340(\text{秒})$$

3) 电梯运行方案3

方案2大大减少了方案1的运行时间,但方案2是一种极端情形,每次电梯运行均停留一层,在现实生活中很难做到,属于理想状态。下面考虑从统计角度出发设计电梯运行配置

方案。通过一段时间观察统计,发现 300 名办公人员不都是按时上班,例如约有 200 名工作人员 8:00 前达到电梯首层,则此时即使按照方案 1,每部电梯的运行次数不超过 7 次,可使运行时间减少到

$$T_{总} = 20 \times T = 2600(秒)$$

若按照方案 2,需要考虑这 200 名工作人员所处楼层,假设从 9～11 层均为 60 人,第 8 层为 20 人,则按照方案 2,总运行时间为

$$T_{总} = 3 \times 2 \times (\tilde{T}_9 + \tilde{T}_{10} + \tilde{T}_{11}) + 2\tilde{T}_8 = 1656(秒)$$

4) 电梯运行方案 4

假设电梯的运行不受任何人为限制,每部电梯均能随机地"选择"10 名乘客,因此从随机角度出发考虑如下几种理想情况。

(1) 电梯上的 10 人均工作在同一层,例如第 11 层,此情形下发生的概率为

$$p_1 = \frac{C_{60}^{10}}{C_{300}^{10}} < 0.001$$

上述情形共有 5 种,概率总计也不会超过 0.005。

(2) 电梯上的 10 人工作在某两个楼层,例如第 7 层和第 8 层,此情形下发生的概率为

$$p_2 = \frac{C_{120}^{10}}{C_{300}^{10}} < 0.005$$

上述情况共有 10 种,概率总计也不会超过 0.05。

(3) 电梯上的 10 人工作在某三个楼层,例如第 7～9 层,此情形下发生的概率为

$$p_3 = \frac{C_{180}^{10}}{C_{300}^{10}} \approx 0.005$$

上述情况共有 10 种,概率总计约为 0.05。

(4) 电梯上的 10 人工作在某四个楼层,例如第 7～10 层,此情形下发生的概率为

$$p_4 = \frac{C_{240}^{10}}{C_{300}^{10}} \approx 0.1$$

上述情况共有 5 种,概率总计约为 0.5。

(5) 电梯上的 10 人工作在某五个楼层,即第 7～11 层,此情形下发生的概率为

$$p_5 = 1 - p_1 - p_2 - p_3 - p_4 \approx 0.889$$

根据上述事件发生的概率,可以按照方案 1 或方案 2 计算电梯运行时间。例如,假设每部电梯的 10 次运行中有 5 次是每层都停,有 5 次是至少停留一层,此情况下将全部办公人员运送完,三部电梯总耗时为

$$T_{总} = 3 \times 5 \times (t_0 + 5 \times t + 2 \times 10 \times \tau) + 3 \times 114(设不停第 11 层) + 3 \times 4 \times 120$$
$$= 3732(秒)$$

6. 模型分析

上述给出了不同运行方案下运送完全部办公人员所需要的电梯运行时间,每种方案又

有不同的运送模式。针对运行极端情况配置方案 2,可以考虑两类配置方式,如表 2-19 和表 2-20 所示。

表 2-19　电梯运行配置方案 2(情形 1)

电　梯　号	运行序号与对应楼层										时间/s
电梯-1	7	7	8	8	9	9	10	10	11	11	780
电梯-2	7	7	8	8	9	9	10	10	11	11	780
电梯-3	7	7	8	8	9	9	10	10	11	11	780

表 2-20　电梯运行配置方案 2(情形 2)

电　梯　号	运行序号与对应楼层										时间/s
电梯-1	7	8	9	10	11	7	8	9	10	11	780
电梯-2	9	10	11	7	8	9	10	11	7	8	780
电梯-3	11	7	8	9	10	11	7	8	9	10	780

对比上述两种情形不难发现,表 2-19 结果简单明确,便于操作,但是高层的办公人员等待时间较长,同时由于是从底层到高层运送人员,容易发生电梯等人现象,或者使较低楼层的人员由于稍来晚一点而没有电梯可乘。表 2-20 结果会相对好一些,它使各层人员的平均等待时间大体一致,目标分布较为均匀,但控制起来会不方便。

7. 模型推广

在上述分析建模中给出了几种运行方案,对每种方案可以进一步细化和改进,也可以结合几种方案,设计更多的电梯运行方案。此外,也可以对原始问题进行各种改进,衍生出更多实际问题,并采用更贴近现实的模型来建模分析,例如事先模拟乘客到来的频率,采用排队模型求解等。

2.5.2　名额分配模型

1. 问题提出

某数学与统计学院设有数学系、应用统计系和数据科学系三个系部,2018—2021 年各系部学生人数如表 2-21 所示。学校每年都要给各系部分配学生会成员名额,成员总数为 50 人,试将 50 个名额公平地分配给三个系部,给出具体的分配方案。此外,假设学生会成员总额增加 1 人,应将该名额分配给哪个系部?

表 2-21　2018—2021 年三个系部学生人数汇总

年　　份	数　学　系	应用统计系	数据科学系	总　人　数
2018	500	300	200	1000
2019	535	293	172	1000
2020	527	305	168	1000
2021	515	316	169	1000

2. 问题分析

该问题要求将 50 个学生会成员名额公平分配,因此需要将"公平"进行量化,如以每个学生的名额占有率相等作为量化标准,这样基于名额占有率相等的分配方案就是公平的,但这在实际问题中很难做到。在不公平的情况下,制订名额分配方案的原则应该使相对不公平度尽可能小,需要给出衡量分配不公平程度的指标和量化办法。因此,针对该问题引入 Q 值方法进行分配,实现尽可能的公平。

3. 模型假设

(1) 全体学生均有等概率入选学生会成员的机会。

(2) 学生组织、服务及从事学生会工作的能力相同。

(3) 以学生的名额占有率尽量相等作为学生会成员公平分配的首要量化标准。

(4) 名额占有量出现小数或无法实现时,取整后以 Q 值法分配名额。

4. 符号说明

模型符号说明如表 2-22 所示。

表 2-22　名额分配模型符号说明

符　　号	含　　义
$n_i(i=1,2,3)$	第 i 个系部学生人数
$m_i(i=1,2,3)$	第 i 个系部成员占有量
r	名额占有率
$Q_i(i=1,2,3)$	第 i 个系部 Q 值

5. 模型建立与求解

1) 按名额占有率及四舍五入法分配

首先定义名额占有率为 $r=\dfrac{m}{n}$,其中 m 为总名额数,n 为总人数。因此,名额占有量为 $R=nr$。

根据问题分析,可计算出全院学生的名额占有率为 $r=\dfrac{50}{1000}=0.05$,即每 20 人拥有一个学生会成员名额。由此建立分配方案如表 2-23 所示。

表 2-23　2018—2021 年三个系部按照名额占有率对应的分配方案

年　　份	数学系名额	应用统计系名额	数据科学系名额	总　名　额
2018	25	15	10	50
2019	26.75	14.65	8.6	50
2020	26.35	15.25	8.4	50
2021	25.75	15.8	8.45	50

由表 2-23 可看出,2018 年各系部分得的名额恰好为整数,但 2019—2021 年分得的名额出现了小数,由于学生会成员不能以小数分配,说明按照此类名额占有率直接进行分配显然是不现实的,也不能公平地分配出来。因此,下面采用四舍五入的方式将表 2-23 对应的分配名额占有量重新分配,如表 2-24 所示。

表 2-24 2018—2021 年三个系部按照名额占有量四舍五入后对应的分配方案

年 份	数学系名额	应用统计系名额	数据科学系名额	总 名 额
2018	25	15	10	50
2019	27	15	9	51
2020	26	15	8	49
2021	26	16	8	50

由表 2-24 可以看出,2018 和 2021 年恰好总名额为 50 人,但 2019 年名额总数多 1 人,2020 年名额总数少 1 人,这显然不符合要求。因此,按照占有量四舍五入的方式配置分配名额显然也存在较多弊端。

2) 按 Q 值法分配

设第 i 个系部的学生人数为 n_i,已占有名额 m_i 人($i=1,2,3$),当分配下一个名额时,计算

$$Q_i = \frac{n_i^2}{m_i(m_i+1)}, \quad i=1,2,3$$

此时将剩余名额依次分给 Q 值最大的系部,上述即为 Q 值分配法的基本思路。

三个系部按照名额占有量取整分配方案如表 2-25 所示。

表 2-25 2018—2021 年三个系部按照名额占有量取整对应的分配方案

年 份	数学系名额	应用统计系名额	数据科学系名额	总 名 额
2018	25	15	10	50
2019	26	14	8	48
2020	26	15	8	49
2021	25	15	8	48

此时,再按照 Q 值方法分配方案如下。

(1) 2018 年,学生会成员 50 人分配名额分别为数学系 25 人、应用统计系 15 人、数据科学系 10 人。若增加 1 名成员时,由于 $Q_1 = \frac{500^2}{25 \times 26} = 384.62$,$Q_2 = \frac{300^2}{15 \times 16} = 375$,$Q_3 = \frac{200^2}{10 \times 11} = 363.64$,因此比较知 Q_1 最大,第 51 个名额应分给数学系。

(2) 2019 年,学生会成员 50 人分配名额首先分给数学系 26 人、应用统计系 14 人、数据科学系 8 人。

对于第 49 个名额,计算得

$$Q_1 = \frac{535^2}{26 \times 27} = 407.73, \quad Q_2 = \frac{293^2}{14 \times 15} = 408.80, \quad Q_3 = \frac{172^2}{8 \times 9} = 410.89$$

比较知 Q_3 最大,第 49 个名额应分给数据科学系。

对于第 50 个名额,计算得

$$Q_1 = \frac{535^2}{26 \times 27} = 407.73, \quad Q_2 = \frac{293^2}{14 \times 15} = 408.80, \quad Q_3 = \frac{172^2}{9 \times 10} = 328.71$$

比较知 Q_2 最大,第 50 个名额应分给应用统计系。

对于第 51 个名额,计算得

$$Q_1 = \frac{535^2}{26 \times 27} = 407.73, \quad Q_2 = \frac{293^2}{15 \times 16} = 357.70, \quad Q_3 = \frac{172^2}{9 \times 10} = 328.71$$

比较知 Q_1 最大,第 51 个名额应分给数学系。

综上,学生会 50 名成员分配方案为:数学系 26 人,应用统计系 15 人,数据科学系 9 人。若增加 1 人,51 名成员分配方案为:数学系 27 人,应用统计系 15 人,数据科学系 9 人。

(3) 2020 年,学生会成员 50 人分配名额首先分给数学系 26 人、应用统计系 15 人、数据科学系 8 人。

对于第 50 个名额,计算得

$$Q_1 = \frac{527^2}{26 \times 27} = 395.63, \quad Q_2 = \frac{305^2}{15 \times 16} = 387.60, \quad Q_3 = \frac{168^2}{8 \times 9} = 392$$

比较知 Q_1 最大,第 50 个名额应分给数学系。

对于第 51 个名额,计算得

$$Q_1 = \frac{527^2}{27 \times 28} = 367.37, \quad Q_2 = \frac{305^2}{15 \times 16} = 387.60, \quad Q_3 = \frac{168^2}{8 \times 9} = 392$$

比较知 Q_3 最大,第 51 个名额应分给数据科学系。

综上,学生会 50 名成员分配方案为:数学系 27 人,应用统计系 15 人,数据科学系 8 人。若增加 1 人,51 名成员分配方案为:数学系 27 人,应用统计系 15 人,数据科学系 9 人。

(4) 2021 年,学生会成员 50 人分配名额首先分给数学系 25 人、应用统计系 15 人、数据科学系 8 人。

对于第 49 个名额,计算得

$$Q_1 = \frac{515^2}{25 \times 26} = 408.04, \quad Q_2 = \frac{316^2}{15 \times 16} = 416.07, \quad Q_3 = \frac{169^2}{8 \times 9} = 396.68$$

比较知 Q_2 最大,第 49 个名额应分给应用统计系。

对于第 50 个名额,计算得

$$Q_1 = \frac{515^2}{25 \times 26} = 408.04, \quad Q_2 = \frac{316^2}{16 \times 17} = 367.12, \quad Q_3 = \frac{169^2}{8 \times 9} = 396.68$$

比较知 Q_1 最大,第 50 个名额应分给数学系。

对于第 51 个名额,计算得

$$Q_1 = \frac{515^2}{26 \times 27} = 377.81, \quad Q_2 = \frac{316^2}{16 \times 17} = 367.12, \quad Q_3 = \frac{169^2}{8 \times 9} = 396.68$$

比较知 Q_3 最大,第 51 个名额应分给数据科学系。

综上,学生会 50 名成员分配方案为:数学系 26 人,应用统计系 16 人,数据科学系 8 人。若增加 1 人,51 名成员分配方案为:数学系 26 人,应用统计系 16 人,数据科学系 9 人。

6. 模型评价

名额分配问题的关键在于建立既合理又简明衡量公平程度的指标,占有量相等仅是一种理想状态,在实际问题中很难做到。Q 值法以相对不公平度为前提,将名额分给 Q 值最大的一方,是相对公平的。

第 2 章习题

1. 某街道十字路口安装有红绿灯指示信号,如果绿灯亮 t 秒(如 $t=30$,$t=60$ 等),建立数学模型分析最多可以有多少辆汽车绿灯时通过这个十字路口。

2. 建立数学模型分析如何将一根直径为 d 的圆木加工成截面为矩形的柱子,使得废弃的木料最少。

3. 假定每对大兔每月能生一对小兔,而每对小兔生长一个月就能完全长大,问在一年内,年初的一对小兔能繁殖出多少对大兔? 建立数学模型进行分析。

4. 森林里有一筐属于 5 只猴子共同所有的香蕉,它们要平均分配。第一只猴子来了,它等了很久其他猴子都没来,便把香蕉分成 5 份,每份一样多,还剩 1 只,它把剩下的 1 只扔到丛林中,自己拿走 5 份中的一份。第二只猴子来了,它又把香蕉分成 5 份,每份一样多,又多了 1 只,它又扔掉 1 只,拿走一份。以后每只猴子来了,都是如此处理,建立数学模型分析原来至少有多少只香蕉,最后至少有多少只香蕉?

5. 某班级共有 45 位同学,周末去离学校 7.7km 的红色纪念馆参观,学校租了一辆可乘坐 12 人的校车接送,为了尽快且同时到达目的地,校车分段分批接送学生,已知校车速度为 70km/h,学生步行速度是 5km/h,如果上午 8:00 出发,问最快何时全班可同时到达目的地?

第 3 章

线性规划模型

实际研究中有时要求使问题的某一项指标"最优",其中"最优"包括"最好""最大""最小""最低""最多""最少"等,这类问题统称为最优化问题,解决这类问题的常用方法是线性规划(Linear Programming,LP)。线性规划是运筹学中应用最广泛、理论最成熟的一个分支,有着非常完备的理论基础和求解方法,实际应用十分广泛。例如,如何合理地分配有限资源,以取得最大经济效益问题等。

3.1 线性规划概述

线性规划是辅助人们进行科学管理的一种数学方法,是研究线性约束条件下线性目标函数极值问题的数学理论和方法;它也广泛应用于军事作战、经济分析、经营管理和工程技术等方面,为合理利用有限的人力、物力、财力等资源,做出最优决策,提供科学依据。

3.1.1 问题引入

例 3.1 某机床厂生产甲、乙两种机床,每台销售后的利润分别为 4000 元和 3000 元。生产甲机床需用 A、B 机器加工,加工时间分别为每台 2 小时和 1 小时;生产乙机床需用 A、B、C 三种机器加工,加工时间为每台各 1 小时。若每天可用于加工的机器时数分别为 A 机器 10 小时、B 机器 8 小时和 C 机器 7 小时,问该厂应生产甲、乙机床各几台,才能使总利润最大?

解 上述问题的数学模型如下。

设该厂生产 x_1 台甲机床和 x_2 台乙机床时总利润最大,则 x_1、x_2 应满足

$$\max z = 4000x_1 + 3000x_2 \tag{3-1}$$

$$\text{s.t.} \begin{cases} 2x_1 + x_2 \leqslant 10 \\ x_1 + x_2 \leqslant 8 \\ x_2 \leqslant 7 \\ x_1, x_2 \geqslant 0 \end{cases} \tag{3-2}$$

其中,变量 x_1、x_2 称为决策变量,式(3-1)称为问题的目标函数,式(3-2)中的不等式是问题

的约束条件,记为 s. t.(subject to)。决策变量、目标函数和约束条件为规划问题数学模型的三个要素。由于上述表达式的目标函数及约束条件均为线性函数,故称为线性规划问题。

综上,线性规划问题是在线性约束条件下,求线性目标函数最大或最小的问题。

3.1.2　线性规划模型的一般形式

线性规划目标函数可以是求最大值,也可以是求最小值,约束条件的不等号可以是小于号也可以是大于号。为了避免形式多样性带来的不便,约定线性规划模型的一般形式为

$$\min z = \sum_{j=1}^{n} c_j x_j \tag{3-3}$$

$$\text{s. t.} \sum_{j=1}^{n} a_{ij} x_j \leqslant b_i \quad i=1,2,\cdots,m \tag{3-4}$$

矩阵形式为

$$\min_{x} \boldsymbol{c}^{\mathrm{T}} \boldsymbol{x}$$

$$\text{s. t.} \ \boldsymbol{Ax} \leqslant \mathbf{b}$$

其中, $\boldsymbol{c} = \begin{bmatrix} c_1 \\ c_2 \\ \vdots \\ c_n \end{bmatrix}$ 和 $\boldsymbol{x} = \begin{bmatrix} x_1 \\ x_2 \\ \vdots \\ x_n \end{bmatrix}$ 为 n 维列向量, $\boldsymbol{b} = \begin{bmatrix} b_1 \\ b_2 \\ \vdots \\ b_m \end{bmatrix}$ 为 m 维列向量, $\boldsymbol{A} = $

$\begin{bmatrix} a_{11} & a_{12} & \cdots & a_{1n} \\ a_{21} & a_{22} & \cdots & a_{2n} \\ \vdots & \vdots & \ddots & \vdots \\ a_{m1} & a_{m2} & \cdots & a_{mn} \end{bmatrix}$ 为 $m \times n$ 维矩阵。

3.1.3　线性规划问题的解

满足约束条件式(3-4)的解 $\boldsymbol{x} = [x_1, x_2, \cdots, x_n]^{\mathrm{T}}$,称为线性规划问题的可行解,而使目标函数式(3-3)达到最小值的可行解称为最优解。

所有可行解构成的集合称为问题的可行域,记为 R。

3.1.4　线性规划问题求解方法

单纯形法是求解线性规划问题的最常用、最有效的算法之一。单纯形法首先于 1947 年由 George Dantzig 提出,多年来,虽有许多变形,但保持着同样的基本理论,即若线性规划问题具有有限最优解,则一定存在最优解是可行域的一个极点。

单纯形法的基本思路是:先找出可行域的一个极点,根据一定规则判断其是否最优;若否,则转换到与之相邻的另一极点,并使目标函数值更优;如此下去,直到找到某一最优解为止。对具体算法感兴趣的读者可以参看线性规划教材。

下面介绍线性规划问题的 MATLAB 解法。

MATLAB 中线性规划的标准型为

$$\min_{x} \boldsymbol{c}^{\mathrm{T}} \boldsymbol{x} \quad \text{s.t.} \quad \boldsymbol{Ax} \leqslant \boldsymbol{b}$$

基本函数形式为 linprog(c, A, b)，返回值是向量 $\boldsymbol{x}$ 的值。其他函数调用形式（在 MATLAB 指令窗运行 help linprog 可以看到所有的函数调用形式），例如

```
[x,fval] = linprog(c,A,b,Aeq,beq,LB,UB,X₀,OPTIONS)
```

其中，fval 返回目标函数值，Aeq 和 beq 对应等式约束 Aeq·x＝beq，LB 和 UB 分别是变量 x 的下界和上界，x_0 是 x 的初始值，OPTIONS 是控制参数。

3.1.5 线性规划问题求解案例

例 3.2 求解下列线性规划问题：

$$\max z = 2x_1 + 3x_2 - 5x_3$$

$$\text{s.t.} \begin{cases} x_1 + x_2 + x_3 = 7 \\ 2x_1 - 5x_2 + x_3 \geqslant 10 \\ x_1, x_2, x_3 \geqslant 0 \end{cases}$$

解 （1）MATLAB 代码。

① 编写 M 文件。

```
c = [2;3; - 5];
a = [ - 2,5, - 1]; b = - 10;
aeq = [1,1,1];
beq = 7;
x = linprog( - c,a,b,aeq,beq,zeros(3,1))
value = c' * x
```

② 将 M 文件存盘，并命名为 example1. m。

③ 在 MATLAB 指令窗运行 example1 即可得所求结果。

（2）Python 代码。

① 利用 scipy. optimize. linprog 模块求解。

♯linprog 模块求解

```
import numpy as np
from scipy. optimize import linprog
c = np. array([ - 2, - 3,5])
A_ub = np. array([[ - 2,5, - 1]])
B_ub = np. array([ - 10])
A_eq = np. array([[1,1,1]])
B_eq = 7 ♯ np. array([100])
x1 = (0,None)
x2 = (0,None)
x3 = (0,None)
res = linprog(c,A_ub,B_ub,A_eq,B_eq,bounds = (x1,x2,x3))
```

```
print("目标函数最优值:", - res.fun)
print("最优解:",res.x)
```

执行程序输出如下结果。

目标函数最优值: 14.57142810983334

最优解: $x_1 = 6.42857147, x_2 = 0.571428399, x_3 = 0.00000000725961774$

综上,决策变量 $x_1 = 6.43, x_2 = 0.57, x_3 = 0$,目标函数 $z = 14.57$。

② 利用第三方库 PuLp 求解。

```
# PuLp 库求解
import pulp
prob = pulp.LpProblem("MyLP", pulp.LpMaximize)
x1 = pulp.LpVariable("x1",0,None,cat = 'Continuous')
x2 = pulp.LpVariable("x2",0,None,cat = 'Continuous')
x3 = pulp.LpVariable("x3",0,None,cat = 'Continuous')
prob += 2 * x1 + 3 * x2 - 5 * x3
prob += x1 + x2 + x3 == 7
prob += 2 * x1 - 5 * x2 + x3 >= 10
print(prob)
prob.solve()
print("Status:", pulp.LpStatus[prob.status])
for v in prob.variables():
    print(v.name, " = ", v.varValue)
print("目标函数最优值:", pulp.value(prob.objective))
```

执行程序,首先给出规划问题的整体信息如下。

```
MyLP:
MAXIMIZE
2 * x1 + 3 * x2 + - 5 * x3 + 0
SUBJECT TO
_C1: x1 + x2 + x3 = 7
_C2: 2 x1 - 5 x2 + x3 >= 10
VARIABLES
x1 Continuous
x2 Continuous
x3 Continuous
```

同时给出本问题的求解如下。

```
Status: Optimal
x1 = 6.4285714
x2 = 0.57142857
x3 = 0.0
```

目标函数最优值: 14.57142851

可以看出,两个模块的求解结果相同。

例 3.3 求解线性规划问题。

$$\min z = 2x_1 + 3x_2 + x_3$$

$$\text{s. t.} \begin{cases} x_1 + 4x_2 + 2x_3 \geqslant 8 \\ 3x_1 + 2x_2 \geqslant 6 \\ x_1, x_2, x_3 \geqslant 0 \end{cases}$$

解 （1）MATLAB 代码。

```
c = [2;3;1];
a = [1,4,2;3,2,0];
b = [8;6];
[x,y] = linprog(c, - a, - b,[],[],zeros(3,1))
```

（2）Python 代码。

```
import numpy as np
from scipy.optimize import linprog
c = np.array([2,3,1])
A_ub = np.array([[ - 1, - 4, - 2], [ - 3, - 2,0]])
B_ub = np.array([ - 8, - 6])
res = linprog(c,A_ub,B_ub,bounds = ((0,None),(0,None),(0,None))) print("目标函数最优值:", res.fun)
print("最优解为:"res.x)
```

执行程序输出结果如下。

目标函数最优值：6.999999994872992

最优解为：$x_1 = 1.17949641$，$x_2 = 1.23075538$，$x_3 = 0.94874104$

3.1.6 线性规划模型案例

1. 自来水输送问题

某市有甲、乙、丙、丁四个居民区，自来水由 A、B、C 三个水库供应。四个区每天必须得到的基本生活水量分别是 30、70、10、10 千吨，但由于水源紧张，三个水库每天最多只能分别供应 50、60、50 千吨自来水。由于地理位置的差别，自来水公司从各水库向各区送水所需付出的引水管理费不同（如表 3-1 所示），其中 C 水库与丁区之间没有输水管道，其他管理费用都是 450 元/千吨。根据公司规定，各区用户按照统一标准 900 元/千吨收费。此外，四个区向公司申请了额外用水量，分别为每天 50、70、20、40 千吨。该公司应如何分配供水量，才能获利最多？

为了增加供水量，自来水公司考虑进行水库改造，使三个水库每天的最大供水量都提高一倍，问供水方案应如何改变？公司利润可增加到多少？

表 3-1 从水库向各区送水的引水管理费（元/千吨）

水 库	甲	乙	丙	丁
A	160	130	220	170
B	140	130	190	150
C	190	200	230	—

1) 问题分析

分配供水量就是安排从三个水库向四个居民区送水的方案,目标是获利最多。从题目数据看,A、B、C 三个水库的供水量为 160 千吨,不超过四个区的基本生活用水量与额外用水量之和 300 千吨,因而总能全部卖出并获利,于是自来水公司每天的总收入是 $900 \times (50 + 60 + 50) = 144000$ 元,与送水方案无关。同样,公司每天的其他管理费用 $450 \times (50 + 60 + 50) = 72000$ 元,也与送水方案无关。所以,要使利润最大,只需使引水管理费最小即可。另外,送水方案受三个水库的供应量和四个区的需求量的限制。

2) 模型建立

决策变量为 A、B、C 三个水库($i = 1, 2, 3$)分别向甲、乙、丙、丁四个区($j = 1, 2, 3, 4$)的供水量。设水库 i 向 j 区的日供水量为 x_{ij}。由于 C 水库与丁区之间没有输水管道,即 $x_{34} = 0$,因此只有 11 个决策变量。

由上述分析,问题的目标可以从获利最多转换为引水管理费最少,于是有

$$\min z = 160x_{11} + 130x_{12} + 220x_{13} + 170x_{14} + 140x_{21} + 130x_{22} + 190x_{23} + 150x_{24} + 190x_{31} + 200x_{32} + 230x_{33} \tag{3-5}$$

约束条件有两类,一类是水库的供应量限制,另一类是各区的需求量限制。

由于供水量总能卖出并获利,水库的供应量限制可以表示为

$$x_{11} + x_{12} + x_{13} + x_{14} = 50 \tag{3-6}$$

$$x_{21} + x_{22} + x_{23} + x_{24} = 60 \tag{3-7}$$

$$x_{31} + x_{32} + x_{33} = 50 \tag{3-8}$$

考虑到各区的基本生活用水量与额外用水量,需求量限制可以表示为

$$30 \leqslant x_{11} + x_{21} + x_{31} \leqslant 80 \tag{3-9}$$

$$70 \leqslant x_{12} + x_{22} + x_{32} \leqslant 140 \tag{3-10}$$

$$10 \leqslant x_{13} + x_{23} + x_{33} \leqslant 30 \tag{3-11}$$

$$10 \leqslant x_{14} + x_{24} \leqslant 50 \tag{3-12}$$

3) 模型求解

一种方法是直接使用 MATLAB 软件求解,另一种方法是利用 Python 的凸优化库 cvxpy 求解,代码如下。

```
#Python 代码
import cvxpy as cp
import numpy as np
x = cp.Variable((3,4),integer = True)
A = np.array([160,130,220,170,140,130,190,150,190,200,230,0])
B = A.reshape(3,4)
C = cp.multiply(B,x)
obj = cp.Minimize(cp.sum(C))
hang = np.array([50,60,50]).reshape(-1,1)
lier = np.array([80,140,30,50]).reshape(1,-1)
liel = np.array([30,70,10,10]).reshape(1,-1)
```

```
con = [cp.sum(x, axis = 0, keepdims = True) > = liel,
       cp.sum(x, axis = 0, keepdims = True) < = lier,
       cp.sum(x, axis = 1, keepdims = True) == hang,
       x[2][3] == 0, x > = 0]
prob = cp.Problem(obj, con)
prob.solve(solver = 'GLPK_MI')
print("最小引水管理费为:", prob.value)
print("各水库到四个小区供水量的最优解为:", x.value)
```

程序运行结果如下。

最小引水管理费为: 24400.0

各水库到四个小区供水量的最优解为:

```
[[ 0. 50.  0.  0.]
 [ 0. 50.  0. 10.]
 [40.  0. 10.  0.]]
```

由输出结果可知,目标函数的最优值是 24400 元。

最优解以矩阵形式给出,矩阵中第一行中数字 50 的含义是指 A 水库向乙区供水 50 千吨。第二行中数字 50 和 10 的含义是 B 水库向乙、丁区分别供水 50 千吨和 10 千吨。第三行中的数字 40 和 10 的含义是 C 水库向甲、丙区分别供水 40 千吨和 10 千吨。

4) 模型分析

送水方案为 A 水库向乙区供水 50 千吨, B 水库向乙、丁区分别供水 50 千吨和 10 千吨, C 水库向甲、丙区分别供水 40 千吨和 10 千吨。引水管理费为 24400 元,利润为 47600 元。

5) 模型讨论

如果 A、B、C 三个水库每天的最大供水量都提高一倍,则公司总供水能力为 320 千吨,大于总需求量 300 千吨,水库供水量不能全部卖出,因而不能像之前一样将获利最多转换为引水管理费最少。此时需要计算 A、B、C 三个水库分别向甲、乙、丙、丁四个区供应每千吨水的净利润,即从收入 900 元中减去其他管理费 450 元,再减去表 3-1 中的引水管理费,如表 3-2 所示。

表 3-2　从水库向各区送水的净利润(单位:元/千吨)

水　　库	甲	乙	丙	丁
A	290	320	230	280
B	310	320	260	300
C	260	250	220	—

于是决策目标为

$$\max z = 290x_{11} + 320x_{12} + 230x_{13} + 280x_{14} + 310x_{21} + 320x_{22} + 260x_{23} + 300x_{24} + 260x_{31} + 250x_{32} + 220x_{33} \tag{3-13}$$

由于水库供水量不能全部卖出,所以约束式(3-6)~式(3-8)的右端增加一倍的同时,应将等号改成小于或等于号,即

$$x_{11} + x_{12} + x_{13} + x_{14} \leqslant 100 \tag{3-14}$$

$$x_{21} + x_{22} + x_{23} + x_{24} \leqslant 120 \tag{3-15}$$

$$x_{31} + x_{32} + x_{33} \leqslant 100 \tag{3-16}$$

约束式(3-9)~式(3-12)不变。求解式(3-9)~式(3-16)构成的线性规划模型。其实,由于每个区的供水量都能完全满足,所以式(3-9)~式(3-12)左侧的约束都可以去掉,右侧的小于或等于号可以改写成等号,这样简化后得到的解将不会变化。

以下利用 cvxpy 库来实现。

```
# Python 代码
import cvxpy as cp
import numpy as np
x = cp.Variable((3,4), integer = True)
A = np.array([290,320,230,280,310,320,260,300,260,250,220,0])
B = A.reshape(3,4)
C = cp.multiply(B,x)
obj = cp.Maximize(cp.sum(C))
hang = np.array([100,120,100]).reshape(-1,1)
lier = np.array([80,140,30,50]).reshape(1,-1)
liel = np.array([30,70,10,10]).reshape(1,-1)
con = [cp.sum(x,axis=0,keepdims=True)>=liel,
       cp.sum(x,axis=0,keepdims=True)<=lier,
       cp.sum(x,axis=1,keepdims=True)<=hang,
       x[2][3]==0,x>=0]
prob = cp.Problem(obj,con)
prob.solve(solver='GLPK_MI')
print("目标函数最优值为:", prob.value)
print("各水库到四个小区供水量的最优解为:",x.value)
```

程序运行结果如下。

目标函数最优值为:88700.0

各水库到四个小区供水量的最优解为:

```
[[ 0. 100. 0. 0.]
 [ 30. 40. 0. 50.]
 [ 50. 0. 30. 0.]]
```

得到的送水方案为 A 水库向乙区供水 100 千吨,B 水库向甲区供水 30 千吨、向乙区供水 40 千吨、向丁区供水 50 千吨,C 水库向甲、丙区分别供水 50 千吨和 30 千吨。公司获得的最佳利润为 88700 元。

6) 模型推广

本问题考虑的是将某种物资从若干供应点运往一些需求点,在供需量满足约束条件下使总费用最小,或总利润最大,这类问题一般称为运输问题,是线性规划应用最广泛的领域之一。在标准的运输问题中,供需量通常是平衡的,即供应点的总供应量等于需求点的总需求量。本例中供需量不平衡,但这并不会引起本质的区别,可以建立线性规划模型求解。

2. 货机装运问题

某架货机有前仓、中仓和后仓三个货仓。三个货仓所能装载的货物最大质量和体积限制如表 3-3 所示。并且,为了保持飞机的平衡,三个货仓中实际装载货物的质量与其最大允许质量成比例。

表 3-3　三个货仓装载货物的最大允许质量和体积

限　　制	前　　仓	中　　仓	后　　仓
质量限制/吨	10	16	8
体积限制/m³	6800	8700	5300

现有四类货物供该货机本次飞行装运,其有关信息如表 3-4 所示,最后一列指装运后所获得的利润。

表 3-4　四类装运货物的信息

货物	质量/吨	空间(m³/吨)	利润(元/吨)
货物 1	18	480	3100
货物 2	15	650	3800
货物 3	23	580	3500
货物 4	12	390	2850

问应如何安排装运,使该货机本次飞行获利最大?

1) 模型假设

(1) 每种货物可以分割到任意小。

(2) 每种货物可以在一个或多个货仓中任意分布。

(3) 多种货物可以混装,并保证不留空隙。

2) 模型建立

决策变量用 x_{ij} 表示第 i 种货物装入第 j 个货仓的质量(吨),货仓 $j=1,2,3$ 分别表示前仓、中仓和后仓。

决策目标是最大化总利润,即

$$\max z = 3100(x_{11}+x_{12}+x_{13}) + 3800(x_{21}+x_{22}+x_{23}) + 3500(x_{31}+x_{32}+x_{33}) +$$
$$2850(x_{41}+x_{42}+x_{43}) \tag{3-17}$$

根据题意,约束条件如下。

(1) 供装载的四种货物的总质量约束,即

$$x_{11}+x_{12}+x_{13} \leqslant 18 \tag{3-18}$$

$$x_{21}+x_{22}+x_{23} \leqslant 15 \tag{3-19}$$

$$x_{31}+x_{32}+x_{33} \leqslant 23 \tag{3-20}$$

$$x_{41}+x_{42}+x_{43} \leqslant 12 \tag{3-21}$$

(2) 三个货仓的质量限制,即

$$x_{11}+x_{21}+x_{31}+x_{41} \leqslant 10 \tag{3-22}$$

$$x_{12} + x_{22} + x_{32} + x_{42} \leqslant 16 \tag{3-23}$$

$$x_{13} + x_{23} + x_{33} + x_{43} \leqslant 8 \tag{3-24}$$

（3）三个货仓的空间限制，即

$$480x_{11} + 650x_{21} + 580x_{31} + 390x_{41} \leqslant 6800 \tag{3-25}$$

$$480x_{12} + 650x_{22} + 580x_{32} + 390x_{42} \leqslant 8700 \tag{3-26}$$

$$480x_{13} + 650x_{23} + 580x_{33} + 390x_{43} \leqslant 5300 \tag{3-27}$$

（4）三个货仓装入质量的平衡约束，即

$$\frac{x_{11} + x_{21} + x_{31} + x_{41}}{10} = \frac{x_{12} + x_{22} + x_{32} + x_{42}}{16} = \frac{x_{13} + x_{23} + x_{33} + x_{43}}{8} \tag{3-28}$$

3）模型求解

以上模型用 MATLAB 求解得

$(x_{11}, x_{12}, x_{13}, x_{21}, x_{22}, x_{23}, x_{31}, x_{32}, x_{33}, x_{41}, x_{42}, x_{43}) = (0, 0, 0, 10, 0, 5, 0, 12.947, 3,$
$0, 3.052, 0)$

实际上，若将所得最优解以整数表示，则结果为货物 2 装入前仓 10 吨、装入后仓 5 吨；货物 3 装入中仓 13 吨、装入后仓 3 吨；货物 4 装入中仓 3 吨。最大利润约 121516 元。

```python
# Python 代码
import cvxpy as cp
import numpy as np
x = cp.Variable((4,3))
prob = cp.Problem(cp.Maximize(np.array([[3100,3800,3500,2850]])\
                        @cp.sum(x,axis = 1,keepdims = True)),
            [cp.sum(x,axis = 1,keepdims = True)<= np.array\
            ([18,15,23,12]).reshape(-1,1),
            cp.sum(x,axis = 0,keepdims = True)<= np.array\
            ([10,16,8]).reshape(1,-1),
            np.array([480,650,580,390]).reshape(1,-1)@x <= \
            np.array([6800,8700,5300]).reshape(1,-1),
            cp.sum(x,axis = 0,keepdims = True)[0][0]/10\
             == cp.sum(x,axis = 0,keepdims = True)[0][1]/16,
            cp.sum(x,axis = 0,keepdims = True)[0][2]/8 == \
            cp.sum(x,axis = 0,keepdims = True)[0][1]/16,x>= 0])
prob.solve(solver = 'GLPK_MI')
print("目标函数最优值为:", prob.value)
print("最优解为:",x.value)
```

执行程序后，输出结果如下。

目标函数最优值为：121515.7894736842

最优解为：

```
[[ -0.          -0.          -0.          ]
 [10.          -0.          5.          ]
 [ -0.          12.94736842  3.          ]
 [ -0.          3.05263158   -0.         ]]
```

可以看到,最大利润为 121515.79 元。达到目标函数的最优解取值为货物 2 装入前仓 10 吨、装入后仓 5 吨;货物 3 装入中仓 12.95 吨、装入后仓 3 吨;货物 4 装入中仓 3.05 吨。这与 MATLAB 运算结果一致。

初步看来本例与运输问题类似,似乎可以把这 4 种货物看成 4 个供应点,3 个货仓看成 3 个需求点(或者反过来,把货仓看成供应点,货物看成需求点)。但是,这里对供需量的限制包括质量限制和空间限制两方面,且有装载均匀要求,因此它可看成运输问题的一种变形和扩展。

3.1.7　灵敏度分析

灵敏度分析是指对系统或周围事物因周围条件变化显示出来的敏感程度的分析。

在前述讨论线性规划问题时,假定 a_{ij}、b_i、c_j 都是常数,但实际上这些系数往往是估计值和预测值。如果市场条件改变,c_j 值就会变化,a_{ij} 往往因工艺条件的改变而改变,b_i 是根据资源投入后的经济效果决定的一种决策选择。因此,提出这样两个问题:一是当这些参数有一个或几个发生变化时,已求得的线性规划问题的最优解有什么变化;二是这些参数在什么范围内变化时,线性规划问题的最优解不变。

3.2　整数线性规划问题概述

在规划问题中,如果要求一部分或全部决策变量必须取整数,例如所求解是机器的台数、人数或者车辆、船只数等,这样的规划问题称为整数规划(Integer Programming,IP)。

3.2.1　整数线性规划问题的一般形式

整数线性规划问题的一般形式如下。

$$\min z = \sum_{j=1}^{n} c_j x_j$$

$$\text{s.t.} \begin{cases} \sum_{j=1}^{n} a_{ij} x_j \leqslant (\geqslant, =) b_i & i=1,2,\cdots,m \\ x_j \geqslant 0 \\ i=1,2,\cdots,n \quad j=1,2,\cdots,n \\ x_j \text{ 中部分或全部取整数} \end{cases}$$

整数线性规划问题可以分为以下几种类型。

(1)纯整数线性规划,指全部决策变量都必须取整数值的整数线性规划,有时也称为全整数规划。

(2)混合整数线性规划,指决策变量中有一部分必须取整数值,另一部分可以不取整数值的整数线性规划。

（3）0-1 型整数线性规划，指决策变量只能取值 0 或 1 的整数线性规划。

3.2.2 整数线性规划问题解的特点

例 3.4 线性规划问题

$$\min z = x_1 + x_2$$

$$\text{s.t.} \begin{cases} 2x_1 + 4x_2 = 6 \\ x_1 \geqslant 0, x_2 \geqslant 0 \end{cases}$$

解得最优实数解为

$$x_1 = 0, \quad x_2 = \frac{3}{2}, \quad \min z = \frac{3}{2}$$

若决策变量均限制为整数，则原线性规划问题变为

$$\min z = x_1 + x_2$$

$$\text{s.t.} \begin{cases} 2x_1 + 4x_2 = 6 \\ x_1 \geqslant 0, x_2 \geqslant 0 \\ x_1, x_2 \text{ 取整数} \end{cases}$$

则最优整数解为

$$x_1 = 1, \quad x_2 = 1, \quad \min z = 2$$

因此，整数规划最优解不能按照实数最优解简单取整而获得。

若不考虑整数条件，由余下的目标函数和约束条件构成的规划问题称为该整数规划问题的松弛问题。二者之间的解既有联系，又有本质区别。

（1）整数规划问题的可行域是其松弛问题的一个子集。

（2）整数规划问题的可行解一定是其松弛问题的可行解。

（3）一般情况下，松弛问题的最优解不会刚好满足变量的整数约束条件，因而不是整数规划的可行解，更不是最优解。

（4）对松弛问题的最优解中非整数变量进行简单取整，所得到的解不一定是整数规划问题的最优解，甚至也不一定是整数规划问题的可行解。

（5）求解时先求解松弛问题解，然后利用分枝定界法或割平面法求解整数线性规划问题的解。

3.2.3 分枝定界法

分枝定界法可用于解纯整数或混合整数规划问题，在 20 世纪 60 年代初由 Land Doig 和 Dakin 等人提出。由于这个方法灵活且便于计算机求解，已成为求解整数规划问题的重要方法，目前已成功地应用于求解生产进度问题、旅行推销员问题、工厂选址问题、背包问题及分配问题等。

分枝定界法的基本思想为：设有最大化的整数规划问题 A，与它相应的线性规划为问

题 B，从解问题 B 开始，若其最优解不符合 A 的整数条件，那么 B 的最优目标函数必是 A 的最优目标函数 z^* 的上界，记作 $\bar{z}$；而 A 的任意可行解的目标函数值将是 z^* 的一个下界 $\underline{z}$。分枝定界法就是将 B 的可行域分成子区域的方法，逐步减小 $\bar{z}$ 并增大 $\underline{z}$，最终求到 z^*。

3.3 0-1 型整数规划问题概述

0-1 型整数规划是整数规划中的特殊情形，它的变量 x_j 仅取值 0 或 1，这时 x_j 称为 0-1 变量，或称二进制变量。x_j 仅取值 0 或 1 这个条件可由约束条件 $0 \leqslant x_j \leqslant 1$ 且 x_j 为整数所代替，和一般整数规划的约束条件形式是一致的。解 0-1 型整数规划问题最容易想到的方法，同一般整数规划问题的情形一样，就是穷举法，即检查变量取值为 0 或 1 的每一种组合，比较目标函数值以求得最优解，这就需要检查变量取值的 2^n 个组合。若变量个数 n 较大（例如 $n>10$），这几乎是不可能的。因此，常设计一些方法，只检查变量取值组合的一部分，就能求得问题的最优解，这样的方法称为隐枚举法（Implicit Enumeration），分枝定界法也是一种隐枚举法。当然，对于有些问题，隐枚举法并不适用，所以有时穷举法还是必要的。

对于整数规划问题，无法直接调用 MATLAB 中的函数求解，可采用分枝定界法和割平面法由 MATLAB 编程实现。对于 0-1 型整数规划问题，可以直接调用 MATLAB 函数 bintprog 进行求解。

3.4 投资收益和风险模型

3.4.1 问题提出

市场上有 n 种资产（如股票，债券等）$S_i(i=1,2,\cdots,n)$ 供投资者选择，某公司有数额为 M 的一笔相当大的资金可用作一个时期的投资。公司财务分析人员对这 n 种资产进行了评估，估算出在这一时期内购买 S_i 的平均收益率为 r_i，并预测出购买 S_i 的风险损失率为 q_i。考虑到投资越分散，总的风险越小，公司确定，当用这笔资金购买若干种资产时，总体风险可用所投资的 S_i 中最大的一个风险来度量。

购买 S_i 要付交易费，费率为 p_i，并且当购买额不超过给定值 u_i 时，交易费按购买 u_i 计算（不买无须付费）。另外，假定同期银行存款利率是 r_0，且既无交易费又无风险（$r_0=5\%r_0$）。

（1）已知 $n=4$ 时的相关数据如表 3-5 所示。

表 3-5 案例相关数据（$n=4$）

S_i	$r_i/\%$	$q_i/\%$	$p_i/\%$	$u_i/元$
S_1	28	2.5	1.0	103
S_2	21	1.5	2.0	198
S_3	23	5.5	4.5	52
S_4	25	2.6	6.5	40

试给该公司设计一种投资组合方案,即用给定的资金 M,有选择地购买若干种资产或存银行生息,使净收益尽可能大,而总体风险尽可能小。

(2)试就一般情况对以上问题进行讨论,并利用表 3-6 所示的数据进行计算。

表 3-6 案例所示数据

S_i	$r_i/\%$	$q_i/\%$	$p_i/\%$	$u_i/$元
S_1	9.6	42.0	2.1	181
S_2	18.5	54.0	3.2	407
S_3	49.4	60.0	6.0	428
S_4	23.9	42.0	1.5	549
S_5	8.1	1.2	7.6	270
S_6	14.0	39.0	3.4	397
S_7	40.7	68.0	5.6	178
S_8	31.2	33.4	3.1	220
S_9	33.6	53.3	2.7	475
S_{10}	36.8	40.0	2.9	248
S_{11}	11.8	31.0	5.1	195
S_{12}	9.0	5.5	5.7	320
S_{13}	35.0	46.0	2.7	267
S_{14}	9.4	5.3	4.5	328
S_{15}	15.0	23.0	7.6	131

3.4.2 模型分析

要决策的是向每种资产的投资额,要达到的目标包括两方面要求,净收益最大和总体风险最小,即一个双目标优化问题。一般来讲,这两个目标是矛盾的,净收益愈大,风险也就随之增加。因此,不可能提供这两个目标同时达到最优的决策方案。可以做到的只能是在风险一定的前提下,取得收益最大的决策,或在收益一定的前提下,使得风险最小的决策;也可以是在收益和风险按确定偏好比例的前提下的最优决策。这样,得到的是一组方案供投资者选择。

3.4.3 模型建立

设购买 $S_i(i=0,1,\cdots,n)$ 的金额为 x_i,所付的交易费记为 $c_i(x_i)$,其中 S_0 表示存入银行(下同),则

$$c_i(x_i)=\begin{cases}0, & x_i=0 \\ p_i u_i, & 0<x_i<u_i(i=1,2,\cdots,n),c_0(x_0)=0 \\ p_i x_i, & x_i\geqslant u_i\end{cases}$$

对 S_i 投资的净收益是

$$R_i(x_i)=r_i x_i-c_i(x_i) \quad (i=0,1,\cdots,n)$$

对 S_i 投资的风险是

$$Q_i(x_i) = q_i x_i \quad (i = 0, 1, \cdots, n), \quad q_0 = 0$$

对 S_i 投资所需资金（购买金额 x_i 与所需的手续费 $c_i(x_i)$ 之和）是

$$f_i(x_i) = x_i + c_i(x_i) \quad (i = 0, 1, \cdots, n)$$

投资方案用 $\boldsymbol{x} = (x_0, x_1, \cdots, x_n)$ 表示，那么净收益总额为

$$R(\boldsymbol{x}) = \sum_{i=0}^{n} R_i(x_i)$$

总体风险为

$$Q(\boldsymbol{x}) = \max_{0 \leqslant i \leqslant n} Q_i(x_i)$$

所需资金为

$$F(\boldsymbol{x}) = \sum_{i=0}^{n} f_i(x_i)$$

于是，总收益最大、总体风险最小的双目标优化模型可以表示为

$$\min_{\boldsymbol{x}} \left\{ \begin{pmatrix} Q(\boldsymbol{x}) \\ -R(\boldsymbol{x}) \end{pmatrix} \middle| F(\boldsymbol{x}) = M, x_i \geqslant 0, i = 0, 1, \cdots, n \right\}$$

一般的情况下，难以直接求解上述双目标优化模型，根据前面的分析，通常可以把它转换为以下 3 种单目标优化问题。

（1）模型 a。假设投资的风险水平是 k，即要求总体风险 $Q(\boldsymbol{x})$ 限制在风险 k 以内，$Q(\boldsymbol{x}) \leqslant k$，则模型可转换为

$$\max R(\boldsymbol{x})$$

$$\text{s.t.} \ Q(\boldsymbol{x}) \leqslant k, \quad F(\boldsymbol{x}) = M, \quad x_i \geqslant 0, \quad i = 0, 1, \cdots, n$$

（2）模型 b。假设投资的盈利水平是 h，即要求净收益总额 $R(\boldsymbol{x})$ 不少于 h：$R(\boldsymbol{x}) \geqslant h$，则模型可转换为

$$\min Q(\boldsymbol{x})$$

$$\text{s.t.} \ R(\boldsymbol{x}) \geqslant h, \quad F(\boldsymbol{x}) = M, \quad x_i \geqslant 0, i = 0, 1, \cdots, n$$

（3）模型 c：线性加权法。在多目标规划问题中，人们总希望对那些相对重要的目标给予较大的权重，因此假定投资者对风险-收益的相对偏好参数为 $\rho(\geqslant 0)$，则模型可转换为

$$\min \rho Q(\boldsymbol{x}) - (1 - \rho) R(\boldsymbol{x})$$

$$\text{s.t.} \ F(\boldsymbol{x}) = M, \quad x_i \geqslant 0, i = 0, 1, \cdots, n$$

3.4.4　模型求解

由于交易费 $c_i(x_i)$ 是分段函数，使得上述模型中的目标函数或约束条件相对比较复杂，是非线性规划问题，难以求解。但注意到总投资额 M 相当大，一旦投资资产 S_i，其投资额 x_i 一般都会超过 u_i，于是交易费 $c_i(x_i)$ 可简化为线性函数

$$c_i(x_i) = p_i x_i$$

从而，资金约束简化为

$$F(\boldsymbol{x}) = \sum_{i=0}^{n} f_i(x_i) = \sum_{i=0}^{n} (1 + p_i) x_i = M$$

净收益总额简化为

$$R(\boldsymbol{x}) = \sum_{i=0}^{n} R_i(x_i) = \sum_{i=0}^{n} \left[r_i x_i - c_i(x_i) \right] = \sum_{i=0}^{n} (r_i - p_i) x_i$$

在实际进行计算时,可设 $M = 1$,此时

$$y_i = (1 + p_i) x_i, \quad i = 0, 1, \cdots, n$$

可视作投资 S_i 的比例。

以下的模型求解都是在上述两个简化条件下进行讨论的。

1. 模型 a 的求解

模型 a 的约束条件 $Q(x) \leqslant k$,即

$$Q(\boldsymbol{x}) = \max_{0 \leqslant i \leqslant n} Q_i(x_i) = \max_{0 \leqslant i \leqslant n} (q_i x_i) \leqslant k$$

故此约束条件可转换为

$$q_i x_i \leqslant k \quad (i = 0, 1, \cdots, n)$$

此时,模型 a 可化简为如下的线性规划问题:

$$\max \sum_{i=0}^{n} (r_i - p_i) x_i$$

$$\text{s. t.} \begin{cases} q_i x_i \leqslant k, & i = 0, 1, \cdots, n \\ \sum_{i=0}^{n} (1 + p_i) x_i = 1, & x \geqslant 0 \end{cases}$$

具体到 $n = 4$ 的情形,按照表 3-5 所示的投资收益和风险问题中的数据,模型为

$$\max 0.05 x_0 + 0.27 x_1 + 0.19 x_2 + 0.185 x_3 + 0.185 x_4$$

$$\text{s. t.} \begin{cases} 0.025 x_1 \leqslant k, 0.015 x_2 \leqslant k, 0.055 x_3 \leqslant k, 0.026 x_4 \leqslant k \\ x_0 + 1.01 x_1 + 1.02 x_2 + 1.045 x_3 + 1.065 x_4 = 1 \\ x_i \geqslant 0 (i = 0, 1, \cdots, 4) \end{cases}$$

利用 MATLAB 求解模型 a,以 $k = 0.005$ 为例,输出结果如下。

{0.177638, {x0 -> 0.158192, x1 -> 0.2, x2 -> 0.333333, x3 -> 0.0909091, x4 -> 0.192308}}

这说明投资方案为 $(0.158192, 0.2, 0.333333, 0.0909091, 0.192308)$ 时,可以获得总体风险不超过 0.005 的最大收益是 $0.177638M$。

当 k 取不同值 $(0 \sim 0.03)$ 时,计算最大收益和最优决策如表 3-7 所示。

表 3-7　模型 a 的结果

风险 k	净收益 R	x_0	x_1	x_2	x_3	x_4
0	0.05	1	0	0	0	0
0.002	0.101055	0.663277	0.08	0.133333	0.0363636	0.0769231

续表

风险 k	净收益 R	x_0	x_1	x_2	x_3	x_4
0.004	0.15211	0.326554	0.16	0.266667	0.0727273	0.153846
0.006	0.201908	0	0.24	0.4	0.109091	0.221221
0.008	0.211243	0	0.32	0.533333	0.127081	0
0.010	0.21902	0	0.4	0.584314	0	0
0.012	0.225569	0	0.48	0.505098	0	0
0.014	0.232118	0	0.56	0.425882	0	0
0.016	0.238667	0	0.64	0.346667	0	0
0.018	0.245216	0	0.72	0.267451	0	0
0.020	0.251765	0	0.8	0.188235	0	0
0.022	0.258314	0	0.88	0.10902	0	0
0.024	0.264863	0	0.96	0.0298039	0	0
0.026	0.267327	0	0.990099	0	0	0
0.028	0.267327	0	0.990099	0	0	0
0.030	0.267327	0	0.990099	0	0	0

由表 3-7 的计算结果可以看出,对于低风险水平,除了存入银行外,投资首选风险率最低的是 S_2,然后是 S_1 和 S_4,但总收益较低;对于高风险水平,总收益较高,投资方向是选择净收益率($r_i - p_i$)较大的 S_1 和 S_2。这与人们的经验是一致的。

2. 模型 b 的求解

模型 b 是极小极大规划问题

$$\min \max_{0 \leqslant i \leqslant n} q_i x_i$$

$$\text{s. t.} \begin{cases} \sum_{i=0}^{n} (r_i - p_i) x_i \geqslant h \\ \sum_{i=0}^{n} (1 + p_i) x_i = 1 \\ x_i \geqslant 0 (i = 0, 1, \cdots, n) \end{cases}$$

当引进变量 $x_{n+1} = \max\limits_{0 \leqslant i \leqslant n} q_i x_i$ 时,可改写为如下线性规划问题:

$$\min x_{n+1}$$

$$\text{s. t.} \begin{cases} q_i x_i \leqslant x_{n+1} \\ \sum_{i=0}^{n} (r_i - p_i) x_i \geqslant h \\ \sum_{i=0}^{n} (1 + p_i) x_i = 1 \\ x_i \geqslant 0 (i = 0, 1, \cdots, n) \end{cases}$$

具体到 $n = 4$ 的情形,按照表 3-5 所示的投资收益和风险问题中的数据,模型为

$$\min x_5$$

$$\text{s.t.}\begin{cases}0.025x_1\leqslant x_5,0.015x_2\leqslant x_5,0.055x_3\leqslant x_5,0.026x_4\leqslant x_5\\0.05x_0+0.27x_1+0.19x_2+0.185x_3+0.185x_4\geqslant h\\x_0+1.01x_1+1.02x_2+1.045x_3+1.065x_4=1\\x_i\geqslant0(i=0,1,\cdots,5)\end{cases}$$

利用 MATLAB 求解模型 b,当 h 取不同值(0.04~0.26)时,计算得到的最小风险和最优决策结果如表 3-8 所示。

表 3-8　模型 b 的结果

净收益水平 h	风险 Q	x_0	x_1	x_2	x_3	x_4
0.04	0	1	1.11022×10^{-16}	0	0	-2.77556×10^{-17}
0.06	0.000391733	0.934047	0.0156693	0.0261155	0.00712241	0.0150666
0.08	0.0011752	0.802142	0.0470079	0.0783465	0.0213672	0.0451999
0.10	0.00195866	0.670236	0.0783465	0.130578	0.0356121	0.0753332
0.12	0.00274213	0.538331	0.109685	0.182809	0.0498569	0.105466
0.14	0.00352559	0.406426	0.141024	0.23504	0.0641017	0.1356
0.16	0.00430906	0.27452	0.172362	0.287271	0.0783465	0.165733
0.18	0.00509253	0.142615	0.203701	0.339502	0.0925914	0.195866
0.20	0.00587599	0.0107092	0.23504	0.391733	0.106836	0.226
0.22	0.0102994	0	0.411976	0.572455	0	0
0.24	0.0164072	0	0.656287	0.330539	0	0
0.26	0.022515	0	0.900599	0.0886228	0	0

3. 模型 c 的求解

类似模型 b 的求解,同样引进变量 $x_{n+1}=\max\limits_{0\leqslant i\leqslant n}q_ix_i$,可改写为如下的线性规划:

$$\min \rho x_{n+1}-(1-\rho)\sum_{i=0}^{n}(r_i-p_i)x_i$$

$$\text{s.t.}\begin{cases}q_ix_i\leqslant x_{n+1}\\\sum_{i=0}^{n}(1+p_i)x_i=1\\x_i\geqslant0(i=0,1,\cdots,n)\end{cases}$$

具体到 $n=4$ 的情形,按照表 3-5 所示的投资收益和风险问题中的数据,模型为

$$\min \rho x_5-(1-\rho)(0.05x_0+0.27x_1+0.19x_2+0.185x_3+0.185x_4)$$

$$\text{s.t.}\begin{cases}0.025x_1\leqslant x_5,0.015x_2\leqslant x_5,0.055x_3\leqslant x_5,0.026x_4\leqslant x_5\\x_0+1.01x_1+1.02x_2+1.045x_3+1.065x_4=1\\x_i\geqslant0(i=0,1,\cdots,5)\end{cases}$$

利用 MATLAB 求解模型 c,当 ρ 取不同值(0.7~0.98)时,计算得到的最小风险和最优

决策结果如表 3-9 所示。

表 3-9　模型 c 的结果

偏好系数 ρ	风险 Q	x_0	x_1	x_2	x_3	x_4
0.70	0.0247525	0	0.990099	0	0	0
0.74	0.0247525	0	0.990099	0	0	0
0.78	0.00922509	0	0.369004	0.615006	0	0
0.82	0.00784929	0	0.313972	0.523286	0.142714	0
0.86	0.0059396	0	0.237584	0.395973	0.107993	0.228446
0.90	0.0059396	0	0.237584	0.395973	0.107993	0.228446
0.94	0.0059396	0	0.237584	0.395973	0.107993	0.228446
0.98	0	1	0	0	0	0

由表 3-9 的结果可以看出,随着偏好系数 ρ 的增加,也就是对风险的日益重视,投资方案的总体风险会大大降低,资金会从净收益率($r_i - p_i$)较大的项目 S_1、S_2 和 S_4 转向无风险的项目。这与模型 a 的结果是一致的,也符合人们日常经验。

下面以模型 a 求解为例。

取 $n = 4$,模型为

$$\max 0.05x_0 + 0.27x_1 + 0.19x_2 + 0.185x_3 + 0.185x_4$$

$$\text{s. t.} \begin{cases} 0.025x_1 \leqslant k, 0.015x_2 \leqslant k, 0.055x_3 \leqslant k, 0.026x_4 \leqslant k \\ x_0 + 1.01x_1 + 1.02x_2 + 1.045x_3 + 1.065x_4 = 1 \\ x_i \geqslant 0 (i = 0, 1, \cdots, 4) \end{cases}$$

对风险水平先求 $k = 0.005$ 的最优解,代码如下。

```
# Python 代码
import cvxpy as cp
import numpy as np
x = cp.Variable(5)
rp = np.array([0.05, 0.27, 0.19, 0.185, 0.185]).reshape(1, -1)
p1 = np.array([1, 1.01, 1.02, 1.045, 1.065]).reshape(1, -1)
obj = cp.Maximize(rp@x)
k = 0.005
prob = cp.Problem(obj, [0.025 * x[1] <= k, 0.015 * x[2] <= k,
    0.055 * x[3] <= k, 0.026 * x[4] <= k, p1@x == 1, x >= 0])
prob.solve(solver = 'GLPK_MI')
print("风险水平 0.005 下最大收益为:\n", prob.value)
print("风险水平 0.005 下最优解为:\n", x.value)
```

执行程序,输出结果如下。

风险水平 0.005 下最大收益为:0.17763805361305363

风险水平 0.005 下最优解为:[0.15819231 0.2 0.33333333 0.09090909 0.19230769]

这与 MATLAB 程序结果一致。

对不同的风险水平,也就是 k 取不同的值($0 \sim 0.03$),以 0.002 步长,分别计算最大收益和最优决策变量的解如下。

```
# Python 代码(续)
x = cp.Variable(5) # , integer = True
rp = np.array([0.05,0.27,0.19,0.185,0.185]).reshape(1, -1)
p1 = np.array([1,1.01,1.02,1.045,1.065]).reshape(1, -1)
R_dim = [];k_dim = [];x_dim = []
for i in range(0,32,2):
    k = i/1000
prob = cp.Problem(cp.Maximize(rp@x),[0.025 * x[1]< = k,\
                0.015 * x[2]< = k,0.055 * x[3]< = k,\
                0.026 * x[4]< = k,p1@x == 1,x > = 0])
prob.solve(solver = 'GLPK_MI')
R_dim.append(prob.value)
x_dim.append(x.value.tolist())
k_dim.append(k)
print('取不同风险水平时的最大收益集合:\n',R_dim)
print('不同风险水平时的各最优解:\n',np.array(x_dim))
```

执行程序,输出结果如下。

取不同风险水平时的最大收益集合:

[0.05, 0.10105522144522144, 0.1521104428904429, 0.20190763977806234,
0.2112433811802233, 0.21901960784313726, 0.22556862745098039,
0.23211764705882354, 0.2386666666666667, 0.24521568627450982,
0.25176470588235295, 0.25831372549019604, 0.2648627450980392,
0.26732673267326734, 0.26732673267326734, 0.26732673267326734]

不同风险水平时的各最优解:

```
[[ 1.          0.          0.          0.          0.          ]
 [ 0.66327692  0.08        0.13333333  0.03636364  0.07692308  ]
 [ 0.32655385  0.16        0.26666667  0.07272727  0.15384615  ]
 [ 0.          0.24        0.4         0.10909091  0.22122066  ]
 [ 0.          0.32        0.53333333  0.12708134  -0.         ]
 [ 0.          0.4         0.58431373  -0.         -0.         ]
 [ 0.          0.48        0.50509804  -0.         -0.         ]
 [ 0.          0.56        0.42588235  -0.         -0.         ]
 [ 0.          0.64        0.34666667  -0.         -0.         ]
 [ 0.          0.72        0.26745098  -0.         -0.         ]
 [ 0.          0.8         0.18823529  -0.         -0.         ]
 [ 0.          0.88        0.10901961  -0.         -0.         ]
 [ 0.          0.96        0.02980392  -0.         -0.         ]
 [ 0.          0.99009901  -0.         -0.         -0.         ]
 [ 0.          0.99009901  -0.         -0.         -0.         ]
 [ 0.          0.99009901  -0.         -0.         -0.         ]]
```

不同风险水平下的最大收益和最优解与表 3-7 的结果一致。

为了便于寻找理想的风险水平值和最大收益,编程如下。

```
# Python 代码(续)
import matplotlib.pyplot as plt
plt.rc('font',family = 'simsun')
```

```
plt.plot(k_dim,R_dim,'v')
plt.xlabel('风险水平')
plt.ylabel('对应的最大收益')
plt.show()
```

程序输出的结果如图 3-1 所示。

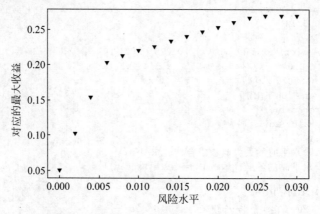

图 3-1　风险水平与最大收益对应关系（k 取值的步长为 0.002）

从图 3-1 可知，在风险水平小于 0.005 时，最大收益增长较快，但大于 0.005 后，相应的最大收益增长缓慢，为寻找较为准确的风险水平，更改 k 取值的步长为 0.001，重新运行程序，生成结果如图 3-2 所示。

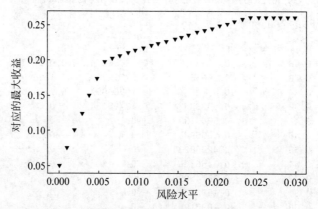

图 3-2　风险水平与最大收益对应关系（k 取值的步长为 0.001）

由图 3-2 可知，取风险水平 k 为 0.006 较为合适。

第 3 章习题

1. 某厂生产三种产品Ⅰ、Ⅱ、Ⅲ。每种产品要经过 A、B 两道工序加工。设该厂有两种规格的设备能完成 A 工序，它们以 A_1、A_2 表示；有三种规格的设备能完成 B 工序，它们以 B_1、B_2、B_3 表示。产品Ⅰ可在 A、B 任何一种规格设备上加工。产品Ⅱ可在任何规格的 A

设备上加工,但完成 B 工序时,只能在 B_1 设备上加工;产品Ⅲ只能在 A_2 与 B_2 设备上加工。已知在各种机床设备的单件工时,原材料费、产品销售价格、各种设备有效台时及满负荷操作时机床设备的费用如表 3-10 所示,要求安排最优的生产计划,使该厂利润最大。

表 3-10　工厂生产机床设备数据

设　　备	产　　品			设备有效台时	满负荷操作时的设备费用/元
	Ⅰ	Ⅱ	Ⅲ		
A_1	5	10		6000	300
A_2	7	9	12	10000	321
B_1	6	8		4000	250
B_2	4		11	7000	783
B_3	7			4000	200
原材料费(元/件)	0.25	0.35	0.50		
单价(元/件)	1.25	2.00	2.80		

2. 有 4 名工人,要指派他们分别完成 4 项工作,每人做各项工作所消耗的时间如表 3-11 所示。

表 3-11　指派问题数据

工　　人	工　　作			
	A	B	C	D
甲	15	18	21	24
乙	19	23	22	18
丙	26	17	16	19
丁	19	21	23	17

问分别指派哪名工人去完成哪项工作,可使总的消耗时间为最小?

3. 某战略轰炸机群奉命摧毁敌人军事目标。已知该目标有 4 个要害部位,只要摧毁其中之一即可达到目的。完成此项任务的汽油消耗量限制为 48000 升、重型炸弹 48 枚、轻型炸弹 32 枚。飞机携带重型炸弹时每升汽油可飞行 2km,带轻型炸弹时每升汽油可飞行 3km。又知每架飞机每次只能装载一枚炸弹,每出发轰炸一次除来回路程汽油消耗(空载时每升汽油可飞行 4km)外,起飞和降落每次各消耗 100 升。相关数据如表 3-12 所示。

表 3-12　轰炸机各项数据汇总表

要害部位	离机场距离/km	摧毁可能性	
		每枚重型弹	每枚轻型弹
1	450	0.10	0.08
2	480	0.20	0.16
3	540	0.15	0.12
4	600	0.25	0.20

为了使摧毁敌方军事目标的可能性最大,应如何确定飞机轰炸的方案?要求建立问题

的线性规划模型。

4. 某钻井队要从以下 10 个可供选择的井位中确定 5 个钻井探油,使总的钻探费用最小。若 10 个井位的代号为 $s_1, s_2, \cdots, s_{10}$,相应的钻探费用为 $c_1, c_2, \cdots, c_{10}$,并且井位选择上要满足下列限制条件。

(1) 或选择钻探 s_1 和 s_7,或选择钻探 s_9。

(2) 选择了 s_3 或 s_4 就不能选 s_5,或反过来也一样。

(3) 在 s_5、s_6、s_7、s_8 中最多只能选两个。

试建立问题的整数规划模型。

5. 试将下述非线性的 0-1 规划问题转换为线性的 0-1 规划问题。

$$\max z = x_1 + x_1 x_2 - x_3$$

$$\text{s.t.} \begin{cases} -2x_1 + 3x_2 + x_3 \leqslant 3 \\ x_j = 0 \text{ 或 } 1 \quad (j = 1, 2, 3) \end{cases}$$

第4章

非线性规划模型

1951年,库恩(H. W. Kuhn)和塔克(A. W. Tucker)等人提出了非线性规划理论。随着计算机的普及,非线性规划理论得到了快速发展,应用领域也越来越广泛,特别是在军事、经济、管理及生产过程自动化、工程设计和产品优化设计等领域有着重要的应用。

4.1 非线性规划概述

非线性规划理论是在线性规划基础上发展起来的。一般来说,求解非线性规划问题要比求解线性规划问题困难得多,而且也没有统一的数学模型及通用解法。非线性规划问题算法大都有特定的适用范围,具有一定的局限性,目前还没有适合于非线性规划问题的一般算法。

4.1.1 非线性规划问题实例

下面通过实例归纳非线性规划数学模型的一般形式,介绍有关非线性规划的基本概念。

例 4.1 (投资决策问题)某企业有 n 个项目可供选择投资,并且至少要对其中一个项目投资。已知该企业拥有总资金 A 元,投资于第 $i(i=1,2,\cdots,n)$ 个项目需花资金 a_i 元,并预计可收益 b_i 元。试选择最佳投资方案。

解 设投资决策变量为

$$x_i = \begin{cases} 1, & \text{决定投资第 } i \text{ 个项目} \\ 0, & \text{决定不投资第 } i \text{ 个项目} \end{cases}, \quad i=1,2,\cdots,n$$

则投资总额为 $\sum_{i=1}^{n} a_i x_i$,投资总收益为 $\sum_{i=1}^{n} b_i x_i$。因为该公司至少要对一个项目投资,并且总的投资金额不能超过总资金 A,故有限制条件

$$0 < \sum_{i=1}^{n} a_i x_i \leqslant A$$

另外,由于 $x_i(i=1,2,\cdots,n)$ 只取值 0 或 1,所以还有

$$x_i(1-x_i)=0, \quad i=1,2,\cdots,n$$

最佳投资方案应是投资额最小而总收益最大的方案,所以最佳投资决策问题可归结为在满足总资金及决策变量(取 0 或 1)的限制条件下,极大化总收益和总投资之比。

因此,其数学模型为

$$\max Q = \frac{\sum\limits_{i=1}^{n} b_i x_i}{\sum\limits_{i=1}^{n} a_i x_i}$$

$$\text{s. t. } 0 < \sum_{i=1}^{n} a_i x_i \leqslant A$$

$$x_i (1 - x_i) = 0, \quad i = 1, 2, \cdots, n$$

上述问题是在一组等式或不等式的约束下,求一个函数的最大值(或最小值)问题,其中至少有一个非线性函数,这类问题称为非线性规划问题。

非线性规划问题可概括为如下形式:

$$\min f(\boldsymbol{x})$$

$$\text{s. t. } \begin{cases} h_j(\boldsymbol{x}) \leqslant 0, & j = 1, 2, \cdots, q \\ g_i(\boldsymbol{x}) = 0, & i = 1, 2, \cdots, p \end{cases}$$

其中,$\boldsymbol{x} = [x_1 \quad x_2 \quad \cdots \quad x_n]^{\mathrm{T}}$ 称为模型的决策变量,f 称为目标函数,$g_i (i = 1, 2, \cdots, p)$ 和 $h_j (j = 1, 2, \cdots, q)$ 称为约束函数。另外,$g_i(\boldsymbol{x}) = 0 \; (i = 1, 2, \cdots, p)$ 称为等式约束,$h_j(\boldsymbol{x}) \leqslant 0$ $(j = 1, 2, \cdots, q)$ 称为不等式约束。

实际问题归结为非线性规划问题时,需注意以下几点。

(1) 确定供选方案。首先要收集同问题有关的资料和数据,在全面熟悉问题的基础上,确认什么是问题的可供选择的方案,并用一组变量来表示它们。

(2) 提出追求目标。经过资料分析,根据实际需要和可能,提出要追求极小化或极大化的目标,并且运用各种技术原理,把它表示成数学关系式。

(3) 给出价值标准。在提出要追求的目标之后,要确立所考虑目标的"好"或"坏"的价值标准,并用某种数量形式来描述它。

(4) 寻求限制条件。由于所追求的目标要在一定的条件下取得极小化或极大化效果,因此需要寻找出问题的所有限制条件,这些条件通常用变量之间的一些不等式或等式来表示。

4.1.2 线性规划与非线性规划的区别

若线性规划的最优解存在,则其最优解只可能在其可行域的边界上达到(特别是可行域的顶点上达到),而非线性规划的最优解(如果最优解存在)则可能在其可行域的任意点达到。

4.2　无约束非线性规划问题

MATLAB 中非线性规划的数学模型可写成如下形式：

$$\min f(\boldsymbol{x})$$

$$\text{s. t.} \begin{cases} \boldsymbol{Ax} \leqslant \boldsymbol{B} \\ \boldsymbol{Aeq} \cdot \boldsymbol{x} = \boldsymbol{Beq} \\ C(\boldsymbol{x}) \leqslant 0 \\ Ceq(\boldsymbol{x}) = 0 \end{cases}$$

其中，$f(\boldsymbol{x})$ 是标量函数，$\boldsymbol{A}$、$\boldsymbol{B}$、$\boldsymbol{Aeq}$、$\boldsymbol{Beq}$ 是相应维数的矩阵和向量，$C(\boldsymbol{x})$、$Ceq(\boldsymbol{x})$ 是非线性向量函数。

MATLAB 命令为

```
X = FMINCON(FUN, X0, A, B, Aeq, Beq, LB, UB, NONLCON, OPTIONS)
```

返回值是向量 x，其中，FUN 是用 M 文件定义的函数 $f(\boldsymbol{x})$；X0 是 x 的初始值；$\boldsymbol{A}$、$\boldsymbol{B}$、$\boldsymbol{Aeq}$、$\boldsymbol{Beq}$ 定义了线性约束 $\boldsymbol{A} \times \boldsymbol{X} \leqslant \boldsymbol{B}$，$\boldsymbol{Aeq} \times \boldsymbol{X} = \boldsymbol{Beq}$，如果没有线性约束，则 $\boldsymbol{A} = []$，$\boldsymbol{B} = []$，$\boldsymbol{Aeq} = []$，$\boldsymbol{Beq} = []$；LB 和 UB 是变量 x 的下界和上界，如果上界和下界没有约束，则 LB = []，UB = []，如果 x 无下界，则 LB = -inf，如果 x 无上界，则 UB = inf；NONLCON 是用 M 文件定义的非线性向量函数 $C(\boldsymbol{x})$、$Ceq(\boldsymbol{x})$；OPTIONS 定义了优化参数，可以使用 MATLAB 默认的参数设置。

例 4.2　求下列非线性规划问题

$$\min f(x) = x_1^2 + x_2^2 + 8$$

$$\text{s. t.} \begin{cases} x_1^2 - x_2 \geqslant 0 \\ -x_1 - x_2^2 + 2 = 0 \\ x_1, x_2 \geqslant 0 \end{cases}$$

解　（1）MATLAB 代码。

① 编写 M 文件 fun1.m。

```
function f = fun1(x);
f = x(1)^2 + x(2)^2 + 8;
```

M 文件 fun2.m

```
function [g, h] = fun2(x);
g = - x(1)^2 + x(2);
h = - x(1) - x(2)^2 + 2;  % 等式约束
```

② 在 MATLAB 的命令窗口依次输入以下代码，就可以求得当 $x_1 = 1$，$x_2 = 1$ 时，最小值 $y = 10$。

```
options = optimset('largescale', 'off');
```

```
[x,y] = fmincon('fun1',rand(2,1),[],[],[],[],zeros(2,1),[], ...
'fun2', options)
```

（2）Python 代码。

```
from scipy.optimize import minimize
import numpy as np
def obj_fun(args):
    a,b,c = args
    f = lambda x:a * x[0] ** 2 + b * x[1] ** 2 + c
    return f
cons = ({'type':'ineq','fun': lambda x:(x[0] ** 2 - x[1])},
    {'type':'eq','fun': lambda x: - x[0] - x[1] ** 2 + 2})
b = (0,None)
bd = (b,b)
args = (1,1,8)
x0 = np.array([1.0,1.0])
res = minimize(obj_fun(args),x0,bounds = bd,constraints = cons)
print(res.message)
print(res.fun)
print(res.x)
```

执行程序,输出结果如下。

```
Optimization terminated successfully.
10.0
[1. 1.]
```

4.2.1　无约束非线性规划问题的解法

无约束极值问题可表述为

$$\min f(x), \quad x \in R^{(n)} \tag{4-1}$$

求解问题式(4-1)的迭代法大体上分为两种:一是用函数的一阶导数或二阶导数,称为解析法;二是用函数值,称为直接法。

4.2.2　梯度法

对迭代格式

$$x^{k+1} = x^k + t_k p^k \tag{4-2}$$

考虑从点 x^k 出发沿哪个方向 p^k,使目标函数 f 下降得最快。根据微积分知识,点 x^k 的负梯度方向

$$p^k = -\nabla f(x^k)$$

是从点 x^k 出发使 f 下降最快的方向。因此,称负梯度方向 $-\nabla f(x^k)$ 为 f 在点 x^k 处的最快下降方向。按迭代格式式(4-2),从点 x^k 出发沿最快下降方向 $-\nabla f(x^k)$ 作一维搜索,建立求解无约束极值问题的方法,称为最速下降法。

最速下降法的特点是每轮的搜索方向都是目标函数在当前点下降最快的方向。同时,

用 $\nabla f(x^k)=0$ 或 $\|\nabla f(x^k)\| \leqslant \varepsilon$ 作为停止条件。最速下降法步骤如下。

(1) 选取初始数据。选取初始点 x^0，给定终止误差，令 $k:=0$。

(2) 求梯度向量。计算 $\nabla f(x^k)$，若 $\|\nabla f(x^k)\| \leqslant \varepsilon$，停止迭代，输出 x^k，否则进行第(3)步。

(3) 构造负梯度方向。取 $p^k=-\nabla f(x^k)$。

(4) 进行一维搜索。求 t_k，使得 $f(x^k+t_k p^k)=\min\limits_{t \geqslant 0} f(x^k+t p^k)$，令 $x^{k+1}=x^k+t_k p^k$，$k=k+1$，转第(2)步。

例 4.3 用最速下降法求解无约束非线性规划问题

$$\min f(x)=x_1^2+25 x_2^2$$

其中，$x=(x_1,x_2)^{\mathrm{T}}$，要求选取初始点 $x^0=(2,2)^{\mathrm{T}}$。

解 (1) MATLAB 代码。

① 计算梯度向量,编写 M 文件 detaf.m 如下。

```
function [f,df] = detaf(x);
f = x(1)^2 + 25 * x(2)^2;
df(1) = 2 * x(1);
df(2) = 50 * x(2);
```

② 编写 M 文件 zuisu.m。

```
clc
x = [2;2];
[f0,g] = detaf(x);
while norm(g)> 0.000001
    p = - g'/norm(g);
    t = 1.0;f = detaf(x + t * p);
    while f > f0
        t = t/2;f = detaf(x + t * p);
    end
x = x + t * p
[f0,g] = detaf(x)
end
```

(2) Python 代码。

```
from matplotlib import pyplot as plt
import numpy as np
from mpl_toolkits.mplot3d import Axes3D
fig = plt.figure()
ax = Axes3D(fig)
def f(x):
    return x[0] ** 2 + 25 * x[1] ** 2
def numerical_gradient(f,P):
    t1 = 2 * P[0]
    t2 = 50 * P[1]
return np.array([t1, t2])
def gradient_descent(t,k = 0.01,e = 10 ** ( - 3),max_iters = 10000):
    for i in range(max_iters):
```

```
                df = numerical_gradient(f, t)
            if np. linalg. norm(df, ord = 2)< e:
                    break
            t = t − df * k
            ax. scatter(t[0], t[1], f(t), 'y')
        print(f'极小值点为:{t};\n 极小值:{f(t)}')
        return t
x1 = np. arange( − 6, 6, 0.01)
x2 = np. arange( − 6, 6, 0.01)
x1, x2 = np. meshgrid(x1, x2)
ax. plot_surface(x1, x2, \
                f(np. array([x1, x2])), alpha = 0.3)
t0 = np. array([2, 2])
gradient_descent(t0)
plt. show()
```

执行程序,结果如图 4-1 所示。

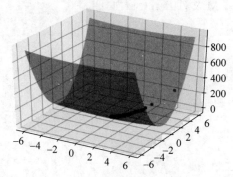

图 4-1　无约束非线性规划问题优化解

4. 2. 3　Newton 法

考虑目标函数 f 在点 x^k 处的二次逼近式

$$f(x) \approx Q(x) = f(x^k) + \nabla f(x^k)^{\mathrm{T}}(x - x^k) + \frac{1}{2}(x - x^k)^{\mathrm{T}} \nabla^2 f(x^k)(x - x^k)$$

假定 Hesse 阵正定

$$\nabla^2 f(x^k) = \begin{pmatrix} \dfrac{\partial^2 f(x^k)}{\partial x_1^2} & \dfrac{\partial^2 f(x^k)}{\partial x_1 \partial x_2} & \cdots & \dfrac{\partial^2 f(x^k)}{\partial x_1 \partial x_n} \\ \dfrac{\partial^2 f(x^k)}{\partial x_2 \partial x_1} & \dfrac{\partial^2 f(x^k)}{\partial x_2^2} & \cdots & \dfrac{\partial^2 f(x^k)}{\partial x_2 \partial x_n} \\ \vdots & \vdots & \ddots & \vdots \\ \dfrac{\partial^2 f(x^k)}{\partial x_n \partial x_1} & \dfrac{\partial^2 f(x^k)}{\partial x_n \partial x_2} & \cdots & \dfrac{\partial^2 f(x^k)}{\partial x_n^2} \end{pmatrix}$$

由于 $\nabla^2 f(x^k)$ 正定,函数 Q 的驻点 x^{k+1} 是 $Q(x)$ 的极小点。令

$$\nabla Q(x^{k+1}) = \nabla f(x^k) + \nabla^2 f(x^k)(x^{k+1} - x^k) = 0$$

解得

$$x^{k+1} = x^k - [\nabla^2 f(x^k)]^{-1} \nabla f(x^k)$$

取步长 $t_k = 1$，可知从点 x^k 出发沿搜索方向

$$p^k = -[\nabla^2 f(x^k)]^{-1} \nabla f(x^k)$$

得 $Q(x)$ 的最小点 x^{k+1}。通常，把方向 p^k 叫作从点 x^k 出发的 Newton 方向。从初始点开始，每轮从当前迭代点出发，沿 Newton 方向并取步长为 1 的求解方法，称为 Newton 法。Newton 法步骤如下。

（1）选取初始数据。选取初始点 x^0，给定终止误差 $\varepsilon > 0$，令 $k := 0$。

（2）求梯度向量。计算 $\nabla f(x^k)$，若 $\| \nabla f(x^k) \| \leqslant \varepsilon$，停止迭代，输出 x^k，否则进行第（3）步。

（3）构造 Newton 方向。计算 $[\nabla^2 f(x^k)]^{-1}$，取

$$p^k = -[\nabla^2 f(x^k)]^{-1} \nabla f(x^k)$$

（4）求下一迭代点。令 $x^{k+1} = x^k + p^k$，$k := k+1$，转第（2）步。

例 4.4 用 Newton 法求解

$$\min f(x) = x_1^4 + 25x_2^4 + x_1^2 x_2^2$$

选取 $x^0 = (2, 2)^{\mathrm{T}}$。

解 （1）计算梯度向量与 Hesse 阵

$$\nabla f(x) = [4x_1^3 + 2x_1 x_2^2 \quad 100x_2^3 + 2x_1^2 x_2]^{\mathrm{T}}$$

$$\nabla^2 f(x) = \begin{pmatrix} 12x_1^2 + 2x_2^2 & 4x_1 x_2 \\ 4x_1 x_2 & 300x_2^2 + 2x_1^2 \end{pmatrix}$$

（2）编写 M 文件 nwfun.m 如下。

```
function [f,df,d2f] = nwfun(x);
f = x(1)^4 + 25 * x(2)^4 + x(1)^2 * x(2)^2;
df = [4 * x(1)^3 + 2 * x(1) * x(2)^2;100 * x(2)^3 + 2 * x(1)^2 * x(2)];
d2f = [12 * x(1)^2 + 2 * x(2)^2,4 * x(1) * x(2)
    4 * x(1) * x(2),300 * x(2)^2 + 2 * x(1)^2];
```

（3）执行迭代格式。

```
clc
x = [2;2];
[f0,g1,g2] = nwfun(x)
while norm(g1) > 0.00001
    p = - inv(g2) * g1
    x = x + p
    [f0,g1,g2] = nwfun(x)
end
```

若目标函数是非二次函数，一般地，用 Newton 法通过有限轮迭代并不能保证可求得其

最优解。为了提高计算精度,迭代时可以采用变步长计算上述问题,程序如下。

```
clc
x = [2;2];
[f0,g1,g2] = nwfun(x)
while norm(g1)> 0.00001
    p = - inv(g2) * g1,p = p/norm(p)
    t = 1.0,f = nwfun(x + t * p)
    while f > f0
        t = t/2,f = nwfun(x + t * p),
    end
x = x + t * p
[f0,g1,g2] = nwfun(x)
end
```

Newton 法的优点是收敛速度快,缺点是有时不好用,需要采取改进措施。此外,当维数较高时,计算 $-[\nabla^2 f(x^k)]^{-1}$ 的工作量较大。

4.2.4 变尺度法

变尺度法(Variable Metric Algorithm)是近年来发展起来的,它不仅是求解无约束极值问题非常有效的算法,而且已被推广用来求解约束极值问题。由于它既避免了计算二阶导数矩阵及其求逆过程,又比梯度法的收敛速度快,特别是对高维问题具有显著的优越性,因而变尺度法获得了很高的声誉。下面简要介绍一种变尺度法——DFP 法的基本原理及其计算过程。这一方法首先由 Davidon 于 1959 年提出,后经 Fletcher 和 Powell 加以改进。

现将 DFP 变尺度法的计算步骤总结如下。

(1)给定初始点 x^0 及梯度允许误差 $\varepsilon > 0$。

(2)若 $\| \nabla f(x^0) \| \leqslant \varepsilon$,则 x^0 即为近似极小点,停止迭代;否则,转向第(3)步。

(3)令 $\overline{H}^{(0)} = I$(单位矩阵),$p^0 = -\overline{H}^{(0)} \nabla f(x^0)$ 在 p^0 方向进行一维搜索,确定最佳步长 λ_0 为

$$\min_{\lambda} f(x^0 + \lambda p^0) = f(x^0 + \lambda_0 p^0)$$

得到下一个近似点

$$x^1 = x^0 + \lambda_0 p^0$$

(4)一般地,设已得到近似点 x^k,算出 $\nabla f(x^k)$,若

$$\| \nabla f(x^0) \| \leqslant \varepsilon$$

则 x^k 即为所求的近似解,停止迭代,否则计算 $\overline{H}^{(k)}$

$$\overline{H}^{(k)} = \overline{H}^{(k-1)} + \frac{\Delta x^{k-1} (\Delta x^{k-1})^T}{(\Delta G^{(k-1)})^T \Delta x^{k-1}} - \frac{\overline{H}^{(k-1)} \Delta G^{(k-1)} (G^{(k-1)})^T \Delta H^{(k-1)}}{(\Delta G^{(k-1)})^T \overline{H}^{(k-1)} \Delta G^{(k-1)}}$$

并令 $p^k = -\overline{H}^{(k)} \Delta f(x^k)$,在 p^k 方向上进行一维搜索,得 λ_k,从而可得下一个近似点

$$x^{k+1} = x^k + \lambda_k p^k$$

(5)若 x^{k+1} 满足精度要求,则 x^{k+1} 即为所求的近似解,否则转回第(4)步,直到求出

某点满足精度要求为止。

4.2.5　MATLAB 求无约束极值问题

在 MATLAB 工具箱中，用于求解无约束极值问题的函数有 fminunc 和 fminsearch，用法介绍如下。

求函数的极小值

$$\min_x f(x)$$

其中，x 可以为标量或向量。

MATLAB 中 fminunc 的基本命令是

```
[X,FVAL,EXITFLAG,OUTPUT,GRAD,HESSIAN] = FMINUNC(FUN,X0,OPTIONS,P1,P2,...)
```

其中，返回值 X 是所求得的极小点，FVAL 是函数的极小值，其他返回值含义参见相关帮助。FUN 是一个 M 文件，当 FUN 只有一个返回值时，它的返回值是函数 $f(x)$；当 FUN 有两个返回值时，它的第二个返回值是 $f(x)$ 的梯度向量；当 FUN 有三个返回值时，它的第三个返回值是 $f(x)$ 的二阶导数阵（Hessian 阵）。X0 是向量 x 的初始值，OPTIONS 是优化参数，可以使用默认参数。P1 和 P2 是可以传递给 FUN 的一些参数。

例 4.5　求函数 $f(x)=100(x_2-x_1^2)^2+(1-x_1)^2$ 的最小值。

解　（1）MATLAB 代码。

① 编写 M 文件 fun2.m 如下。

```
function [f,g] = fun2(x);
f = 100 * (x(2) - x(1)^2)^2 + (1 - x(1))^2;
g = [ - 400 * x(1) * (x(2) - x(1)^2) - 2 * (1 - x(1));200 * (x(2) - x(1)^2)];
```

② 在 MATLAB 命令窗口输入以下代码，即可求得函数的极小值。

```
options = optimset('GradObj','on');
fminunc('fun2',rand(1,2),options)
```

③ 在求极值时，也可以利用二阶导数，编写 M 文件 fun3.m 如下。

```
function [f,df,d2f] = fun3(x);
f = 100 * (x(2) - x(1)^2)^2 + (1 - x(1))^2;
df = [ - 400 * x(1) * (x(2) - x(1)^2) - 2 * (1 - x(1));200 * (x(2) - x(1)^2)];
d2f = [ - 400 * x(2) + 1200 * x(1)^2 + 2, - 400 * x(1) - 400 * x(1),200];
```

④ 在 MATLAB 命令窗口输入以下代码，即可求得函数的极小值。

```
options = optimset('GradObj','on','Hessian','on');
fminunc('fun3',rand(1,2),options)
```

求多元函数的极值也可以使用 MATLAB 的 fminsearch 命令，其使用格式为

```
[X,FVAL,EXITFLAG,OUTPUT] = FMINSEARCH(FUN,X0,OPTIONS,P1,P2,...)
```

（2）Python 代码。

```
from scipy.optimize import minimize
import numpy as np
def fun(x):
    v = 100 * (x[1] − x[0] ** 2) ** 2 + (1 − x[0]) ** 2
    return v
if __name__ == "__main__":
    x0 = np.array([2,2])
    res = minimize(fun, x0) ♯, method = 'SLSQP'
    print(res.fun,'\n',res.success,'\n',res.x)
```

输出结果为

$x_1 = 0.99999565$，　$x_2 = 0.99999129$，　$f(x) = 0.000000000089328938809017893$

例 4.6　求函数 $f(x) = \sin(x) + 3$ 取最小值时的 x 值。

解　（1）MATLAB 代码。

① 编写 $f(x)$ 的 M 文件 fun4.m 如下。

```
function f = fun4(x);
f = sin(x) + 3;
```

② 在命令窗口输入以下代码，即求得在初值 2 附近的极小点及极小值。

```
x0 = 2;
[x,y] = fminsearch(@fun4,x0)
```

（2）Python 代码。

```
from scipy.optimize import minimize
import numpy as np
def fun(x):
    v = np.sin(x) + 3
    return v
if __name__ == "__main__":
    x0 = np.asarray((2))
    res = minimize(fun, x0) ♯, method = 'SLSQP'
    print(res.fun,'\n',res.success,'\n',res.x)
```

输出结果 $x = 4.71238898, f(x) = 2$。

4.3　带约束非线性规划问题

求解带约束极值问题要比求解无约束极值问题困难得多。为了简化工作，可将约束问题转换为无约束问题，将非线性规划问题转换为线性规划问题。

库恩-塔克条件是非线性规划领域中最重要的理论成果之一，是确定某点为最优点的必要条件，但它并不是充分条件（对于凸规划，它既是最优点存在的必要条件，同时也是充分条件）。

4.3.1 二次规划

若非线性规划的目标函数为自变量 x 的二次函数,约束条件全是线性的,则称这种规划为二次规划。

MATLAB 中二次规划的数学模型可表述为

$$\min \frac{1}{2}x^{\mathrm{T}}Hx + f^{\mathrm{T}}x, \quad \text{s. t.} \quad Ax \leqslant b$$

这里的 H 是实对称矩阵,f、b 是列向量,A 是相应维数的矩阵。MATLAB 中求解二次规划的命令是

```
[X,FVAL] = QUADPROG(H,f,A,b,Aeq,beq,LB,UB,X0,OPTIONS)
```

X 的返回值是向量 x,FVAL 的返回值是目标函数在 X 处的值(具体细节可以参看在 MATLAB 指令中运行 help quadprog 后的帮助)。

例 4.7 求解二次规划

$$\min f(x) = 2x_1^2 - 4x_1x_2 + 4x_2^2 - 6x_1 - 3x_2$$

$$\text{s. t.} \begin{cases} x_1 + x_2 \leqslant 3 \\ 4x_1 + x_2 \leqslant 9 \\ x_1, x_2 \geqslant 0 \end{cases}$$

解 编写如下程序。

```
h = [4, -4; -4,8];
f = [-6; -3];
a = [1,1;4,1];
b = [3;9];
[x,value] = quadprog(h,f,a,b,[],[],zeros(2,1))
```

求得

$$x = \begin{bmatrix} 1.9500 \\ 1.0500 \end{bmatrix}, \quad \text{Min}f(x) = -11.0250$$

4.3.2 罚函数法

罚函数法通过引进一个惩罚因子把约束条件连接到目标函数上,从而将有约束条件的最优化问题转换为无约束条件的问题。因此,罚函数法也称为序列无约束最小化技术(Sequential Unconstrained Minimization Technique,SUMT)。

罚函数法求解非线性规划问题的思想是利用问题中的约束函数引入适当的罚函数,由此构造出带参数的增广目标函数,将问题转换为无约束非线性规划问题。罚函数法主要有两种形式,一种是外罚函数法,另一种是内罚函数法。

考虑非线性规划问题

$$\min f(x)$$

$$\text{s. t.} \begin{cases} g_i(x) \leqslant 0, & i=1,2,\cdots,r \\ h_j(x) \geqslant 0, & j=1,2,\cdots,s \\ k_m(x)=0, & m=1,2,\cdots,t \end{cases}$$

取一个充分大的数 $M>0$,构造函数

$$P(x,M)=f(x)+M\sum_{i=1}^{r}\max(g_i(x),0)-M\sum_{i=1}^{s}\min(h_i(x),0)+M\sum_{i=1}^{t}|k_i(x)|$$

或

$$P(x,M)=f(x)+M\text{sum}\left[\max\binom{G(x)}{0}\right]-M\text{sum}\left[\min\binom{H(x)}{0}\right]+M\|K(x)\|$$

其中

$$G(x)=[g_1(x),g_2(x),\cdots,g_r(x)]$$
$$H(x)=[h_1(x),h_2(x),\cdots,h_s(x)]$$
$$K(x)=[k_1(x),k_2(x),\cdots,k_t(t)]$$

MATLAB 中可以直接运行 max、min 和 sum 函数。以增广目标函数 $P(x,M)$ 为目标函数的无约束极值问题 $\min P(x,M)$ 的最优解 x 也是原问题的最优解。

例 4.8 求下列非线性规划

$$\min f(x)=x_1^2+x_2^2+8$$

$$\text{s. t.} \begin{cases} x_1^2-x_2 \geqslant 0 \\ -x_1-x_2^2+2=0 \\ x_1,x_2 \geqslant 0 \end{cases}$$

解 (1) 编写 M 文件 test. m。

```
function g = test(x);
M = 50000;
f = x(1)^2 + x(2)^2 + 8;
g = f - M * min(x(1),0) - M * min(x(2),0) - M * min(x(1)^2 - x(2),0)...
    + M * abs( - x(1) - x(2)^2 + 2);
```

(2) 利用 MATLAB 的求矩阵的极小值和极大值函数编写 test. m 如下。

```
function g = test(x);
M = 50000;
f = x(1)^2 + x(2)^2 + 8;
g = f - M * sum(min([x';zeros(1,2)])) - M * min(x(1)^2 - x(2),0)...
    + M * abs( - x(1) - x(2)^2 + 2);
```

(3) 也可修改罚函数的定义,编写 test. m 如下。

```
function g = test(x);
M = 50000;
f = x(1)^2 + x(2)^2 + 8;
```

```
g = f - M * min(min(x),0) - M * min(x(1)^2 - x(2),0) + M * abs( - x(1) - x(2)^2 + 2);
```

在 MATLAB 命令窗口输入以下代码即可求得问题的解。

```
[x,y] = fminunc('test',rand(2,1))
```

4.3.3　MATLAB 求约束极值问题

在 MATLAB 优化工具箱中,用于求解约束最优化问题的函数有 fminbnd、fmincon、quadprog、fseminf、fminimax,前面已经介绍过函数 fmincon 和 quadprog,下面介绍函数 fminbnd、fseminf 和 fminimax。

1. fminbnd 函数

求单变量非线性函数在区间上的极小值

$$\min_{x} f(x), \quad x \in [x_1, x_2]$$

MATLAB 的命令为

```
[X,FVAL] = FMINBND(FUN,x1,x2,OPTIONS)
```

返回值是极小点 x 和函数的极小值。其中,FUN 是用 M 文件定义的函数或 MATLAB 中的单变量数学函数。

例 4.9　求函数 $f(x)=(x-3)^2-1, x \in [0,5]$ 的最小值。

解　(1) MATLAB 代码。

① 编写 M 文件 fun5.m。

```
function f = fun5(x);
    f = (x - 3)^2 - 1;
```

② 在 MATLAB 的命令窗口输入以下代码,即可求得极小点和极小值。

```
[x,y] = fminbnd('fun5',0,5)
```

(2) Python 代码。

```
from scipy. optimize import minimize
import numpy as np
def fun(x):
    v = (x - 3) ** 2 - 1
    return v
if __name__ == "__main__":
    x0 = np.array([1])
    res = minimize(fun,x0,bounds = [(0,5)],method = 'SLSQP')  #
    print(res.fun,'\n', res. success, '\n',res. x)
```

2. fseminf 函数

求 $\min_{x} \{ F(x) | \boldsymbol{C}(\boldsymbol{x}) \leqslant 0, \boldsymbol{Ceq}(\boldsymbol{x}) = 0, \boldsymbol{PHI}(\boldsymbol{x}, \boldsymbol{w}) \leqslant 0 \}$

$$\text{s. t.} \begin{cases} \boldsymbol{A} \times \boldsymbol{x} \leqslant \boldsymbol{B} \\ Aeq \times \boldsymbol{x} = Beq \end{cases}$$

其中，$C(x)$，$Ceq(x)$，$PHI(x,w)$ 都是向量函数；w 是附加的向量变量，w 的每个分量都限定在某个区间内。上述问题的 MATLAB 命令格式为

```
X = FSEMINF(FUN,X0,NTHETA,SEMINFCON,A,B,Aeq,Beq)
```

其中，FUN 用于定义目标函数 $F(x)$；X0 为 x 的初始值；NTHETA 是半无穷约束 PHI (x,w) 的个数；函数 SEMINFCON 用于定义非线性不等式约束 $C(x)$、非线性等式约束 Ceq (x) 和半无穷约束 $PHI(x,w)$ 的每个分量函数，函数 SEMINFCON 有两个输入参量 X 和 S，S 是推荐的取样步长，也许不被使用。

例 4.10 求函数 $f(x)=(x_1-0.5)^2+(x_2-0.5)^2+(x_3-0.5)^2$ 取最小值时的 x 值，约束为

$$K_1(x,w_1)=\sin(w_1x_1)\cos(w_1x_2)-\frac{1}{1000}(w_1-50)^2-\sin(w_1x_3)-x_3\leqslant 1$$

$$K_2(x,w_2)=\sin(w_2x_2)\cos(w_2x_1)-\frac{1}{1000}(w_2-50)^2-\sin(w_2x_3)-x_3\leqslant 1$$

$$1\leqslant w_1\leqslant 100,\quad 1\leqslant w_2\leqslant 100$$

解 （1）编写 M 文件 fun6.m 定义目标函数如下。

```
function f = fun6(x,s);
f = sum((x-0.5).^2);
```

（2）编写 M 文件 fun7.m 定义约束条件如下。

```
function [c,ceq,k1,k2,s] = fun7(x,s);
c = [];ceq = [];
if isnan(s(1,1))
    s = [0.2,0;0.2 0];
end
% 取样值
w1 = 1:s(1,1):100;
w2 = 1:s(2,1):100;
% 半无穷约束
k1 = sin(w1 * x(1)). * cos(w1 * x(2)) - 1/1000 * (w1 - 50).^2 - sin(w1 * x(3)) - x(3) - 1;
k2 = sin(w2 * x(2)). * cos(w2 * x(1)) - 1/1000 * (w2 - 50).^2 - sin(w2 * x(3)) - x(3) - 1;
% 画出半无穷约束的图形
plot(w1,k1,'-',w2,k2,'+');
```

（3）调用函数 fseminf。

在 MATLAB 的命令窗口输入以下命令即可。

```
[x,y] = fseminf(@fun6,rand(3,1),2,@fun7)
```

3. fminimax 函数

求解

$$\min_x\left\{\max_{F_i}F(x)\right\}$$

$$\text{s. t.} \begin{cases} \boldsymbol{A} * \boldsymbol{x} \leqslant \boldsymbol{b} \\ \boldsymbol{Aeq} * \boldsymbol{x} = \boldsymbol{Beq} \\ \boldsymbol{C(x)} \leqslant \boldsymbol{0} \\ \boldsymbol{Ceq(x)} = \boldsymbol{0} \\ \boldsymbol{LB} \leqslant \boldsymbol{x} \leqslant \boldsymbol{UB} \end{cases}$$

其中,$F(x) = \{F_1(x), F_2(x), \cdots, F_m(x)\}$。上述问题的 MATLAB 命令为

```
X = FMINIMAX(FUN, X0, A, B, Aeq, Beq, LB, UB, NONLCON)
```

例 4.11 已知函数 $f(x) = e^{x_1}(4x_1^2 + 2x_2^2 + 4x_1 x_2 + 2x_2 + 1)$,且满足非线性约束

$$\begin{cases} x_1 x_2 - x_1 - x_2 \leqslant -1.5 \\ x_1 x_2 \geqslant -10 \end{cases}$$

求 $\min\limits_{x} f(x)$。

解 (1) 计算目标函数的梯度。

$$\begin{bmatrix} e^{x_1}(4x_1^2 + 2x_2^2 + 4x_1 x_2 + 8x_1 + 6x_2 + 1) \\ e^{x_1}(4x_1 + 4x_2 + 2) \end{bmatrix}$$

(2) 编写 M 文件 fun9.m,定义目标函数及梯度函数。

```
function [f, df] = fun9(x);
f = exp(x(1)) * (4 * x(1)^2 + 2 * x(2)^2 + 4 * x(1) * x(2) + 2 * x(2) + 1);
df = [exp(x(1)) * (4 * x(1)^2 + 2 * x(2)^2 + 4 * x(1) * x(2) + 8 * x(1) + 6 * x(2) + 1); exp(x(1)) *
(4 * x(2) + 4 * x(1) + 2)];
```

(3) 编写 M 文件 fun10.m 定义约束条件及约束条件的梯度函数。

```
function [c, ceq, dc, dceq] = fun10(x);
c = [x(1) * x(2) - x(1) - x(2) + 1.5; - x(1) * x(2) - 10];
dc = [x(2) - 1, - x(2); x(1) - 1, - x(1)];
ceq = [ ]; dceq = [ ];
```

(4) 调用函数 fmincon。

```
% 采用标准算法
options = optimset('largescale', 'off');
% 采用梯度
options = optimset(options, 'GradObj', 'on', 'GradConstr', 'on');
[x, y] = fmincon(@fun9, rand(2, 1), [ ], [ ], [ ], [ ], [ ], [ ], @fun10, options)
```

4.4 奶制品加工问题模型

本部分以奶制品加工问题为例,阐述线性规划问题的数学建模过程与求解方法。

4.4.1 问题提出

一奶制品加工厂用牛奶生产 A1 和 A2 两种初级奶制品,它们可以直接出售,也可以分

别深加工成 B1 和 B2 两种高级奶制品再出售。按照目前技术,每桶牛奶可加工成 2kg 的 A1 和 3kg 的 A2,每桶牛奶的买入价为 10 元,加工费为 5 元,加工时间为 15 小时。每千克 的 A1 可深加工成 0.8kg 的 B1,加工费为 4 元,加工时间为 12 小时;每千克的 A2 可深加工 成 0.7kg 的 B2,加工费为 3 元,加工时间为 10 小时;初级奶制品 A1 和 A2 的售价分别为 10 元/kg 和 9 元/kg,高级奶制品 B1 和 B2 的售价分别为 30 元/kg 和 20 元/kg,工厂现有的 加工能力每周总共 2000 小时,根据市场状况,高级奶制品的需求量占全部奶制品需求量的 20%~40%。试在供需平衡条件下为该厂制订(一周的)生产计划,使利润最大,并进一步讨 论如下问题。

(1) 拨一笔资金用于技术革新,据估计可实现下列革新中的某一项:总加工能力提高 10%;各项加工费用均减少 10%;初级奶制品 A1 和 A2 的产量提高 10%;高级奶制品 B1 和 B2 的产量提高 10%。问应将资金用于哪项革新,这笔资金的上限(对于一周而言)应为 多少?

(2) 该厂的技术人员又提出一项技术革新,将原来的每桶牛奶可加工成 2kg 的 A1 和 3kg 的 A2,变为每桶牛奶可加工成 4kg 的 A1 或者 6kg 的 A2。设原题目给的其他条件都不 变,问应否采用这项革新,若采用,生产计划如何?

(3) 根据市场经济规律,初级奶制品 A1 和 A2 的售价都要随着它们销售量的增加而减 少,同时,在深加工过程中,单位成本会随着各种加工数量的增加而减少。在高级奶制品的 需求量占全部奶制品需求量 20%的情况下,市场调查得到一批数据,如表 4-1 所示。试根据 市场实际情况对该厂的生产计划进行修正(其他条件不变)。

表 4-1 奶制品市场调查数据

A1 售量	20	25	50	55	65	65	80	70	85	90
A2 售量	210	230	170	190	175	210	150	190	190	190
A1 售价	15.2	14.4	14.2	12.7	12.2	11.0	11.9	11.5	10.0	9.6
A2 售价	11	9.6	13.0	10.8	11.5	8.5	13.0	10.0	9.2	9.1
A1 深加工量	40	50	60	65	70	75	80	85	90	100
A1 深加工费	5.2	4.5	4.0	3.9	3.6	3.6	3.5	3.5	3.3	3.2
A2 深加工量	60	70	80	90	95	100	105	110	115	120
A2 深加工费	3.8	3.3	3.0	2.9	2.9	2.8	2.8	2.8	2.7	2.7

4.4.2 问题分析

在生产过程中,往往会产生不同的生产方案,由此引起的生产费用成本也是不相同的, 且同种原料也会产生很多不同种类、不同价格的最终产品。因此,本题以成本控制和目标利 润为主导,对实际生产计划简化加工方案,这是一个可以转换的数学问题,可以利用线性方 法来研究。将奶制品的加工和销售过程转换为以下简单易懂的图形,如图 4-2 所示。

由题意已知条件,有

(1) A1、A2、B1、B2 的售价分别为 10 元/kg、9 元/kg、30 元/kg 和 20 元/kg。

(2) 牛奶买入和加工的总费用为 10+5=15 元/桶。

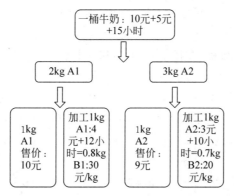

图 4-2 奶制品的加工和销售过程转换

（3）A1 和 A2 的深加工费用分别为 4 元/kg 和 3 元/kg。

（4）每桶牛奶可加工成 2kgA1 和 3kgA2，每千克 A1 可深加工成 0.8kgB1，每千克 A2 可深加工成 0.7kgB2。

（5）每桶牛奶的加工时间为 15 小时，每千克 A1 和 A2 的深加工时间分别为 12 小时和 10 小时，工厂的总加工能力为 $t = 2000$ 小时。

（6）B1 和 B2 的市场需求量（即生产量）占全部奶制品的比例为 20%～40%。

变量设定如下。

（1）设 A1、A2、B1、B2 一周的销售量分别为 x_1、x_2、x_3、x_4 桶。

（2）设 A1 和 A2 一周的生产量为 x_5 和 x_6 桶。

（3）A1 和 A2 深加工的数量为 x_7 和 x_8 桶。

（4）购买的牛奶数量为 x_9 桶。

4.4.3 模型建立与求解

在供需平衡的条件下为该厂制订（一周）生产计划，使利润最大。不考虑牛奶桶数取整，即可以购买任意数量的牛奶，建立优化模型。

$$\max = 10x_1 + 9x_2 + 30x_3 + 20x_4 - 15x_9 - 4x_7 - 3x_8$$

$$\begin{cases} x_1 = 2x_9, x_2 = 3x_9 \\ x_3 = 0.8x_7, x_4 = 0.7x_8 \\ x_5 = x_1 + x_7, x_6 = x_2 + x_8 \\ 15x_9 + 12x_7 + 10x_8 \leqslant 2000 \\ (x_3 + x_4) \geqslant 0.2(x_1 + x_2 + x_3 + x_4) \\ (x_3 + x_4) \leqslant 0.4(x_1 + x_2 + x_3 + x_4) \\ x_i \geqslant 0, i = 1, 2, \cdots, 9 \end{cases} \quad (4\text{-}3)$$

该问题为线性规划问题，在 MATLAB 中进行求解，得到全局最优解，则一周的生产计划为：购买 68.3 桶牛奶，A1 和 A2 的总产量分别为 136.6kg 和 204.9kg，其中 55.3kg 的

A1 和全部的 A2 用于销售,余下的 81.3kg 的 A1 深加工得到 65.0kg 的 B1。按照该计划所得收益为 2998.4 元。

如果牛奶必须购买整数桶,在模型式(4-3)基础上加入 x_9 为整数的约束条件,则该问题变为混合型整数规划。采用分支定界算法,得到全局最优解。将所得结果的小数位进行适当的省略,则一周的生产计划为:购买 68 桶牛奶,A1 和 A2 的总产量分别为 136kg 和 204kg,其中 54.3kg 的 A1 和全部的 A2 用于销售,余下的 81.7kg 的 A1 深加工得到 65.3kg 的 B1。按照该计划所得收益为 2992.7 元。略小于模型式(4-3)的最优值,两种生产计划差别不大。

由结果可知,生产时间为 2000,且每增加工 1 小时可获利 1.4992 元;高级奶制品的产量占全部奶制品产量达到下限 20%。而按上面给出的计划实施可算出加工能力为 1992 小时,高级奶制品的产量比例为 20.01%,因此计划是可行的。

实现模型式(4-3)的 Python 代码如下。

```
import cvxpy as cp
import numpy as np
x = cp.Variable(9) #, integer = True
c = np.array([10,9,30,20,0,0,-4,-3,-15])
A = np.array([[1,0,0,0,0,0,0,0,-2],[0,1,0,0,0,0,0,0,-3],
              [0,0,1,0,0,0,-0.8,0,0],[0,0,0,1,0,0,0,-0.7,0],
              [1,0,0,0,-1,0,1,0,0],[0,1,0,0,0,-1,0,1,0]])
B = np.array([[0,0,0,0,0,0,-12,-10,-15],
              [-0.2,-0.2,0.8,0.8,0,0,0,0,0],
              [0.4,0.4,-0.6,-0.6,0,0,0,0,0]])
b = np.array([-2000,0,0]) #reshape(-1,1)
obj = cp.Maximize(c@x)
con = [A@x == 0, B@x >= b, x >= 0]
prob = cp.Problem(obj,con)
prob.solve(solver = 'GLPK_MI')
print("最大收益:\n", prob.value)
print("最优解为:\n",x.value)
```

输出最大收益结果为

3748.1481481481483

最优解为

$$x_1 = 118.51851852, \quad x_2 = 177.77777778, \quad x_3 = 74.07407407, \quad x_4 = 0,$$
$$x_5 = 211.1111111, \quad x_6 = 177.77777778, \quad x_7 = 92.59259259, \quad x_8 = 0,$$
$$x_9 = 59.25925926$$

若决策变量取整数,只需对决策变量添加参数 Variable(9, integer = True),输出最大收益结果为

3724.0

最优解为

$x_1 = 114$，$x_2 = 171$，$x_3 = 76$，$x_4 = 0$，$x_5 = 209$，$x_6 = 171$，$x_7 = 95$，
$x_8 = 0$，$x_9 = 57$

收益小于非整数取值情形，但总体而言，相比 MATLAB 计算结果略优。

4.4.4 革新项目研究

1. 合理使用革新资金

（1）总加工能力提高 10%，即 $t = 2200$ 小时，求解得到最大利润为 3298.2 元。

（2）各项加工费用均减少 10%，即每桶牛奶加工费变为 4.5 元，A1 和 A2 深加工费变为 3.6 元和 2.7 元，最大利润为 3065.0 元。

（3）初级奶制品 A1 和 A2 的产量提高 10%，即 1 桶牛奶可以生产 2.2kg 的 A1 和 3.3kg 的 A2，最大利润为 3242.5 元。

（4）高级奶制品 B1 和 B2 的产量提高 10%，即 1kg 的 A1 可生产 0.88kg 的 B1，1kg 的 A2 可生产 0.77kg 的 B2，最大利润为 3233.8 元。

（5）通过比较 4 种不同技术革新方案的最大利润可知，将资金用于提高总加工能力可以得到最大的收益。比较起未改革之前的收益增加了 299.8 元，约等于 300 元，按照投资不出现亏损的要求，这笔资金的上限（对于一周）应为 300 元。

2. 加工技术革新

将原来的每桶牛奶可加工成品 2kg 的 A1 和 3kg 的 A2 变为每桶牛奶可加工成 4kg 的 A1 或 6.5kg 的 A2。即将模型式(4-3)中的约束条件 $x_1 = 2x_9$，$x_2 = 3x_9$ 换为 $\dfrac{x_1}{4} + \dfrac{x_2}{6.5} = x_9$，得到模型，问题仍然为线性规划。计算得经过加工技术革新后的最大利润为 3256.2 元。比未经过技术革新的模型式(4-3)所得利润增加了 257.8 元。相应的生产计划为：购买 64.2 桶牛奶，其中 21.6 桶加工成 86.5kg 的 A1，42.6 桶加工成 276.6kg 的 A2，全部 A1 加工成 69.2kg 的 B1，全部的 A2 用于销售，即最后销售的奶制品只有 A2 和 B1 两种。高级奶制品占所有奶制品的销售比例是 20%，达到了最低比例。总生产时间是 2000 小时，充分利用了生产能力。

市场调查的结果显示了 A1、A2 两种奶制品的价格与两者的联合销售量 (x_1, x_2) 有关，而两者的深加工费用分别与各自的深加工量有关。

设 A1、A2 的价格 p_1、p_2 为 A1、A2 联合销量的函数，即 $p_1 = p_1(x_1, x_2)$，$p_2 = p_2(x_1, x_2)$。考虑到方法的效率和实用性，采用线性函数的形式对价格函数进行拟合。

设售价函数的形式如下：

$$p_1(x_1, x_2) = a_1 + b_1 x_1 + c_1 x_2$$
$$p_2(x_1, x_2) = a_2 + b_2 x_1 + c_2 x_2$$

A1、A2 的深加工费 d_1、d_2 分别为各自深加工量的函数，即 $d_1 = d_1(x_7)$，$d_2 = d_2(x_8)$。考虑到误差和实用性，采用二次函数进行拟合。

设深加工费函数的形式如下：

$$d_1 = a_3 + b_3 x_7 + c_3 x_7^2$$
$$d_2 = a_4 + b_4 x_4 + c_4 x_4^2$$

采用最小二乘法对以上四个函数进行拟合,得到各个系数如下:

$$a_1 = 24.7299, \quad b_1 = -0.0937, \quad c_1 = -0.0356, \quad R^2 = 0.9933$$
$$a_2 = 29.9575, \quad b_2 = -0.0563, \quad c_2 = -0.0839, \quad R^2 = 0.9873$$
$$a_3 = 8.5879, \quad b_3 = -0.1084, \quad c_3 = -0.000553, \quad R^2 = 0.9849$$
$$a_4 = 7.3272, \quad b_4 = -0.0822, \quad c_4 = 0.000368, \quad R^2 = 0.9626$$

拟合的平方相关系数均在 0.96 以上,拟合效果比较好,可以认为基本反映了真实销售价格和深加工费用的变化。

已知高级奶制品占市场需求 20%,将变化后的销售价格和深加工费代入模型式(4-1)中,并更改相应的约束,得到新的优化模型为

$$\max z = p_1 x_1 + p_2 x_2 + 30 x_3 + 20 x_4 - 15 x_9 - c_1 x_7 - c_2 x_8$$

$$\begin{cases} x_1 = 2x_9, x_2 = 3x_9 \\ x_3 = 0.8x_7, x_4 = 0.7x_8 \\ x_5 = x_1 + x_7, x_6 = x_2 + x_8 \\ 15x_9 + 12x_7 + 10x_8 \leqslant 2000 \\ (x_3 + x_4) = 0.2(x_1 + x_2 + x_3 + x_4) \\ x_i \geqslant 0, i = 1, 2, \cdots, 9 \end{cases} \qquad (4\text{-}4)$$

利用 MATLAB 求解得

$$X = (x_1, x_2, x_3, x_4, x_5, x_6, x_7, x_8)$$
$$= (47.353, 55.71040, 175.4878, 0, 116.9918, 175.4878, 58.49592, 69.6380, 0)$$

作适当的取整处理,可以得到一周的生产计划的修订方案:购入、加工 58 桶牛奶,加工成 116kg 的 A1,174kg 的 A2,其中 47kg 的 A1 直接销售,69kg 的 A1 再加工成 55kg 的 B1 出售,而 174kg 的 A2 全部直接出售,这样可总获利为 3398 元,并且可算得加工时间为 1698 小时,高级奶制品的产量比例为 19.93%。

与原方案比较,购入牛奶桶数、加工时间均减少,获利反而增加。其原因是根据市场规律和所给数据,如采用上面得到的销量和加工量,A1 的售价 p_1 将由 10 增为 14.04548,A2 的售价 p_2 由 9 增为 12.56805,而 A1 的深加工费用 d_2 由 4 降为 3.720887。显然这一方案要优于原来的方案。

4.4.5 模型讨论

在实际中,有很多加工生产企业,其产品的生产过程都要通过多道工序来完成,然而工序之间都与产品的质量和成本相关联。事实上,这个过程和联系都可以用数学模型来描述,自然可以运用合理的数学模型来优化其生产过程,从而提高生产设备的利用率,节省原材

料,降低生产成本,提高经济效益。奶制品的加工设计问题是一个有代表性的案例,涉及原材料、加工过程和成本。产品的质量与收益等关联问题,通过恰当的数学模型进行优化就可以得到最优的加工生产方案。虽然这是一个具体问题,但很有代表性,也有一定的推广应用价值。

第 4 章习题

1. 用最速下降法(梯度法)求函数 $f(x) = 4x_1 + 6x_2 - 2x_1^2 - 2x_1x_2 - 2x_2^2$ 的极大点。给定初始点 $x^0 = (1,1)^T$。

2. 试用牛顿法求解

$$\min f(x) = -\frac{1}{x_1^2 + x_2^2 + 2}$$

取初始点 $x^{(0)} = (4,0)^T$,并将采用变步长和采用固定步长 $\lambda = 1.0$ 时的情形作比较。

3. 某工厂向用户提供发动机,按合同规定,其交货数量和日期是:第一季度末交 40 台,第二季度末交 60 台,第三季度末交 80 台。工厂的最大生产能力为每季度 100 台,每季度的生产费用是 $f(x) = 50x + 0.2x^2$(元),此处 x 为该季度生产发动机的台数。若工厂生产得多,则多余的发动机可移到下季向用户交货,这样,工厂就需支付存贮费,每台发动机每季度的存贮费为 4 元。问该厂每季度应生产多少台发动机,才能既满足交货合同,又能使工厂所花费的费用最少(假定第一季度开始时发动机无存货)。

4. 求下列问题的解

$$\max f(x) = 2x_1 + 3x_1^2 + 3x_2 + x_2^2 + x_3$$

$$\text{s. t.} \begin{cases} x_1 + 2x_1^2 + x_2 + 2x_2^2 + x_3 \leqslant 10 \\ x_1 + x_1^2 + x_2 + x_2^2 - x_3 \leqslant 50 \\ 2x_1 + x_1^2 + 2x_2 + x_3 \leqslant 40 \\ x_1^2 + x_3 = 2 \\ x_1 + 2x_2 \geqslant 1 \\ x_1 \geqslant 0, \quad x_2, x_3 \text{ 不约束} \end{cases}$$

第 5 章

统计方法与分析

从统计方法角度可将统计分为描述统计和推断统计。前者主要研究如何取得、整理和表现数据资料,进而通过综合、概括与分析反映客观现象的数量特征,包括数据的收集与整理、数据的显示方法、数据分布特征的描述与分析方法等;后者研究如何根据样本数据推断总体数量特征的方法,包括参数估计、假设检验、方差分析及回归分析等。描述统计是统计研究工作的前提,推断统计则是统计研究工作的核心和关键。

5.1 常见随机变量的分布

常见随机变量的分布主要包括离散型随机变量分布与连续型随机变量分布。

5.1.1 离散型随机变量分布

一个随机变量的取值如果是有限个或可列无限个,则称这个随机变量为离散型随机变量。对一个离散型随机变量 X,其所有可能取值记为 $x_1, x_2, \cdots, x_n, \cdots$,并把每个可能取值的概率记为 $P\{X=x_i\}=p_i$,其中 $i=1,2,3,\cdots$,称 $P\{X=x_i\}=p_i$ 为随机变量 X 的概率分布或分布律。

通常用表格形式来表示离散型随机变量的概率分布,如表 5-1 所示。

表 5-1 离散型随机变量的概率分布

X	x_1	x_2	$\cdots$	x_n	$\cdots$
p_i	p_1	p_2	$\cdots$	p_n	$\cdots$

离散型随机变量由其所有可能取值及取这些值的概率唯一确定,且概率分布具有如下性质。

(1) $P\{X=x_k\}=p_k \geqslant 0$。

(2) $\sum_{k=1}^{\infty} P\{X=x_i\} = \sum_{k=1}^{\infty} p_k = 1$。

下面介绍常用的离散型随机变量的分布。

1. 0-1 分布

如果随机变量 X 的分布律为 $P\{X=0\}=1-p$,$P\{X=1\}=p$,$0<p<1$,则称随机变量

X 服从参数为 p 的 0-1 分布,也称为伯努利分布。

0-1 分布也可记作 $P\{X=k\}=p^k(1-p)^{n-k}(k=0,1)$,如表 5-2 所示。

表 5-2　0-1 分布的概率分布

X	0	1
P	$1-p$	p

记为 $X\sim b(1,p)$,其中 $0\leqslant p\leqslant 1$。

2. 二项分布

如果随机变量 X 的分布律为 $P\{X=k\}=C_n^k p^k(1-p)^{n-k}$,$k=0,1,\cdots,n$,则称随机变量 X 服从参数为 (n,p) 的二项分布,记为 $X\sim b(n,p)$。其中参数 n 表示实验的总次数,p 表示每次实验事件发生的概率,且满足如下性质。

(1) $P\{X=k\}\geqslant 0$,$k=0,1,\cdots,n$。

(2) $\displaystyle\sum_{k=0}^{n}P\{X=k\}=\sum_{k=0}^{\infty}C_n^k p^k(1-p)^{n-k}=(p+1-p)^n=1$。

显然,当 $n=1$ 时 $X\sim b(1,p)$,说明伯努利分布是二项分布的一个特例。

3. 泊松分布

如果随机变量 X 的分布律为

$$P\{X=k\}=\frac{\lambda^k}{k!}e^{-\lambda}\quad(k=0,1,2,\cdots)$$

其中,参数 $\lambda>0$,则称随机变量 X 服从参数为 λ 的泊松分布,记为 $X\sim\pi(\lambda)$,且满足如下性质。

(1) $P\{X=k\}\geqslant 0$,$k=0,1,2,\cdots$。

(2) $\displaystyle\sum_{k=0}^{\infty}P\{X=k\}=\sum_{k=0}^{\infty}\frac{\lambda^k}{k!}e^{-\lambda}=e^{-\lambda}\sum_{k=0}^{\infty}\frac{\lambda^k}{k!}=e^{-\lambda}e^{\lambda}=1$。

泊松分布是概率论中最重要的分布之一,实际问题中许多随机现象都服从或近似服从泊松分布。泊松分布往往适用于在单位时间、空间、区域或连续时间间隔内事件发生次数的概率。例如,电话总机在某一时间间隔内收到的呼叫次数、放射物在某一时间间隔内发射的粒子数、容器在某一时间间隔内产生的细菌数、某一时间间隔内来到某服务台要求服务的人数等。

5.1.2　连续型随机变量分布

如果对随机变量 X 的分布函数 $F(x)$,存在非负函数 $f(x)$,使得对于任意实数 x 有 $F(x)=P\{X\leqslant x\}=\displaystyle\int_{-\infty}^{x}f(t)\mathrm{d}t$,则称 X 为连续型随机变量,称 $f(x)$ 为 X 的概率密度函数,简称为概率密度或密度函数。概率密度 $f(x)$ 具有如下性质。

(1) $f(x)\geqslant 0$。

(2) $\int_{-\infty}^{\infty} f(x)\mathrm{d}x = 1$。

(3) $P\{x_1 < X \leqslant x_2\} = F(x_2) - F(x_1) = \int_{x_1}^{x_2} f(x)\mathrm{d}x, x_1 \leqslant x_2$。

(4) 若 $f(x)$ 在点 x 处连续,则有 $F'(x) = f(x)$。

下面介绍常用的连续型随机变量分布。

1. 均匀分布

若连续型随机变量 X 的概率密度为

$$f(x) = \begin{cases} \dfrac{1}{b-a}, & a < x < b \\ 0, & \text{其他} \end{cases}$$

则称 X 在区间 (a,b) 上服从均匀分布,$X \sim U(a,b)$。其分布函数为

$$F(x) = \begin{cases} 0, & x < a \\ \dfrac{x-a}{b-a}, & a \leqslant x \leqslant b \\ 1, & b < x \end{cases}$$

2. 指数分布

若随机变量 X 的概率密度为 $f(x) = \begin{cases} \lambda \mathrm{e}^{-\lambda x}, & x > 0 \\ 0, & \text{其他} \end{cases}$,$\lambda > 0$,则称 X 服从参数为 λ 的指数分布,简记为 $X \sim \exp(\lambda)$。

指数分布的分布函数为

$$F(x) = \begin{cases} 0, & x \leqslant 0 \\ 1 - \mathrm{e}^{-\lambda x}, & x > 0 \end{cases}$$

3. 正态分布

若随机变量 X 的概率密度为 $f(x) = \dfrac{1}{\sqrt{2\pi}\sigma} \mathrm{e}^{-\frac{(x-\mu)^2}{2\sigma^2}}$,$-\infty < x < \infty$,其中 μ 和 $\sigma(\sigma > 0)$ 都是常数,则称服从参数为 μ 和 σ^2 的正态分布,记为 $X \sim N(\mu, \sigma^2)$。

正态分布是概率论中最重要的连续型分布,在 19 世纪前叶由高斯加以推广,故又常称为高斯分布。一般来说,一个随机变量如果受到许多随机因素的影响,而其中每个因素都不起主导作用(作用微小),则它服从正态分布。例如,产品的质量指标,元件的尺寸,某地区成年男子的身高、体重,测量误差,射击目标的水平或垂直偏差,信号噪声,农作物的产量等,都服从或近似服从正态分布。

正态分布密度函数具有如下性质。

(1) 曲线关于直线 $x = \mu$ 对称,这表明对于任意的 $h > 0$,有

$$P\{\mu - h < X \leqslant \mu\} = P\{\mu < X \leqslant \mu + h\}$$

(2) 当 $x = \mu$ 时,$f(x)$ 取到最大值 $f(\mu) = 1/\sqrt{2\pi}\sigma$,离 μ 越远,$f(x)$ 的值就越小。这表

明，对于同样长度的区间，当区间离 μ 越远时，随机变量 X 落在该区间中的概率就越小。

（3）曲线 $y=f(x)$ 在 $x=\mu\pm\sigma$ 处有拐点；曲线 $y=f(x)$ 以 Ox 轴为渐近线。

（4）若 σ 固定，改变 μ 的值，则 $f(x)$ 的图形沿 x 轴平行移动，但不改变其形状，因此 $y=f(x)$ 图形的位置完全由参数 μ 确定。

（5）若 μ 固定，改变 σ 的值，则 σ 越大，$f(x)$ 的图形越陡，随机变量 X 落在 μ 附近的概率就越大；反之，X 的取值越分散。

当 $\mu=0,\sigma=1$ 时正态分布称为标准正态分布，此时其密度函数和分布函数常用 $\varphi(x)$ 和 $\phi(x)$ 表示，即

$$\varphi(x)=\frac{1}{\sqrt{2\pi}}e^{-\frac{x^2}{2}},\quad \phi(x)=\frac{1}{\sqrt{2\pi}}\int_{-\infty}^{x}e^{-\frac{t^2}{2}}dt$$

标准正态分布的重要性在于，任何一个一般的正态分布都可以通过线性变换转换为标准正态分布。

例 5.1　若随机变量 $X\sim N(-3,0.9^2)$，试求该正态随机变量概率密度函数包含 95% 取值的区间。

解

```
#Python 代码
import numpy as np
from scipy import stats
mu = -3
sigma = 0.9
myDistribution = stats.norm(mu, sigma)
P = 0.95
significanceLevel = 1 - P
myDistribution.ppf([significanceLevel/2, 1 - significanceLevel/2])
Out[1]: array([-4.76396759, -1.23603241])
```

对 $X\sim N(\mu,\sigma^2)$，可计算出

$$P\{\mu-k\sigma<X<\mu+k\sigma\}=P\left\{-k<\frac{X-\mu}{\sigma}<k\right\}=\phi(k)-\phi(-k)=2\phi(k)-1$$

5.1.3　其他连续型分布

1. 对数正态分布

设 X 是取值为正数的连续随机变量，若 $\ln X\sim N(\mu,\sigma^2)$，$X$ 的概率密度为

$$f(x,\mu,\sigma)=\begin{cases}\dfrac{1}{\sqrt{2\pi}\sigma}\exp\left[-\dfrac{1}{2\sigma^2}(\ln x-\mu)^2\right], & x>0\\[2mm]0, & x\leqslant 0\end{cases}$$

则称随机变量 X 服从对数正态分布，记为 $\ln X\sim N(\mu,\sigma^2)$。

2. 韦布尔分布

韦布尔分布又称韦氏分布或威布尔分布，是可靠性分析和寿命检验的理论基础。韦布

尔分布在可靠性工程中被广泛应用,尤其适用于机电类产品的磨损累计失效的分布形式。由于它可以利用概率值容易地推断分布参数,因此被广泛应用于各种寿命试验的数据处理。韦布尔分布的概率密度为

$$f(x;\lambda,k)=\begin{cases} \dfrac{k}{\lambda}\left(\dfrac{x}{\lambda}\right)^{k-1}\mathrm{e}^{-(x/\lambda)^k}, & x\geqslant 0 \\ 0, & x<0 \end{cases}$$

其中,$\lambda>0$ 是比例参数,$k>0$ 是形状参数。显然,它的累积分布函数是扩展的指数分布函数,而且韦布尔分布与许多分布都有关系。例如,当 $k=1$ 时,它是指数分布;当 $k=2$ 时,它是瑞利分布。

3. 抽样分布

统计量的分布为抽样分布,常见的抽样分布有如下三种。

1) χ^2 分布

设 $X_1,X_2,\cdots,X_n$ 是取自总体 $N(0,1)$ 的样本,则称统计量 $\chi^2=X_1^2+X_2^2+\cdots+X_n^2$ 为服从自由度为 n 的 χ^2 分布,记为 $\chi^2\sim\chi^2(n)$。$\chi^2(n)$ 分布的概率密度为

$$f(x)=\begin{cases} \dfrac{1}{2^{n/2}\Gamma(n/2)}x^{\frac{n}{2}-1}\mathrm{e}^{-\frac{1}{2}x}, & x>0 \\ 0, & x\leqslant 0 \end{cases}$$

其中,$\Gamma(\cdot)$ 为 Gamma 函数,$\Gamma(\alpha)=\displaystyle\int_0^{+\infty}x^{\alpha-1}\mathrm{e}^{-x}\,\mathrm{d}x,\alpha>0$。

2) t 分布

设 $X\sim N(0,1),Y\sim\chi^2(n)$,且 X 与 Y 相互独立,则称 $T=\dfrac{X}{\sqrt{Y/n}}$ 服从自由度为 n 的 t 分布,记为 $t\sim t(n)$。$t(n)$ 分布的概率密度为

$$f(x)=\frac{\Gamma[(n+1)/2]}{\sqrt{\pi n}\,\Gamma(n/2)}\left(1+\frac{x^2}{n}\right)^{-\frac{n+1}{2}}, \quad -\infty<t<+\infty$$

t 分布具有如下性质。

(1) $f(x)$ 的图形关于纵轴对称,且 $\lim\limits_{x\to\infty}f(x)=0$。

(2) 当 n 充分大时,t 分布近似于标准正态分布。

3) F 分布

设 $X\sim\chi^2(n_1),Y\sim\chi^2(n_2)$,且 X 与 Y 相互独立,则称 $F=\dfrac{X/n_1}{Y/n_2}$ 服从自由度为 (n_1,n_2) 的 F 分布,记为 $F\sim F(n_1,n_2)$。$F(n_1,n_2)$ 分布的概率密度为

$$f(x)=\begin{cases} \dfrac{\Gamma[(n_1+n_2)/2](n_1/n_2)^{n_1/2}x^{(n_1/2)-1}}{\Gamma(n_1/2)\Gamma(n_2/2)[1+(n_1x/n_2)]^{(n_1+n_2)/2}}, & x>0 \\ 0, & x\leqslant 0 \end{cases}$$

F 分布具有如下性质。

(1) 若 $X \sim t(n)$，则 $X^2 \sim F(1,n)$。

(2) 若 $F \sim F(n_1,n_2)$，则 $\dfrac{1}{F} \sim F(n_2,n_1)$。

5.2　描述统计

描述统计是指运用制表、分类、图形及概括性数据来描述数据特征的各项活动，是社会科学研究中的常用方法。

5.2.1　统计量及数据分布特征

统计分析主要分为两类，一类是对收集的数据整理后进行描述性统计，另一类是根据所得的数据资料进行分析、研究，从而对所研究对象的性质、特点做出推断，即推断统计。我们在介绍描述统计前先介绍样本的相关概念。

统计中，人们都是通过从总体中抽取一部分个体，然后根据获得的数据来对总体分布得出推断的，被抽出的部分个体叫作总体的一个样本。为了使样本能很好地反映总体的情况，需满足两个条件：每个个体和总体具有相同分布，即代表性；每次抽样的结果既不影响其他各次抽样的结果，也不受其他各次抽样结果的影响，即独立性。这种随机的、独立的抽样方法称为简单随机抽样。由此得到的样本称为简单随机样本。

设总体 X 是具有某一分布函数的随机变量，如果随机变量 $X_1,X_2,\cdots,X_n$ 相互独立，且都与 X 具有相同的分布，则称 $X_1,X_2,\cdots,X_n$ 为来自总体 X 的简单随机样本，简称样本。n 称为样本容量。

样本是进行统计推断的依据。在应用时，往往不是直接使用样本本身，而是针对不同的问题构造样本的适当函数，即统计量。

设 $X_1,X_2,\cdots,X_n$ 是来自总体 X 的一个样本，$g(X_1,X_2,\cdots,X_n)$ 是 $X_1,X_2,\cdots,X_n$ 的函数，若 g 中不含未知参数，则称 $g(X_1,X_2,\cdots,X_n)$ 是一个统计量。

常见的统计量有以下几种。

(1) 样本均值：$\bar{x} = \dfrac{1}{n}\sum_{i=1}^{n} x_i$。

(2) 样本方差：$s^2 = \dfrac{1}{n-1}\sum_{i=1}^{n}(x_i-\bar{x})^2 = \dfrac{1}{n-1}\Big(\sum_{i=1}^{n}x_i^2 - n\bar{x}^2\Big)$。

(3) 样本标准差：$s = \sqrt{s^2} = \sqrt{\dfrac{1}{n-1}\sum_{i=1}^{n}(x_i-\bar{x})^2}$。

(4) 样本(k 阶)原点矩：$a_k = \dfrac{1}{n}\sum_{i=1}^{n}x_i^k, k=1,2,3,\cdots$。

(5) 样本(k 阶)中心矩：$b_k = \dfrac{1}{n} \sum\limits_{i=1}^{n} (x_i - \bar{x})^k$，$k = 1, 2, 3, \cdots$。

数据分析中样本构造的函数往往反映了数据分布的形状和特征，这可以从三方面进行测度和描述：一是分布的集中趋势，反映各数据向其中心值靠拢或聚集的程度；二是分布的离散程度，反映各数据远离其中心值的趋势；三是分布的形状，反映数据分布的偏态和峰态。

下面给出在统计分析中常用的一些反映数据分布特征的指标。

众数（mode）是一组数据中出现次数最多的变量值。众数也适用于作为顺序数据及数值型数据集中趋势的测度值。一般情况下，只有在数据量较大的情况下，众数才有意义。

样本中位数也是一个很常见的统计量，它是次序统计量的函数，通常定义为

$$m_{0.5} = \begin{cases} x_{\left(\frac{n+1}{2}\right)}, & n \text{ 为奇数} \\ \dfrac{1}{2}\left(x_{\left(\frac{n}{2}\right)} + x_{\left(\frac{n}{2}+1\right)}\right), & n \text{ 为偶数} \end{cases}$$

中位数将全部数据等分成两部分，每部分包含 50% 的数据，一部分数据比中位数大，另一部分则比中位数小。中位数主要用于测度顺序数据的集中趋势，当然也适用于测度数值型数据的集中趋势，但不适用于分类数据。根据未分组数据计算中位数时，要先对数据进行排序，然后确定中位数的位置，最后确定中位数的具体数值。与中位数类似的还有四分位数等，一般地，p 分位数 m_p 定义为

$$m_p = \begin{cases} x_{(np+1)}, & np \text{ 不是整数} \\ \dfrac{1}{2}\left(x_{(np)} + x_{(np+1)}\right), & np \text{ 是整数} \end{cases}$$

样本极差定义为 $R_n = x_{(n)} - x_{(1)}$，样本中程定义为 $[x_{(n)} - x_{(1)}]/2$。样本极差是一个很常用的统计量，其分布只在很少场合可用初等函数表示。

方差和标准差是反映数据离散程度的绝对值，它们与原变量值的计量单位相同，采用不同计量单位计量的变量值，其离散程度的测度值也就不同。故对于计量单位不同的不同组别的变量值，不能用标准差直接比较其离散程度。为消除变量值水平高低和计量单位不同对离散程度的影响，需要计算离散系数。离散系数也称为变异系数（coefficient of variation），它是一组数据的标准差与其相应的平均数之比，其计算公式为

$$v = s / \bar{x}$$

离散系数是测度数据离散程度的相对统计量，主要用于比较不同样本数据的离散程度。离散系数大，说明数据的离散程度也大；离散系数小，说明数据的离散程度也小。

要全面了解数据分布的特点，还需要知道数据分布的形状是否对称、偏斜的程度及分布的扁平程度等。偏态和峰态就是对分布形状的测度。

偏态是对数据分布对称性的测度。测度偏态的统计量是偏态系数，计算公式通常为

$$\gamma_1 = \frac{b_3}{b_2^{3/2}}$$

如果一组数据的分布是对称的,则偏态系数等于0;如果偏态系数明显不等于0,则分布为非对称的。

峰态是对数据分布平峰或尖峰程度的测度。如果一组数据服从标准正态分布,则峰态系数的值等于0;若峰态系数的值明显不等于0,则表明分布比正态分布更平或更尖,通常称为平峰分布或尖峰分布。样本峰度反映了总体分布密度曲线在其峰值附近的陡峭程度。测度峰态的统计量是峰态系数,计算公式通常为

$$\gamma_2 = \frac{b_4}{b_2^2}$$

Python 中的 NumPy 和 SciPy 库可以作为描述性统计的工具,例如

```
from numpy import array
from numpy.random import normal, randint
# 使用 List 来创造一组数据
data = [1, 2, 3]
# 使用 ndarray 来创造一组数据
data = array([1, 2, 3])
# 创造一组服从正态分布的定量数据
data = normal(0, 10, size = 10)
# 创造一组服从均匀分布的定性数据
data = randint(0, 10, size = 10)
```

描述性统计常用命令参见表 5-3。

表 5-3 描述性统计常用命令

库	方　法	功　　能
numpy	array	创造一组数
numpy.random	normal	创造一组服从正态分布的定量数
numpy.random	randint	创造一组服从均匀分布的定性数
numpy	mean	计算均值
numpy	median	计算中位数
scipy.stats	mode	计算众数
numpy	ptp	计算极差
numpy	var	计算方差
numpy	std	计算标准差
numpy	cov	计算协方差
numpy	corrcoef	计算相关系数

除 NumPy 外,Python 另一个强大的数据分析工具是 Pandas,它基于 NumPy 且提供了大量高效处理数据的函数和方法。

例 5.2　表 5-4 所示的数据为某高校 42 名学生身高,存放在文件"height.csv"中。根据这些数据来计算相关统计量。

表 5-4 42 名学生身高数据

序　号	身　高	序　号	身　高	序　号	身　高
1	189	15	183	29	182
2	170	16	193	30	188
3	189	17	178	31	175
4	163	18	173	32	179
5	183	19	174	33	183
6	171	20	183	34	193
7	185	21	183	35	182
8	168	22	168	36	183
9	173	23	170	37	177
10	183	24	178	38	185
11	173	25	182	39	188
12	173	26	180	40	188
13	175	27	183	41	182
14	178	28	178	42	185

解

```
# Python 代码
# spyder 脚本中运行
import numpy as np
import pandas as pd
data = pd.read_csv('D:\\ height.csv')
# 读入文件后,在 IPython console 中运行
```

继续输入代码来提取身高所在的列数据。

```
heights = np.array(data['身高'])
print(heights)
```

结果如下。

```
[189  170  189  163  183  171  185  168  173  183  173  173  175  178  183
 193  178  173  174  183  183  168  170  178  182  180  183  178  182  188
 175  179  183  193  182  183  177  185  188  188  182  185]
```

对取到的数据进行描述性统计。

```
print("身高平均值: ", np.mean(heights))
print("身高方差:",np.var(heights))
print("身高标准差:",np.std(heights))
print("最小身高: ", np.min(heights))
print("最大身高: ", np.max(heights))
print("身高极差: ", np.ptp(heights))
print("四分之一分位数: ", np.percentile(heights, 25))
print("中位数: ", np.median(heights))
print("四分之三分位数: ", np.percentile(heights, 75))
print("众数: ", pd.Series(heights).mode())
```

```
print("偏度: ", pd.Series(heights).skew())
print("峰度: ", pd.Series(heights).kurt())
print("50 % 分位数(中位数): ", pd.Series(heights).quantile())
```

输出结果如下。

```
身高平均值: 179.73809523809524
身高方差: 48.05045351473922
身高标准差: 6.931843442745892
最小身高: 163
最大身高: 193
身高极差: 30
四分之一分位数: 174.25
中位数: 182.0
四分之三分位数: 183.0
众数: 183
偏度: - 0.2520337007049649
峰度: - 0.3823273337498865
50 % 分位数(中位数): 182.0
```

例 5.3　利用 pandas 对初始数据集[1,1,1,1,1,2,2,2,4]进行简单的统计分析。

解

```
# Python 代码
import pandas
data = [1, 1, 1, 1, 1, 2, 2, 2, 4]
df = pandas.DataFrame(data, columns = ['value'])
print(df.describe())
```

输出结果如下。

```
value
count    9.000000
mean     1.666667
std      1.000000
min      1.000000
25 %     1.000000
50 %     1.000000
75 %     2.000000
max      4.000000
```

5.2.2　Python 统计可视化

描述性统计中除用一些数据分布特征指标进行度量外,还可以用更加直观的统计图来描述。

直方图是频数分布的图形表示,它的横坐标表示所关心变量的取值区间,纵坐标有三种表示方法:频数、频率及最准确的频率/组距,它可使得诸长条矩形面积和为 1。这三种直方图的差别仅在于纵轴刻度的选择,直方图本身并无变化。

茎叶图于 20 世纪早期由英国统计学家 Arthur Bowley 设计,其思路是把每个数值分为两部分,前面部分(百位和十位)称为茎,后面部分(个位)称为叶,然后画一条竖线,在竖线的左侧写上茎,右侧写上叶,就形成了茎叶图。例如,213 的茎叶图如表 5-5 所示。

表 5-5　213 的茎叶图

数　值	分　开	茎	叶
213	21|3	21	3

茎叶图表示数据的好处是从统计图上没有原始数据信息的损失,所有数据信息都可以从茎叶图中得到;此外,茎叶图中的数据可以随时记录,随时添加,方便记录与表示。但是茎叶图只便于表示个位之前相差不大的数据,当样本量较大、数据很分散、横跨二三个数量级时,茎叶图并不适用。

箱线图是一种用作显示一组数据分散情况的统计图,于 1977 年由美国著名统计学家 John Tukey 发明,因形状如箱子而得名。箱线图主要用于反映原始数据分布的特征,还可以进行多组数据分布特征的比较。箱线图的绘制方法是:先找出一组数据的上边缘、下边缘、中位数和两个四分位数;然后连接两个四分位数画出箱体;再将上边缘和下边缘与箱体相连接,中位数在箱体中间。即用五分位数概括:最小观测值 $x_{\min}=x_{(1)}$,最大观测值 $x_{\max}=x_{(n)}$,中位数 $m_{0.5}$,第一四分位数 $Q_1=m_{0.25}$,第三四分位数 $Q_3=m_{0.75}$。

直方图、茎叶图、箱线图是传统意义上常见的统计图,实际数据分析中根据不同需求可以有多种展示,即对数据进行可视化。制作可视化的工具很多,如 R、Python、MATLAB 等。这里结合 Python 中的库来介绍数据可视化的制作。

例 5.4　数据文件"exfilms.csv"存储了四部电影《阿飞正传》《建党伟业》《西虹市首富》《建军大业》上映后的共 85 条相关数据,如表 5-6 所示。

表 5-6　电影上映后的数据

序　号	电影名称	当日票房/百万元	排片场次	场均人次	上座率	时　间
1	阿飞正传	1.48	13	36	0.3	2018/6/24 0:00
2	阿飞正传	318.57	6570	15	0.153	2018/6/25 0:00
3	阿飞正传	256.28	6743	12	0.114	2018/6/26 0:00
4	阿飞正传	216.53	6867	10	0.096	2018/6/27 0:00
5	建党伟业	1.69	14	41	0.35	2018/6/27 0:00
6	阿飞正传	183.56	6813	9	0.086	2018/6/28 0:00
7	建党伟业	2.72	14	104	0.241	2018/6/28 0:00
8	阿飞正传	124.97	2841	13	0.128	2018/6/29 0:00
9	建党伟业	1.37	9	49	0.481	2018/6/29 0:00
10	阿飞正传	177.55	3119	17	0.161	2018/6/30 0:00
11	阿飞正传	139.76	3145	13	0.13	2018/7/1 0:00
…	…	…	…	…	…	…
83	西虹市首富	374.71	10151	11	0.132	2018/8/29 0:00
84	西虹市首富	377.87	10767	11	0.126	2018/8/30 0:00
85	西虹市首富	149.83	3477	14	0.174	2018/8/31 0:00

试对影片《建党伟业》每日场均人次绘制散点图。

解

```
# Python 代码
import pandas as pd
import numpy as np
import matplotlib.pyplot as plt
data = pd.read_csv("exfilms.csv", encoding = "gbk")
data["时间"] = pd.to_datetime(data["时间"])
df = data[(data["电影名称"] == "建党伟业")]
```

变量 df 将原始数据中的影片《建党伟业》单独筛选出来,其输出结果如下。

```
In [61]: df
Out[61]:
电影名称 当日票房 排片场次 场均人次 上座率 时间
4 建党伟业 1.69 14 41 0.35 2018 - 06 - 27
6 建党伟业 2.72 9 104 0.241 2018 - 06 - 28
8 建党伟业 1.37 9 49 0.481 2018 - 06 - 29
13 建党伟业 3.81 6 210 0.833 2018 - 07 - 03
17 建党伟业 1.38 10 38 0.467 2018 - 07 - 06
23 建党伟业 1.41 17 27 0.355 2018 - 07 - 11
34 建党伟业 1.23 4 122 0.804 2018 - 07 - 20
```

取得电影《建党伟业》的数据后,以放映日期为横轴,以场均人次为纵轴绘制散点图,代码如下。

```
fig, ax = plt.subplots(figsize = (10,5))
plt.scatter(df["时间"], df["场均人次"])
plt.xticks(rotation = 30)
plt.title("《建党伟业》上映后场均人次散点图", fontproperties = 'simhei', fontsize = 18)
plt.grid(False)
plt.ylabel('场均人次', fontproperties = 'simhei', fontsize = 16)
plt.xlabel('时间', fontproperties = 'simhei', fontsize = 16)
plt.show()
```

最终生成的散点图如图 5-1 所示。

注 散点图 scatter 函数的参数可以设定诸如点的颜色、大小、形状、透明度等,其完整格式为

```
matplotlib.pyplot.scatter(x, y, s = None, c = None, marker = None, cmap = None, norm = None, vmin = None, vmax = None, alpha = None, linewidths = None, verts = None, edgecolors = None, *, data = None, **kwargs)
```

例如,参数 s 表示点的大小;c 表示点的颜色;marker 表示点的形状等。在本例中通过下面的代码可以生成不同的散点图。

```
plt.scatter(df["时间"], df["场均人次"], c = 'b', s = 30, marker = 'v')
plt.xticks(rotation = 30)
plt.title("《建党伟业》上映后场均人次散点图", fontproperties = 'simhei', fontsize = 18)
plt.grid()
plt.ylabel('场均人次', fontproperties = 'simhei', fontsize = 16)
```

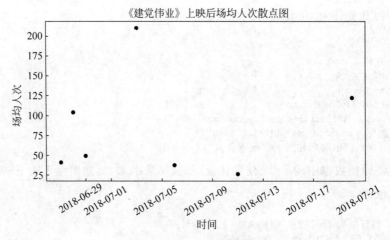

图 5-1 scatter 方法散点图

```
plt.xlabel('时间',fontproperties = 'simhei', fontsize = 16)
```

运行结果如图 5-2 所示。

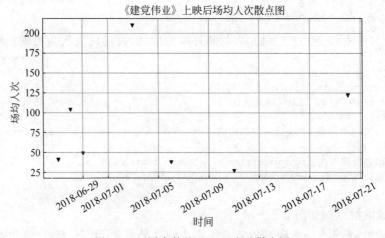

图 5-2 不同参数的 scatter 方法散点图

例 5.5 利用例 5.4 中数据文件 "exfilms.csv",绘制影片《阿飞正传》上映后的场均人次折线图。

解

```
#Python 代码
df = data[(data["电影名称"] == "阿飞正传")] #前述代码同例 5.4
fig,ax = plt.subplots(figsize = (10,5))
plt.plot(df["时间"],df["场均人次"])
plt.xticks(rotation = 30)
plt.title("《阿飞正传》场均人次折线图", fontproperties = 'simhei', fontsize = 18)
plt.show()
```

运行结果如图 5-3 所示。

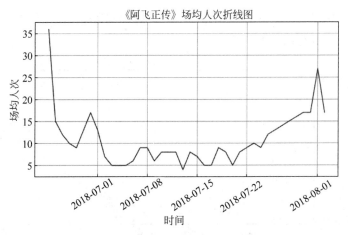

图 5-3 折线图

注：plot 函数参数除表示坐标轴数据外，还可以设置曲线的颜色、线型和标记样式等。颜色常用的值有"r/g/b/c/m/y/k/w"，如 r 表示红色，b 表示蓝色，k 表示黑色等；线型常用的值有"—/——/：/—."，如—表示实线，：表示点线；标记样式常用的值有".，/，o/v/^/s/＊/D…"，如 v 表示三角标识，s 表示方块等。

单独运用标记样式参数，效果与散点图类似。

```
#Python 代码
plt.plot(df["时间"],df["场均人次"],'＊') #定义标记样式
plt.xticks(rotation = 30)
plt.title("《阿飞正传》场均人次折线图", fontproperties = 'simhei', fontsize = 18)
plt.ylabel('场均人次',fontproperties = 'simhei', fontsize = 16)
plt.xlabel('时间',fontproperties = 'simhei', fontsize = 16)
plt.show()
```

运行结果如图 5-4 所示。

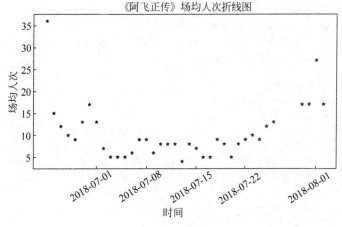

图 5-4 标记图

plot 函数参数中线型、颜色及标记可组合运用,例如

plt.plot(df["时间"],df["场均人次"],'-- * ') ♯定义标记样式

后续代码同上,运行结果如图 5-5 所示。

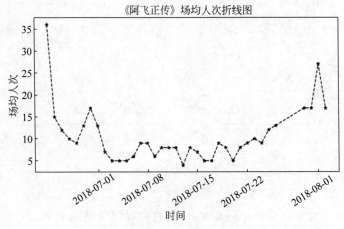

图 5-5 不同参数生成的折线图

例 5.6 利用例 5.4 中数据文件"exfilms.csv",绘制文件中日期范围内四部影片平均上座率的柱状图。

解

```
♯Python 代码
import pandas as pd
import numpy as np
import matplotlib.pyplot as plt
data = pd.read_csv("exfilms.csv",encoding = "gbk")
data["时间"] = pd.to_datetime(data["时间"])
data["上座率"] = pd.to_numeric(data["上座率"], errors = 'coerce').fillna(0)
♯ 文件中"上座率"为非数值类型,需转换;同时部分数据缺失,用 0 填充
df1 = data[data["电影名称"] == "阿飞正传"]['上座率'].mean()
df2 = data[(data["电影名称"] == "建党伟业")]['上座率'].mean()
df3 = data[(data["电影名称"] == "西虹市首富")]['上座率'].mean()
df4 = data[(data["电影名称"] == "建军大业")]['上座率'].mean()
fig,ax = plt.subplots(figsize = (10,6))
film_n = [1,2,3,4]
shangzuo = [df1,df2,df3,df4]
for x,y in zip(film_n,shangzuo):
    plt.bar(x,y,width = 0.5)
plt.ylabel('平均上座率', fontproperties = 'simhei',fontsize = 16)
plt.title('四部影片平均上座率', fontproperties = 'simhei', fontsize = 19)
film_name = ['阿飞正传','建党伟业','西虹市首富','建军大业']
plt.xticks(list(range(1,5)),
           film_name,
           ♯color = 'green',
           fontproperties = 'simhei',
```

$$fontsize = 16, rotation = 0)$$
```
# plt.grid(False)
plt.show()plt.show()
```

运行结果如图 5-6 所示。

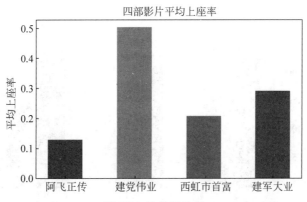

图 5-6 柱状图示例

例 5.7 目前国内汽车销售市场上 SUV 车型销售火爆,表 5-7 数据统计了 2020 年的某三个月中某一国产品牌和合资品牌各自的销售量,试绘制柱状图以直观比较。

表 5-7 2020 年国内 SUV 销售量

品　　牌	5 月	6 月	7 月
国产品牌 A	22691	23258	23723
合资品牌 B	18212	11217	14170
合资品牌 C	15910	15898	17967

解

```
# Python 代码
import numpy as np
import pandas as pd
import matplotlib.pyplot as plt
import matplotlib.font_manager as fm
fig, ax = plt.subplots(figsize = (10,6))
df = pd.DataFrame({'国产品牌 A':(22691,23258,23723),
                   '合资品牌 B':(18212,11217,14170),
                   '合资品牌 C':(15910,15898,17967)})
index = np.arange(3)
plt.bar(index, df['国产品牌 A'],label = "国产品牌 A",width = 0.2)
plt.bar(index + 0.2, df['合资品牌 B'], label = "合资品牌 B", width = 0.2)
plt.bar(index + 0.4, df['合资品牌 C'],label = "合资品牌 C", width = 0.2)
plt.xticks([0.2,1.2,2.2],['5 月', '6 月', '7 月'],
           fontproperties = 'simhei', fontsize = 16, rotation = 20)
plt.ylabel('销量', fontproperties = 'simhei', fontsize = 16)
plt.title('SUV 销量', fontproperties = 'simhei', fontsize = 20)
plt.ylim(0,29000)
```

```
font = fm.FontProperties(fname = r'C:\Windows\Fonts\simkai.ttf')
plt.legend(prop = font)
plt.show()
```

运行结果如图 5-7 所示。

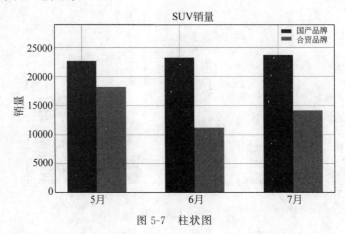

图 5-7　柱状图

例 5.8　根据例 5.7 中国内汽车销售数据,绘制不同品牌的汽车销售雷达图。

解

```
#Python 代码
import random
import numpy as np
import matplotlib.pyplot as plt
import matplotlib.font_manager as fm
data = {'国产品牌 A': [22691,23258,23723],
'合资品牌 B': [18212,11217,14170],
'合资品牌 C': [15910,15898,17967]}
dataLength = len(data['国产品牌 A'])
angles = np.linspace(0, 2 * np.pi, dataLength, endpoint = False)
markers = ' * v^so'
for col in data.keys():
color = '#' + ''.join(map('{0:02x}'.format,
np.random.randint(0,255,3)))
plt.polar(angles, data[col], color = color,
marker = random.choice(markers), label = col)
plt.thetagrids(angles[:12] * 180/np.pi,
list(map(lambda i:'% d 月'% i, range(5,9))),
fontproperties = 'simhei')
font = fm.FontProperties(fname = r'C:\Windows\Fonts\simkai.ttf')
plt.legend(prop = font)
plt.show()
```

运行结果如图 5-8 所示。

例 5.9　给出一组数据,绘制其直方图。数据量比较少时直方图效果不明显,为演示用,此处利用正态分布随机数进行模拟。

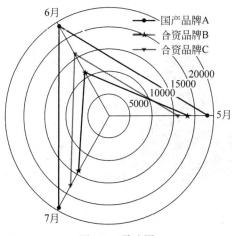

图 5-8 雷达图

解

```
#Python 代码
import pandas as pd
import numpy as np
import matplotlib.pyplot as plt
import seaborn as sns
sns.set(style = "ticks")
plt.rcParams['axes.unicode_minus'] = False
fig,ax = plt.subplots(figsize = (10,7))
x = np.random.randn(1000)
plt.hist(x,bins = 15)
plt.title("正态分布随机数直方图",fontproperties = 'simhei', fontsize = 18)
plt.xlabel("随机变量取值",fontproperties = 'simhei', fontsize = 16)
plt.ylabel("频数",fontproperties = 'simhei', fontsize = 16)
plt.show()
```

运行结果如图 5-9 所示。

例 5.10 绘制数据[335,232,232,245,235,338,341,225,241,240,172,222,170,220,231,334]的茎叶图。

解

```
#Python 代码
from itertools import groupby
data = [335, 232, 232, 245, 235, 338, 341, 225, 241, 240, 172, 222, 170, 220, 231, 334]
for i, j in groupby(sorted(data), key = lambda x: int(x) // 10):
    lst = map(str, [int(y) % 10 for y in list(j)])
    print (i, '|', ''.join(lst))
```

运行结果如图 5-10 所示。

例 5.11 根据例 5.4 中数据文件"exfilms.csv",绘制四部电影《阿飞正传》《建党伟业》《建军大业》《西虹市首富》上座率的箱线图。

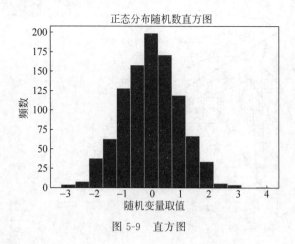

图 5-9　直方图

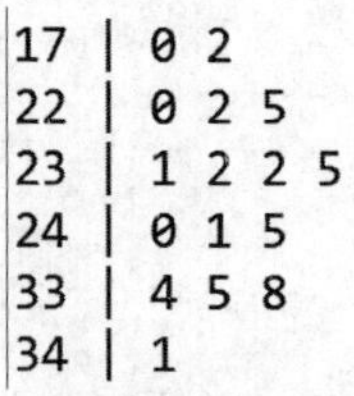

```
17 | 0 2
22 | 0 2 5
23 | 1 2 2 5
24 | 0 1 5
33 | 4 5 8
34 | 1
```

图 5-10　茎叶图

解

```
# Python 代码
import pandas as pd
import numpy as np
import matplotlib.pyplot as plt
import seaborn as sns
from matplotlib.font_manager import FontProperties
myfont = FontProperties(fname = r'C:\Windows\Fonts\simheii.ttf', size = 12)
sns.set(style = "ticks", font = myfont.get_name())
fig, ax = plt.subplots(figsize = (8,5))
data = pd.read_csv("exfilms.csv", encoding = "gbk")
data["时间"] = pd.to_datetime(data["时间"])
data["上座率"] = pd.to_numeric(data["上座率"], errors = 'coerce').fillna(0)
sns.boxplot(data["电影名称"], data["上座率"])
plt.show()
```

运行结果如图 5-11 所示。

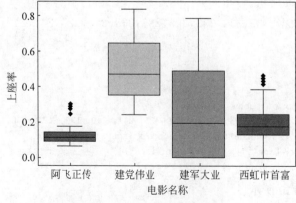

图 5-11　四部电影箱线图

5.3　推断统计

在研究对象的总体数量很大，甚至无限时，由于经济成本、时间及精力等各种原因只能通过部分个体，也即样本来对总体特征进行估计、检验及分析，这就是推断统计。

5.3.1　参数估计与假设检验

参数估计与假设检验都是基本的统计推断问题，首先介绍参数估计问题。

1. 参数估计

参数估计有两类，即点估计和与区间估计。点估计问题就是用某一个函数值作为总体未知参数的估计值；区间估计就是对于未知参数给出一个范围，并且在一定的可靠度下使这个范围包含未知参数。

点估计方法常用的有矩估计和极大似然估计。矩估计原理就是用样本 k 阶矩替换相应的总体矩，方法如下。

步骤 1：根据总体分布汇总未知参数的个数，写出总体矩方程，即 $\mu_k = E(X^k)$，$k=1$，$2,\cdots,l$。这里的 l 是参数个数。显然表达式的期望结果中含有未知参数，我们将其认为是参数的函数，写为

$$\begin{cases} \mu_1 = \mu_1(\theta_1,\theta_2,\cdots,\theta_l) \\ \mu_2 = \mu_2(\theta_1,\theta_2,\cdots,\theta_l) \\ \qquad\vdots \\ \mu_l = \mu_l(\theta_1,\theta_2,\cdots,\theta_l) \end{cases}$$

步骤 2：对上述方程组求出参数的表达式，即

$$\begin{cases} \theta_1 = \theta_1(\mu_1,\mu_2,\cdots,\mu_l) \\ \theta_2 = \theta_2(\mu_1,\mu_2,\cdots,\mu_l) \\ \qquad\vdots \\ \theta_l = \theta_l(\mu_1,\mu_2,\cdots,\mu_l) \end{cases}$$

步骤 3：用 $A_k = \dfrac{1}{n}\sum_{i=1}^{n} X_i^{\ k}$ 替换 μ_k，$k=1,2,\cdots,l$，即得估计值。

例 5.12　设总体 X 的均值 μ 及方差 σ^2 都存在，且有 $\sigma^2 > 0$，但 μ、σ^2 均为未知，X_1，$X_2,\cdots,X_n$ 为样本，试求 μ、σ^2 的矩估计。

解　由矩估计法

$$\mu_1 = E(X) = \mu$$
$$\mu_2 = E(X^2) = D(X) + (E(X))^2 = \sigma^2 + \mu^2$$

即

$$\begin{cases} \mu = \mu_1 \\ \sigma^2 + \mu^2 = \mu_2 - \mu_1^2 \end{cases}$$

用 $A_k = \dfrac{1}{n}\sum_{i=1}^{n} X_i{}^k$ 替换 $\mu_k, k = 1, 2$, 得

$$\hat{\mu} = \frac{1}{n}\sum_{i=1}^{n} X_i = \overline{X}$$

$$\hat{\sigma}^2 = \frac{1}{n}\sum_{i=1}^{n} X_i^2 - \overline{X}^2 = \frac{1}{n}\sum_{i=1}^{n}(X_i - \overline{X})^2$$

综上,不管总体 X 服从何种分布,总体期望和方差的矩估计量分别为样本均值、样本二阶中心矩。

例 5.13　某涂料的干燥时间服从正态分布 $X \sim N(\mu, \sigma^2)$,现对该涂料干燥时间进行 5 次测量,观察值(单位:秒)为:92,105,103,94,106,求未知参数 μ 与 σ^2 的矩估计。

解　将样本观察值代入例 5.12 中的矩估计量中得

$$\hat{\mu} = \frac{1}{5}(92 + 105 + 103 + 94 + 106) = 100$$

$$\hat{\sigma}^2 = \frac{1}{5}\left[(92-100)^2 + (105-100)^2 + (103-100)^2 + (94-100)^2 + (106-100)^2\right] = 34$$

除矩估计外,点估计还有极大似然估计法。极大似然估计法是根据极大似然原理得出的估计方法,即在随机试验中,概率大的事件发生的可能性大于概率小的事件。如果在一次试验中,一个事件发生了,于是有理由认为此事件比其他事件发生的概率大。根据这一原理,对分布中未知参数 θ 选择一个合适的值,使取得的样本观测值出现的概率最大,用这个值作为未知参数的估计,此种方法称为极大似然估计法。下面分别就随机变量的类型分别给出估计方法。

(1) 总体为离散型分布。设总体 X 分布律为 $P\{X = x\} = p(x; \theta)$,其中 θ 为未知参数。$X_1, X_2, \cdots, X_n$ 是来自总体的样本,其观察值记为 $x_1, x_2, \cdots, x_n$,可知样本联合分布为

$$P\{X_1 = x_1, \cdots, X_n = x_n\} = \prod_{i=1}^{n} p\{X_i = x_i\}, \text{则记}$$

$$L(\theta) = L(x_1, x_2, \cdots, x_n, \theta) = \prod_{i=1}^{n} p\{X_i = x_i\}$$

上述函数称为参数的似然函数。若有 $\hat{\theta} = \hat{\theta}(x_1, x_2, \cdots, x_n)$ 使 $L(\hat{\theta}) = \max_{\theta} L(\theta)$,则称 $\hat{\theta} = \hat{\theta}(x_1, x_2, \cdots, x_n)$ 为 θ 的极大似然估计值。

(2) 总体为连续型分布。总体 X 概率密度为 $f(x, \theta)$,其中 θ 为未知参数,$X_1, X_2, \cdots, X_n$ 是取自总体 X 的样本,则样本的联合概率密度函数为

$$\prod_{i=1}^{n} f(x_i; \theta)$$

记 $L(\theta)=\prod_{i=1}^{n}f(x_i,\theta)$ 为似然函数。若有 $\hat{\theta}=\hat{\theta}(x_1,x_2,\cdots,x_n)$ 使得 $L(\hat{\theta})=\max\limits_{\theta}L(\theta)$,则称 $\hat{\theta}(x_1,x_2,\cdots,x_n)$ 为参数 θ 的极大似然估计值,称 $\hat{\theta}(X_1,X_2,\cdots,X_n)$ 为 θ 的极大似然估计量。

极大似然估计的一般步骤如下。

步骤 1:写出似然函数 $L(\theta)=L(x_1,x_2,\cdots,x_n,\theta)$。

步骤 2:令 $\dfrac{\mathrm{d}L(\theta)}{\mathrm{d}\theta}=0$ 或 $\dfrac{\mathrm{d}\ln L(\theta)}{\mathrm{d}\theta}=0$,求出驻点(未知参数多个时求对应偏导)。

步骤 3:判断并求出最大值点。

例 5.14 设总体 X 的概率函数为 $p(x;\theta)=\sqrt{\theta}\,x^{\sqrt{\theta}-1},0<x<1,\theta>0$。$x_1,x_2,\cdots,x_n$ 是取自总体 X 的容量为 n 的样本,求未知参数 θ 的极大似然估计。

解 写出似然函数

$$L(\theta)=\sqrt{\theta}^{\,n}(x_1,x_2,\cdots,x_n)^{\sqrt{\theta}-1}$$

对数似然函数为

$$\ln L(\theta)=\frac{n}{2}\ln\theta+(\sqrt{\theta}-1)\sum_{i=1}^{n}\ln x_i$$

将 $\ln L(\theta)$ 关于 θ 求导并令其为 0,即得到似然方程

$$\frac{\mathrm{d}\ln L(\theta)}{\mathrm{d}\theta}=\frac{n}{2\theta}+\frac{1}{2\sqrt{\theta}}\sum_{i=1}^{n}\ln x_i=0$$

解得 θ 的极大似然估计为

$$\hat{\theta}=\left(\frac{1}{n}\sum_{i=1}^{n}\ln x_i\right)^{-2}$$

除了点估计,实际问题中还需要估计参数所在的区间,即区间估计。

首先介绍置信区间的概念。设总体 X 分布函数 $F(x;\theta)$ 中含有未知参数 θ,对给定的 $\alpha(0<\alpha<1)$,若由样本 $X_1,X_2,\cdots,X_n$ 确定的两个统计量

$$\hat{\theta}_1=\hat{\theta}_1(X_1,X_2,\cdots,X_n)\quad\hat{\theta}_2=\hat{\theta}_2(X_1,X_2,\cdots,X_n)$$

使得 $P\{\hat{\theta}_1<\theta<\hat{\theta}_2\}=1-\alpha$,则称随机区间 $(\hat{\theta}_1,\hat{\theta}_2)$ 为 θ 的 $1-\alpha$ 置信区间,称 $1-\alpha$ 为置信水平,称 $\hat{\theta}_1$ 与 $\hat{\theta}_2$ 分别为 θ 的置信下限与置信上限。

对于置信区间需要注意以下两点。

(1) 若对样本 $X_1,X_2,\cdots,X_n$ 进行多次观察,对应每个样本值都可确定一置信区间,每个这样的区间要么包含了 θ 的真值,要么不包含 θ 的真值。由大数定律,当抽样次数充分大时,包含 θ 真值的区间大约有 $100(1-\alpha)\%$ 个。

(2) 置信水平 $1-\alpha$ 越大,置信区间包含参数真值的概率就越大,但区间 $(\hat{\theta}_1,\hat{\theta}_2)$ 的长度变大意味着参数估计精度变差,因此原则是在设定置信水平前提件下尽可能使得参数位于较小的估计区间中。

求置信区间的一般步骤如下。

(1) 找到一个包含样本 $X_1,X_2,\cdots,X_n$ 和参数的函数 $Z(X_1,X_2,\cdots,X_n,\theta)$,此函数不包含其他未知参数,且 Z 的分布已知,并不依赖于任何未知参数。

(2) 对给出的置信水平 $1-\alpha(0<\alpha<1)$,利用 Z 的分布定出两个临界值 z_1、z_2 使

$$P(z_1 \leqslant Z(X_1,X_2,\cdots,X_n,\theta) \leqslant z_2)=1-\alpha$$

(3) 从不等式 $z_1 \leqslant Z(X_1,X_2,\cdots,X_n,\theta) \leqslant z_2$ 中解出等价的不等式 $\hat{\theta}_1 \leqslant \theta \leqslant \hat{\theta}_2$,其中 $\hat{\theta}_1=\hat{\theta}_1(X_1,X_2,\cdots,X_n)$,$\hat{\theta}_2=\hat{\theta}_2(X_1,X_2,\cdots,X_n)$,则得所求的置信区间为 $(\hat{\theta}_1,\hat{\theta}_2)$。

单个正态总体 $X \sim N(\mu,\sigma^2)$ 的参数区间估计如下。

(1) σ^2 已知时均值 μ 的置信水平为 $1-\alpha$ 的置信区间

$$\left[\overline{X}-\frac{\sigma}{\sqrt{n}}u_{\alpha/2},\overline{X}+\frac{\sigma}{\sqrt{n}}u_{\alpha/2}\right]$$

(2) σ^2 未知时均值 μ 的置信水平为 $1-\alpha$ 的置信区间

$$\left[\overline{X}-t_{\alpha/2}(n-1)\frac{S}{\sqrt{n}},\overline{X}+t_{\alpha/2}(n-1)\frac{S}{\sqrt{n}}\right]$$

(3) μ 已知时均值 σ^2 的置信水平为 $1-\alpha$ 的置信区间

$$\left[\frac{\sum_{i=1}^{n}(X_i-\mu)^2}{\chi_{\frac{\alpha}{2}}^2(n)},\frac{\sum_{i=1}^{n}(X_i-\mu)^2}{\chi_{1-\frac{\alpha}{2}}^2(n)}\right]$$

(4) μ 未知时均值 σ^2 的置信水平为 $1-\alpha$ 的置信区间

$$\left[\frac{(n-1)S^2}{\chi_{\alpha/2}^2(n-1)},\frac{(n-1)S^2}{\chi_{1-\alpha/2}^2(n-1)}\right]$$

两个正态总体下的参数区间估计如下。

(1) σ_1^2、σ_2^2 已知时 $\mu_1-\mu_2$ 的置信水平为 $1-\alpha$ 的置信区间

$$\left[\overline{X}-\overline{Y}-u_{\alpha/2}\sqrt{\frac{\sigma_1^2}{n_1}+\frac{\sigma_2^2}{n_2}},\overline{X}-\overline{Y}+u_{\alpha/2}\sqrt{\frac{\sigma_1^2}{n_1}+\frac{\sigma_2^2}{n_2}}\right]$$

(2) $\sigma_1^2=\sigma_2^2=\sigma^2$ 未知时 $\mu_1-\mu_2$ 的置信水平为 $1-\alpha$ 的置信区间

$$\left((\overline{X}-\overline{Y})-t_{\alpha/2}(n_1+n_2-2)S_w\sqrt{\frac{1}{n_1}+\frac{1}{n_2}},(\overline{X}-\overline{Y})+t_{\alpha/2}(n_1+n_2-2)S_w\sqrt{\frac{1}{n_1}+\frac{1}{n_2}}\right)$$

其中,$S_w=\sqrt{\dfrac{(n_1-1)S_1^2+(n_2-1)S_2^2}{n_1+n_2-2}}$。

(3) μ_1、μ_2 未知时 σ_1^2/σ_2^2 的置信水平为 $1-\alpha$ 的置信区间

$$\left[\frac{S_1^2}{S_2^2}\frac{1}{F_{\alpha/2}(n_1-1,n_2-1)},\frac{S_1^2}{S_2^2}\frac{1}{F_{1-\alpha/2}(n_1-1,n_2-1)}\right]$$

2. 假设检验

假设检验问题分为参数假设检验和非参数假设检验。一般情况下,假设检验主要指参

数假设检验问题。假设检验主要考虑的是对总体分布函数中未知参数提出的假设进行检验。

1) 单个正态总体 $N(\mu,\sigma^2)$ 下参数的假设检验

(1) 方差 σ^2 已知，μ 的检验——u 检验。

检验统计量 $U=\dfrac{\overline{X}-\mu_0}{\sigma/\sqrt{n}}$，给定显著性水平 α 下：

对检验问题 $H_0:\mu=\mu_0$；$H_1:\mu\neq\mu_0$，拒绝域 $W=\{|U|>u_{\alpha/2}\}=\{U<-u_{\alpha/2}\}\bigcup\{U>u_{\alpha/2}\}$。

对检验问题 $H_0:\mu\leqslant\mu_0$；$H_1:\mu>\mu_0$，拒绝域 $W=\{U>u_\alpha\}$。

对检验问题 $H_0:\mu\geqslant\mu_0$；$H_1:\mu<\mu_0$，拒绝域 $W=\{U<u_{1-\alpha}\}$。

(2) 方差 σ^2 未知，μ 的检验——t 检验。

检验统计量 $T=\dfrac{\overline{X}-\mu_0}{S/\sqrt{n}}$，给定显著性水平 α 下：

对检验问题 $H_0:\mu=\mu_0$；$H_1:\mu\neq\mu_0$，拒绝域 $W=\{|T|>t_{\alpha/2}(n-1)\}$。

对检验问题 $H_0:\mu\leqslant\mu_0$；$H_1:\mu>\mu_0$，拒绝域 $W=\{T>t_\alpha(n-1)\}$。

对检验问题 $H_0:\mu\geqslant\mu_0$；$H_1:\mu<\mu_0$，拒绝域 $W=\{T<-t_\alpha(n-1)\}$。

(3) μ 未知，σ^2 的检验——χ^2 检验。

检验统计量 $\chi^2=\dfrac{(n-1)S^2}{\sigma_0^2}$，给定显著性水平 α 下：

对检验问题 $H_0:\sigma^2=\sigma_0^2$；$H_1:\sigma^2\neq\sigma_0^2$，拒绝域 $W=\{\chi^2<\chi_{1-\alpha/2}^2(n-1)\}\bigcup\{\chi^2>\chi_{\alpha/2}^2(n-1)\}$。

对检验问题 $H_0:\sigma^2\leqslant\sigma_0^2$；$H_1:\sigma^2>\sigma_0^2$，拒绝域 $W=\{\chi^2>\chi_\alpha^2(n-1)\}$。

对检验问题 $H_0:\mu\geqslant\mu_0$；$H_1:\mu<\mu_0$，拒绝域 $W=\{\chi^2<\chi_{1-\alpha}^2(n-1)\}$。

2) 两个正态总体下参数的区间估计

考虑如下检验假设

$$H_0:\sigma_1^2=\sigma_2^2；H_1:\sigma_1^2\neq\sigma_2^2$$

取检验统计量 $F=\dfrac{S_1^2}{S_2^2}\sim F(n_1-1,n_2-1)$。给定显著性水平 α，由 F 分布分位点的定义可知 $P\{[F<F_{1-\alpha/2}(n_1-1,n_2-1)]\bigcup[F>F_{\alpha/2}(n_1-1,n_2-1)]\}=\alpha$，于是推得拒绝域 $W=\{F<F_{1-\alpha/2}(n_1-1,n_2-1)\}\bigcup\{F>F_{\alpha/2}(n_1-1,n_2-1)\}$。

上面的检验均为正态分布下的参数检验。实际中，还需要对获取到的数据进行分布类型验证，一般情况下，往往进行正态性检验。正态性检验的方法比较多，常见的主要有以下几种。

(1) Q-Q 图。

Q-Q 图(quantile-quantile plot)用来判断数据的正态分布性，横坐标表示实际数据的分

位数,纵坐标表示正态分布的对应分位数。在样本服从正态分布的条件下,图中的散点应该是呈现出 45°的直线。除了进行正态检验,Q-Q 图还能进行如 Beta 分布、卡方分布、指数分布等的检验,其步骤如下。

步骤 1:将数据样本从小到大排序,记为 $x_1, x_2, \cdots, x_n$。

步骤 2:分位数 $Q_i = \dfrac{x_i - \bar{x}}{\sigma}$。

步骤 3:对百分比 $P_i = \dfrac{i - 0.5}{n}$,找出对应标准正态分布的分位数 Q_i'。

步骤 4:以 Q_i 为横轴,以 Q_i' 为纵轴画图检验。

(2)皮尔逊 χ^2 检验。

皮尔逊 χ^2 检验适用于样本比较大的场合,如 $n \geqslant 50$。设 $F(x)$ 为总体 X 的分布函数,$F_0(x)$ 为一个已知的分布函数,$X_1, X_2, \cdots, X_n$ 为总体 X 的一个样本,检验的原假设是 $H_0: F(x) = F_0(x)$,取检验统计量

$$\chi^2 = \sum_{i=1}^{k} \frac{(f_i - n\hat{p}_i)^2}{n\hat{p}_i}$$

式中,$\hat{p}_i$ 是由 $\hat{F}_0(x)$ 计算出来的理论频率,$\hat{F}_0(x)$ 是由 $F_0(x)$ 中未知参数估计出的分布函数,f_i/n 为实际频率,且有如下定理。

定理 5-1 若 n 足够大,当 H_0 成立时,统计量 χ^2 总是近似地服从自由度为 k-r-1 的 χ^2 分布,其中 r 是已知的分布函数 $F_0(x)$ 中未知参数的个数。

皮尔逊 χ^2 检验的步骤如下。

步骤 1:把总体 X 划分成 k 个不交的区间 $A_i (i=1,2,\cdots,k)$,使得每个区间包含的理论频数满足 $np_i \geqslant 5$,否则将区间适当调整。

步骤 2:H_0 成立时,计算各理论频率,即概率 p_i 的值
$$p_i = P(A_i) = F_0(y_i) - F_0(y_{i-1}), \quad i=1,2,\cdots,k$$
式中,y_{i-1} 与 y_i 为区间 A_i 的端点,即 $A_i = (y_{i-1}, y_i]$。

步骤 3:找出 A_i 的频数 f_i,并计算
$$\chi^2 = \sum_{i=1}^{k} \frac{(f_i - np_i)^2}{np_i}$$

步骤 4:对于给定的显著性水平 α,找出临界值 $\chi^2_\alpha(k-1)$。

步骤 5:若 $\chi^2 > \chi^2_\alpha(k-1)$,则拒绝 H_0,否则可接受 H_0。

由于皮尔逊 χ^2 检验对数据进行分组,会丢失部分信息,且除了正态分布还可以检验其他的分布,对正态分布没有特效性,在效果上并不是很理想。

(3)Shapiro-Wilk W 检验。

检验步骤如下。

步骤 1:数据样本从小到大排序,记为 $x_1, x_2, \cdots, x_n$。

步骤2：对分布为正态的原假设问题，选择统计量

$$W = \frac{\left(\sum_{i=1}^{\left[\frac{n}{2}\right]} a_i (x_{n+1-i} - x_i) \right)^2}{\sum_{i=1}^{n} (x_i - \bar{x})^2}$$

式中，系数 a_i 可查 Shapiro-wilk W 检验的系数表。

步骤3：对样本容量 n 及给定的检验水平 α，查找 Shapiro-wilk W 检验的临界值 W_α。

步骤4：根据样本值计算出 W 值，若 $W < W_\alpha$，则拒绝原假设。

Shapiro-wilk W 检验易受异常值的影响，且一般适用样本容量为 3～50 的场合。

除了上述几种检验方法，用于正态检验的还有 Kolmogorov-Smirnov 检验、Lilliefor 检验、AD 检验、D 检验、偏度检验和峰度检验等，具体步骤不再叙述。

5.3.2　方差分析

方差分析是通过试验的结果数据来推断各个有关因素对试验结果是否产生显著影响的一种统计方法。方差分析中涉及几个概念，即因素或因子，指影响试验指标的条件，也就是研究变量，常表示为因素 A、因素 B 等；水平指因素所处的状态或内容，如因素 A 的水平记为 A_1、A_2 等；单因素方差分析指实验中涉及一个因素；多因素方差分析指试验中的因素多于一个。

1．单因素方差分析

单因素方差分析可用的数据如表 5-8 所示。

表 5-8　单因素方差分析可用的数据

试验次数	A_1	...	A_i	...	A_r
1	x_{11}	...	x_{i1}	...	x_{r1}
2	x_{12}	...	x_{i2}	...	x_{r2}
...	...	...	...	...	...
j	x_{1j}	...	x_{ij}	...	x_{rj}
...	...	...	...	...	...
n_i	x_{1n1}	...	x_{ini}	...	x_{rnr}

例如，为了考察不同种类的肥料对某地区玉米亩产量是否有影响，做了如下实验，数据如表 5-9 所示。

表 5-9　玉米亩产量数据

实验次数	A_1	A_2	A_3
1	251	268	257
2	263	261	265
3	259	272	255
4	248	269	273

其中,因素即为肥料,A_1、A_2、A_3 表示三种肥料,即三个水平,表 5-9 中数据如 263 可记为 x_{12}。

方差分析中要求:各水平下的总体都服从正态分布;各水平下的总体方差相等,即方差齐性;数据的取得是相互独立的。于是

$$X_{ij} \sim N(\mu_j, \sigma^2)$$

记 $\varepsilon_{ij} = X_{ij} - \mu_j$,则有 $X_{ij} = \mu_j + \varepsilon_{ij}$,$\varepsilon_{ij} \sim N(0, \sigma^2)$,且各 ε_{ij} 相互独立,$j = 1, 2, \cdots, n_i$,$i = 1, 2, \cdots, r$。其中,$\mu_1, \mu_2, \cdots, \mu_r$ 及 σ^2 为未知参数。

方差分析的任务是检验 r 个总体的均值是否相等,也即检验假设 $H_0: \mu_1 = \mu_2 = \cdots = \mu_s$;$H_1: \mu_1, \mu_2, \cdots, \mu_s$ 不全相等。

下面叙述简要步骤。

步骤 1:计算平均值。组内平均值 $\bar{x}_i = \dfrac{1}{n_i} \sum\limits_{j=1}^{n_i} x_{ij}$,总平均 $\bar{x} = \dfrac{1}{n} \sum\limits_{i=1}^{r} \sum\limits_{j=1}^{n_i} x_{ij}$。

步骤 2:计算离差平方和,即

总离差平方和 SS_T (sum of squares for total)

$$SS_T = \sum_{i=1}^{r} \sum_{j=1}^{n_i} (x_{ij} - \bar{x})^2$$

组间离差平方和 SS_A (sum of square for factor A)

$$SS_A = \sum_{i=1}^{r} \sum_{j=1}^{n_i} (\bar{x}_i - \bar{x})^2 = \sum_{i=1}^{r} n_i (\bar{x}_i - \bar{x})^2$$

组内离差平方和 SS_e (sum of square for error)

$$SS_e = \sum_{i=1}^{r} \sum_{j=1}^{n_i} (x_{ij} - \bar{x}_i)^2$$

总离差平方和 SS_T 表示了各试验值与总平均值的偏差的平方和,反映了试验结果之间存在的总差异;组间离差平方和 SS_A 反映了各组内平均值之间的差异程度,这是由因素 A 不同水平的不同作用造成的。组内离差平方和 SS_e 反映了在各水平内试验值之间的差异程度,由随机误差的作用产生。

三种离差平方和之间关系为

$$SS_T = SS_A + SS_e$$

步骤 3:计算如下自由度(degree of freedom)。

总自由度:$df_T = n - 1$。

组间自由度:$df_A = r - 1$。

组内自由度:$df_e = n - r$。

三者关系:$df_T = df_A + df_e$。

步骤 4:计算平均平方,均方等于离差平方和除以对应的自由度,即

$$MS_A = SS_A / df_A, \quad MS_e = SS_e / df_e$$

其中,MS_A 表示组间均方,MS_e 表示组内均方/误差的均方。

步骤 5：F 检验

$$F_A = \frac{\text{组间均方}}{\text{组内均方}} = \frac{MS_A}{MS_e}$$

上述统计量服从自由度为 (df_A, df_e) 的 F 分布，对于给定的显著性水平 α，从 F 分布表查得临界值 $F_\alpha(df_A, df_e)$，如果 $F_A > F_\alpha(df_A, df_e)$，则认为因素 A 对实验结果有显著影响，否则认为因素 A 对试验结果没有显著影响，如表 5-10 所示。

表 5-10　单因素方差分析表

差异源	SS	df	MS	F
组间（因素 A）	SS_A	$r-1$	$MS_A = SS_A/(r-1)$	MS_A/MS_e
组内（误差）	SS_e	$n-r$	$MS_e = SS_e/(n-r)$	—
总和	SS_T	$n-1$	—	—

按照上述步骤，对表 5-9 中的玉米亩产量数据进行单因素方差分析，计算得其描述数据与方差分析表，如表 5-11 和表 5-12 所示。

表 5-11　玉米亩产量的描述数据

组	观　测　数	求　和	平　均	方　差
A_1	4	1021	255.25	48.25
A_2	4	1070	267.5	21.66667
A_3	4	1050	262.5	67.66667

表 5-12　玉米亩产量的方差分析（显著水平 0.05）

差异源	SS	df	MS	F	P 值	F 临界值
组间	303.5	2	151.75	3.308904	0.083715	4.256495
组内	412.75	9	45.86111			
总计	716.25	11	—			

F 值 3.308904 小于临界值 4.256495，即认为三种肥料在 0.05 的水平下对亩产量没有显著影响。通过表 5-12 中的 P 值也可以得到同样结论。

2. 双因素方差分析

双因素无重复方差分析如表 5-13 所示。

表 5-13　双因素无重复实验数据

	B_1	B_2	…	B_s
A_1	x_{11}	x_{12}	…	x_{1s}
A_2	x_{21}	x_{22}	…	x_{2s}
…	…	…	…	…
A_r	x_{r1}	x_{r2}	…	x_{rs}

不同于单因素方差分析，这里考虑两个因素对实验结果的影响。例如，在某化工产品的得率实验中，对添加剂浓度取四种不同水平值，温度取三种不同水平值做如下实验以考察浓度和温度这两个因素对得率是否有显著影响，表 5-14 给出了不同温度和浓度下的产品率。

表 5-14 不同温度和浓度下的产品率

浓度	温度		
	B_1	B_2	B_3
A_1	2.7	2.1	2
A_2	1.9	1.9	2.1
A_3	0.6	1.2	1.6
A_4	0.4	0.2	0.5

双因素无重复情况下的检验步骤如下。

步骤 1：计算各个平均值，即

水平 A_i 平均值 $\bar{x}_{i\cdot} = \dfrac{1}{s} \sum_{j=1}^{s} x_{ij}$，水平 B_j 平均值 $\bar{x}_{\cdot j} = \dfrac{1}{r} \sum_{i=1}^{r} x_{ij}$，总平均 $\bar{x} = \dfrac{1}{rs} \sum_{i=1}^{r} \sum_{j=1}^{s} x_{ij}$。

步骤 2：计算离差平方和，即

总离差平方和

$$SS_T = \sum_{i=1}^{r} \sum_{j=1}^{s} (x_{ij} - \bar{x})^2$$

因素 A 离差平方和

$$SS_A = \sum_{j=1}^{s} \sum_{i=1}^{r} (\bar{x}_{i\cdot} - \bar{x})^2 = s \sum_{i=1}^{r} (\bar{x}_{i\cdot} - \bar{x})^2$$

因素 B 离差平方和

$$SS_B = \sum_{i=1}^{r} \sum_{j=1}^{s} (\bar{x}_{\cdot j} - \bar{x})^2 = r \sum_{j=1}^{s} (\bar{x}_{\cdot j} - \bar{x})^2$$

误差平方和

$$SS_e = \sum_{i=1}^{r} \sum_{j=1}^{s} (x_{ij} - \bar{x}_{i\cdot} - \bar{x}_{\cdot j} + \bar{x})^2$$

离差平方和之间关系

$$SS_T = SS_A + SS_B + SS_e$$

步骤 3：计算如下自由度。

总自由度：$df_T = n - 1 = rs - 1$。

SS_A 自由度：$df_A = r - 1$。

SS_B 自由度：$df_B = s - 1$。

SS_e 自由度：$df_e = (r-1)(s-1)$。

自由度之间关系：$df_T = df_A + df_B + df_e$。

步骤 4：计算平均平方，均方等于离差平方和除以对应的自由度，即

$$MS_A = SS_A / df_A, \quad MS_B = SS_B / df_B, \quad MS_e = SS_e / df_e$$

其中,$\mathrm{MS_A}$ 表示组间均方,$\mathrm{MS_e}$ 表示组内均方/误差的均方。

步骤 5:F 检验

$$F_A = \frac{\mathrm{MS_A}}{\mathrm{MS_e}}, \quad F_B = \frac{\mathrm{MS_B}}{\mathrm{MS_e}}$$

上述统计量 F_A 服从自由度为 $(\mathrm{df_A}, \mathrm{df_e})$ 的 F 分布;F_B 服从自由度为 $(\mathrm{df_B}, \mathrm{df_e})$ 的 F 分布。对于给定的显著性水平 α,从 F 分布表查得临界值 $F_A(\mathrm{df_A}, \mathrm{df_e})$ 及 $F_B(\mathrm{df_B}, \mathrm{df_e})$。则若 $F_A > F_A(\mathrm{df_A}, \mathrm{df_e})$,认为因素 A 使实验结果产生了显著影响,同样,若 $F_B > F_B(\mathrm{df_B}, \mathrm{df_e})$,则认为因素 B 对实验有显著影响,表 5-15 给出了双因素方差分析结果。

表 5-15　双因素方差分析结果

差异源	SS	df	MS	F
因素 A	$\mathrm{SS_A}$	$r-1$	$\mathrm{MS_A} = \mathrm{SS_A}/(r-1)$	$F_A = \mathrm{MS_A}/\mathrm{MS_e}$
因素 B	$\mathrm{SS_B}$	$s-1$	$\mathrm{MS_B} = \mathrm{SS_B}/(s-1)$	$F_B = \mathrm{MS_B}/\mathrm{MS_e}$
误差	$\mathrm{SS_e}$	$(r-1)(s-1)$	$\mathrm{MS_e} = \mathrm{SS_e}/(r-1)(s-1)$	—
总和	$\mathrm{SS_T}$	$rs-1$	—	—

对表 5-14 中不同温度和浓度下的产品率的实验数据,通过上述步骤计算得到的数据统计如表 5-16 所示。

表 5-16　两个因素实验数据的描述

	观 测 数	求 和	平 均	方 差
浓度 1	3	6.8	2.266667	0.143333
浓度 2	3	5.9	1.966667	0.013333
浓度 3	3	3.4	1.133333	0.253333
浓度 4	3	1.1	0.366667	0.023333
温度 1	4	5.6	1.4	1.193333
温度 2	4	5.4	1.35	0.736667
温度 3	4	6.2	1.55	0.536667

方差分析如表 5-17 所示。

表 5-17　方差分析(显著水平为 0.05)

差异源	SS	df	MS	F	P 值	F 临界值
浓度	6.62	3	2.206667	16.97436	0.002458	4.757063
温度	0.086667	2	0.043333	0.333333	0.729	5.143253
误差	0.78	6	0.13	—	—	—
总计	7.486667	11	—	—	—	—

如表 5-17 所示,比较 F 值和临界值可以看出,在 0.05 的显著水平下,浓度对产品得率有显著性影响,而温度对实验结果没有显著影响。

5.3.3　回归分析

回归分析是研究变量之间相关关系的一种统计方法。相关关系也称为不确定性关系,变量之间的相关关系通过大量实验和观测可表现出某种规律性,回归分析可得到变量之间的关系方程。

1. 一元线性回归

回归方程中的变量 y 作为因变量,x 为自变量,它们之间的关系为

$$y = a + bx + \varepsilon, \quad \varepsilon \sim N(0, \sigma^2)$$

其中,参数 a、b、σ^2 为不依赖于自变量 x 的待估参数。这就是一元线性回归模型。由上式可知,$y \sim N(a+bx, \sigma^2)$,它依赖于 x 的值。若通过实验数据估计出了参数 a、b 的值 $\hat{a}$、$\hat{b}$,则称关系式 $\hat{y} = \hat{a} + \hat{b}x$ 为一元线性回归方程或回归方程,它的图形称为回归直线,一般把 b 称为回归系数。

通过实验或观察,得到变量 x 和变量 y 的一组数据,即 (x_1, y_1),(x_2, y_2),$\cdots$,(x_n, y_n),于是回归模型可以改写为如下形式

$$y_i = a + bx_i + \varepsilon_i$$

其中,$\varepsilon_i \sim N(0, \sigma^2)$,各 ε_i 相互独立,$i = 1, 2, \cdots, n$。

回归分析主要解决的问题:对 a、b 和 σ 作点估计,对回归方程作假设检验,在点 x_0 处作出 y 的预测。

由 $\varepsilon_i = y_i - a - bx_i \sim N(0, \sigma^2)$ 知,误差期望为零。若记

$$Q = \sum_{i=1}^{n} (y_i - a - bx_i)^2$$

称 Q 为误差平方和,它反映了 y 与 $a+bx$ 之间在 n 次观察中总的误差程度。又由 $Y_i \sim N(a+bx_i, \sigma^2)$,$i = 1, 2, \cdots, n$,且 $Y_1, Y_2, \cdots, Y_n$ 相互独立,故可写出 $Y_1, Y_2, \cdots, Y_n$ 的联合概率密度或似然函数。通过极大似然估计的方法即可求出参数,这与最小二乘原理得到的结果一致。下面利用最小二乘法来推导,也就是找到使得 Q 达到最小值的 a 和 b,即 a 和 b 满足

$$\min_{a,b} Q = \min_{a,b} \sum_{i=1}^{n} (y_i - a - bx_i)^2$$

对二元函数 Q 求驻点有

$$\begin{cases} \dfrac{\partial Q}{\partial a} = -2 \sum_{i=1}^{n} (y_i - a - bx_i) = 0 \\ \dfrac{\partial Q}{\partial b} = -2 \sum_{i=1}^{n} (y_i - a - bx_i)x_i = 0 \end{cases}$$

可得

$$\bar{x} = \frac{1}{n} \sum_{i=1}^{n} x_i$$

$$\bar{y} = \frac{1}{n} \sum_{i=1}^{n} y_i$$

$$L_{xx} = \sum_{i=1}^{n}(x_i - \bar{x})^2 = \sum_{i=1}^{n} x_i^2 - n\bar{x}^2$$

$$L_{xy} = \sum_{i=1}^{n}(x_i - \bar{x})(y_i - \bar{y}) = \sum_{i=1}^{n} x_i y_i - n\bar{x}\bar{y}$$

显然有

$$\begin{cases} na + n\bar{x}b = n\bar{y} \\ n\bar{x}a + b\sum_{i=1}^{n} x_i^2 = \sum_{i=1}^{n} x_i y_i \end{cases}$$

称上面的表达式为正规方程组,解之得 a 和 b 的最小二乘估计为

$$\hat{b} = \frac{\sum_{i=1}^{n} x_i y_i - n\bar{x}\bar{y}}{\sum_{i=1}^{n} x_i^2 - n\bar{x}^2} = \frac{L_{xy}}{L_{xx}}$$

$$\hat{a} = \bar{y} - \hat{b}\bar{x}$$

利用样本的观察数据和上面估计出的参数 $\hat{a}$ 和 $\hat{b}$,即可写出变量 x 和变量 y 之间的回归方程为 $\hat{y}_i = \hat{a} + \hat{b}x_i (i=1,2,\cdots,n)$。

定义 $y_i - \hat{y}_i$ 为 x_i 处的残差,其平方和

$$Q_e = \sum_{i=1}^{n}(y_i - \hat{y}_i)^2 = \sum_{i=1}^{n}(y_i - \hat{a} - \hat{b}x_i)^2$$

称为残差平方和。由于

$$\frac{Q_e}{\sigma^2} \sim \chi^2(n-2)$$

可知 $E\left(\dfrac{Q_e}{\sigma^2}\right) = n-2$,于是得 σ^2 的无偏估计 $\hat{\sigma}^2 = \dfrac{Q_e}{n-2}$。由

$$\begin{aligned} Q_e &= \sum_{i=1}^{n}(y_i - \hat{y}_i)^2 \\ &= \sum_{i=1}^{n}(y_i - \bar{y} - \hat{b}(x_i - \bar{x}))^2 \\ &= L_{yy} - 2\hat{b}L_{xy} + \hat{b}^2 L_{xx} \\ &= L_{yy} - \hat{b}L_{xy} \end{aligned}$$

得 σ^2 的无偏估计 $\hat{\sigma}^2$ 为

$$\hat{\sigma}^2 = \frac{L_{yy} - \hat{b}L_{xy}}{n-2}$$

目前已经对回归方程的系数给出了估计。但是建立的方程是否有效或显著,还需要进

行假设检验才能确定,即需要对回归系数 b 是否为零进行检验。若 $b=0$,则变量 y 与变量 x 没有关系;若 $b\neq0$,则说明 y 与 x 之间存在线性相关关系,于是假设检验问题是

$$H_0 : b=0 ; \quad H_1 : b\neq0$$

对上述问题进行假设检验常用的方法有 r 检验法和 t 检验法等。

(1)r 检验法。

计算检验统计量

$$r=\frac{L_{xy}}{\sqrt{L_{xx}L_{yy}}}=\frac{\sum_{i=1}^{n}(x_i-\bar{x})(y_i-\bar{y})}{\sqrt{\sum_{i=1}^{n}(x_i-\bar{x})^2\sum_{i=1}^{n}(y_i-\bar{y})^2}}$$

给定显著性水平 α,当 $|r|>r_{1-\alpha}$ 时拒绝原假设,认为建立的回归方程显著,这里临界值 $r_{1-\alpha}=\sqrt{\dfrac{1}{1+(n-2)/F_{1-\alpha}(1,n-2)}}$。

(2)t 检验法。

检验统计量 $t=\dfrac{\hat{b}}{\hat{\sigma}}\sqrt{L_{xx}}\sim t(n-2)$,给定显著性水平 α,当 $|t|\geqslant t_{\alpha/2}(n-2)$ 时拒绝原假设,认为建立的回归方程显著。

建立回归方程后,一个重要的作用就是对给定的自变量 x 取值来预测 y 的值,同时给出置信区间。假定给出的值为 x_0,由于

$$E(\hat{y}_0)=E(\hat{a}+\hat{b}x_0)=a+bx_0=E(y_0)$$

故预测值 $\hat{y}_0$ 是 $E(y_0)$ 的无偏估计。由

$$\hat{y}_0=\hat{a}+\hat{b}x_0 \sim N\left(a+bx_0,\left(\frac{1}{n}+\frac{(x_0-\bar{x})^2}{L_{xx}}\right)\sigma^2\right)$$

知

$$y_0-\hat{y}_0 \sim N\left(0,\left(1+\frac{1}{n}+\frac{(x_0-\bar{x})^2}{L_{xx}}\right)\sigma^2\right)$$

又因为 $\dfrac{Q_e}{\sigma^2}\sim\chi^2(n-2)$,且 Q_e 和 $\hat{y}_0$ 相互独立,也即 Q_e 和 $y_0-\hat{y}_0$ 相互独立,故有

$$t=\frac{y_0-\hat{y}_0}{\sigma\sqrt{1+\frac{1}{n}+\frac{(x_0-\bar{x})^2}{L_{xx}}}}\bigg/\sqrt{\frac{Q_e}{\sigma^2(n-2)}}=\frac{y_0-\hat{y}_0}{\sqrt{\frac{Q_e}{n-2}}\sqrt{1+\frac{1}{n}+\frac{(x_0-\bar{x})^2}{L_{xx}}}}\sim t(n-2)$$

若置信水平为 $1-\alpha$,则求得 y_0 的置信水平为 $1-\alpha$ 的置信区间为

$$[\hat{y}_0-\delta(x_0),\hat{y}_0+\delta(x_0)]$$

其中,$\delta(x_0)=t_{\alpha/2}(n-2)S\sqrt{1+\frac{1}{n}+\frac{(x_0-\bar{x})^2}{L_{xx}}}$,$S=\sqrt{\dfrac{Q}{n-2}}$ 称为剩余标准差。

在取得观察数据后,曲线 $y_1(x) = \hat{y} - \delta(x)$ 和 $y_2(x) = \hat{y} + \delta(x)$ 之间的区域即为 $y = a + bx + \varepsilon$ 的置信水平是 $1 - \alpha$ 的预测带域。

2. 多元线性回归

前面介绍的是一元线性回归方程,实际问题中随机变量 Y 往往与多个自变量相关,如果这种关系是线性的,即

$$y = \beta_0 + \beta_1 x_1 + \cdots + \beta_k x_k$$

称为多元线性回归,建立的方程称为回归平面方程,一般模型为

$$\begin{cases} Y = X\beta + \varepsilon \\ E(\varepsilon) = 0, \text{cov}(\varepsilon, \varepsilon) = \sigma^2 I_n \end{cases}$$

其中

$$Y = \begin{bmatrix} y_1 \\ y_2 \\ \vdots \\ y_n \end{bmatrix}, \quad X = \begin{bmatrix} 1 & x_{11} & x_{12} & \cdots & x_{1k} \\ 1 & x_{21} & x_{22} & \cdots & x_{2k} \\ \vdots & \vdots & \vdots & \ddots & \vdots \\ 1 & x_{n1} & x_{n2} & \cdots & x_{nk} \end{bmatrix}, \quad \beta = \begin{bmatrix} \beta_0 \\ \beta_1 \\ \vdots \\ \beta_k \end{bmatrix}, \quad \varepsilon = \begin{bmatrix} \varepsilon_1 \\ \varepsilon_2 \\ \vdots \\ \varepsilon_n \end{bmatrix}$$

对未知参数 β 和 σ^2 作点估计,作离差平方和

$$Q = \sum_{i=1}^{n} (y_i - \beta_0 - \beta_1 x_{i1} - \cdots - \beta_k x_{ik})^2$$

选择 $\beta_0, \beta_1, \cdots, \beta_k$ 使 Q 达到最小。采用最小二乘法进行求解,得到估计值

$$\hat{\beta} = (X^T X)^{-1}(X^T Y)$$

将估计值 $\hat{\beta}_i$ 代入回归平面方程得经验回归平面方程为

$$y = \hat{\beta}_0 + \hat{\beta}_1 x_1 + \cdots + \hat{\beta}_k x_k$$

$\hat{\beta}_i$ 称为经验回归系数。

多元回归方程的显著性检验中原假设为

$$H_0: \beta_0 = \beta_1 = \cdots = \beta_k = 0$$

采用的假设检验为 F 检验法。统计量为

$$F = \frac{U/k}{Q_e/(n-k-1)} \sim F(k, n-k-1)$$

式中,$U = \sum_{i=1}^{n} (\hat{y}_i - \bar{y})^2$,$Q_e = \sum_{i=1}^{n} (y_i - \hat{y}_i)^2$。如果 $F > F_{1-\alpha}(k, n-k-1)$,则拒绝 H_0,认为在显著水平 α 下建立的多元线性回归方程是显著的。

建立回归方程 $\hat{y} = \hat{\beta}_0 + \hat{\beta}_1 x_1 + \cdots + \hat{\beta}_k x_k$ 后,对于自变量的取值可以给出点的预测,如对于 $x_1^*, x_2^*, \cdots, x_k^*$,可得 $y^* = \beta_0 + \beta_1 x_1^* + \cdots + \beta_k x_k^* + \varepsilon$。若置信水平取 $1 - \alpha$,则因变量 y 的置信水平为 $1 - \alpha$ 的置信区间为 $(\hat{y} \pm \delta)$,其中

$$\delta = \hat{\sigma}_e \sqrt{1 + \sum_{i=0}^{k} \sum_{j=0}^{k} c_{ij} x_i x_j} \, t_{1-\alpha/2}(n-k-1)$$

$$\hat{\sigma}_e = \sqrt{\frac{Q_e}{n-k-1}}, \quad C = L^{-1} = (c_{ij}), \quad L = X'X$$

5.3.4 聚类分析

聚类分析又称群分析、点群分析,是研究分类问题即相似元素集合的一种多元统计方法。实际应用中往往把聚类分析与判别分析、主成分分析等多元分析方法结合起来,以取得较好的效果。

为将研究对象分类,需要度量样品之间的关系,比较主流的有两种衡量方法,一种方法是求相似系数;另一种方法是将一个样品看作 P 维空间的一个点,并在空间定义距离,距离相近的点归为一类。聚类分析的一般思想是在样品之间分类采用距离,在指标之间分类采用相似系数。样品距离表明样品之间的相似度,指标之间的相似系数刻画指标之间的相似度。对研究对象按相似度进行归类,关系密切的聚集到较小的一类,关系疏远的聚集到较大的一类,直到所有的样品或指标聚集完毕。

聚类问题的一般提法是:设由 n 个样品的 p 元观测数据组成一个数据矩阵,$x_i = (x_{i1}, x_{i2}, \cdots, x_{ip})^T$,$i = 1, 2, \cdots, n$。这里每个样品可看成 p 元空间的一个点,即一个 p 维向量。矩阵形式为

$$HX = \begin{bmatrix} x_{11} & x_{12} & \cdots & x_{1p} \\ x_{21} & x_{22} & \cdots & x_{2p} \\ \vdots & \vdots & \ddots & \vdots \\ x_{n1} & x_{n2} & \cdots & x_{np} \end{bmatrix}$$

式中,$x_{ij}(i=1,2,\cdots,n; j=1,2,\cdots,p)$ 为第 i 个样品的第 j 个指标的观测数据。第 i 个样品 X_i 为矩阵 HX 的第 i 行所描述,所以任何两个样品之间的相似性,可以通过矩阵 HX 中对应的行之间相似程度来刻画;任何两个指标之间的相似性,可以通过对应的列之间相似程度来刻画。

样品分类和指标分类采用的方法类似,下面以样品分类为例进行介绍。

常见的距离有以下几种。

(1) 明氏(Minkowski)距离

$$d_{ij}(q) = \left(\sum_{a=1}^{p} | x_{ia} - x_{ja} |^q \right)^{1/q}$$

当 $q=1$ 时,即为绝对距离,当 $q=2$ 时即为欧氏距离

(2) 切比雪夫距离

$$d_{ij}(\infty) = \max_{1 \leqslant a \leqslant p} | x_{ia} - x_{ja} |$$

(3) 马氏(Mahalanobis)距离

$$d(x_i, x_j) = (x_i - x_j)^T \Delta^{-1} (x_i - x_j)$$

这里 Δ 为样品的协方差矩阵。

（4）方差加权距离

$$d(x_i,x_j)=\left[\sum_{k=1}^{p}(x_{ik}-x_{jk})^2/s_k^2\right]^{1/2}$$

其中，$s_k^2=\dfrac{1}{n-1}\sum_{j=1}^{n}(x_{jk}-\overline{X}_k)^2$，$\overline{X}_k=\dfrac{1}{n}\sum_{j=1}^{n}x_{jk}$。

除距离外，描述相似程度的量还有相似系数，一般有如下两种。

（1）夹角余弦。

把研究对象 X_i 与 X_j 看作 p 维空间的两个向量，这两个向量的夹角余弦表示为 $\cos\theta_{ij}$，于是

$$\cos\theta_{ij}=\frac{\sum_{a=1}^{p}x_{ia}x_{ja}}{\sqrt{\sum_{a=1}^{p}x_{ia}^2\cdot\sum_{a=1}^{p}x_{ja}^2}}$$

若 $\cos\theta_{ij}=1$，则说明两个样品 X_i 与 X_j 完全相似；$\cos\theta_{ij}$ 接近 1，说明 X_i 与 X_j 相似密切；若 $\cos\theta_{ij}$ 接近于 0，说明 X_i 与 X_j 差别大，如果夹角余弦等于零，则说明 X_i 与 X_j 完全不一样。

（2）相关系数。

第 i 个样品与第 j 个样品之间的相关系数定义为

$$r_{ij}=\frac{\sum_{a=1}^{p}(x_{ia}-\overline{x}_i)(x_{ja}-\overline{x}_j)}{\sqrt{\sum_{a=1}^{p}(x_{ia}-\overline{x}_i)^2\cdot\sum_{a=1}^{p}(x_{ja}-\overline{x}_j)^2}}$$

式中，$\overline{x}_i=\dfrac{1}{p}\sum_{a=1}^{p}x_{ia}$，$\overline{x}_j=\dfrac{1}{p}\sum_{a=1}^{p}x_{ja}$，$-1\leqslant r_{ij}\leqslant 1$。事实上，相关系数也是另一种形式的夹角余弦。

上面给出了样品之间的距离定义。在类与类之间也有各种定义的距离。常用的系统聚类方法中有最短距离法、最长距离法、类平均法、重心法、可变法、离差平方和法等。这些不同的距离在归类时有类似的步骤，只不过是采用的类之间的距离不同。下面介绍常见的几个类之间的距离。

（1）最短距离

$$D_{pq}=\min_{i\in G_p,j\in G_q}d_{ij}$$

即用两类中样品之间的距离最短者作为两类间距离。

（2）最长距离

$$D_{pq}=\max_{i\in G_p,j\in G_q}d_{ij}$$

即用两类中样品之间的距离最长者作为两类间距离。

（3）类平均距离

$$D_{pq} = \frac{1}{n_p n_q} \sum_{i \in G_p} \sum_{j \in G_q} d_{ij}$$

即用两类中所有两两样品之间距离的平均作为两类间距离。

（4）重心距离

$$D_{pq} = d(\bar{x}_p, \bar{x}_q) = \sqrt{(\bar{x}_p - \bar{x}_q)^{\mathrm{T}} (\bar{x}_p - \bar{x}_q)}$$

式中，$\bar{x}_p$、$\bar{x}_q$ 分别是 G_p、G_q 的重心，这是用两类重心之间的欧氏距离作为类间距离。

例 5.15 对 5 个样品测得某指标值为 1.5,2.5,4,7.5,9.5,用最短距离方法对其进行聚类分析。

解 首先各个指标值自成一类，记为 G_i，$i = 1,2,3,4,5$。计算方便起见，取样品之间距离为绝对距离，距离矩阵如表 5-18 所示。

表 5-18　距离矩阵

	$G_1 = \{1.5\}$	$G_2 = \{2.5\}$	$G_3 = \{4\}$	$G_4 = \{7.5\}$	$G_5 = \{9.5\}$
$G_1 = \{1.5\}$	0				
$G_2 = \{2.5\}$	1	0			
$G_3 = \{4\}$	2.5	1.5	0		
$G_4 = \{7.5\}$	6	5	3.5	0	
$G_5 = \{9.5\}$	8	7	5.5	2	0

表 5-18 中找到对角线之外的最小元素为 1，于是把 G_1、G_2 归为一类，记为 $G_6 = \{1.5, 2.5\}$。新的距离矩阵如表 5-19 所示。

表 5-19　新的距离矩阵（一）

	$G_6 = \{1.5, 2.5\}$	$G_3 = \{4\}$	$G_4 = \{7.5\}$	$G_5 = \{9.5\}$
$G_6 = \{1.5, 2.5\}$	0			
$G_3 = \{4\}$	1.5	0		
$G_4 = \{7.5\}$	5	3.5	0	
$G_5 = \{9.5\}$	7	5.5	2	0

表 5-19 中找到对角线之外的最小元素为 1.5，于是把 G_3、G_6 归为一类，记为 $G_7 = \{1.5, 2.5, 4\}$。

新的距离矩阵如表 5-20 所示。

表 5-20　新的距离矩阵（二）

	$G_7 = \{1.5, 2.5, 4\}$	$G_4 = \{7.5\}$	$G_5 = \{9.5\}$
$G_7 = \{1.5, 2.5, 4\}$	0		
$G_4 = \{7.5\}$	3.5	0	
$G_5 = \{9.5\}$	5.5	2	0

表 5-20 中找到对角线之外的最小元素为 2，于是把 G_4、G_5 归为一类，记为 $G_8 = \{7.5,$

9.5}。新的距离矩阵如表 5-21 所示。

表 5-21 新的距离矩阵(三)

	$G_7 = \{1.5, 2.5, 4\}$	$G_8 = \{7.5, 9.5\}$
$G_7 = \{1.5, 2.5, 4\}$	0	
$G_8 = \{7.5, 9.5\}$	3.5	0

最终 G_7、G_8 归为一类。上面的聚类过程表示为图 5-12。

聚类方法通过比较距离的大小逐步归类,最终合并为一个类,分类的结果也是唯一的,同时在样品数即样本容量比较大时计算量也越来越大,为了提升效率,克服计算速度变慢的问题,产生了动态聚类方法,即 K 均值聚类法。在采取 K 均值聚类法之前,需要根据实际问题给出分类的个数,在每类中选择有代表性的样品,这样的样品称为聚点。

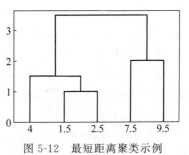

图 5-12 最短距离聚类示例

K 均值聚类的步骤如下。

步骤 1:所有样品初始化为 m 个类,初始聚点的集合记为

$$W^{(0)} = \{x_1^{(0)}, x_2^{(0)}, \cdots, x_m^{(0)}\}$$

并记 $G_i^{(0)} = \{x: d(x, x_i^{(0)}) \leqslant d(x, x_j^{(0)}), j = 1, 2, \cdots, m, j \neq i\}, i = 1, 2, \cdots, m$。则初始分类表示为 $G^{(0)} = \{G_1^{(0)}, G_2^{(0)}, \cdots, G_m^{(0)}\}$。

步骤 2:由 $G^{(0)}$ 开始,计算 $x_i^{(1)} = \dfrac{1}{n_i} \sum_{x_l \in G_i^{(0)}} x_l, i = 1, 2, \cdots, m$,这里 n_i 表示第 i 个类中 $G_i^{(0)}$ 的样品数。聚点的新集合为 $W^{(1)} = \{x_1^{(1)}, x_2^{(1)}, \cdots, x_m^{(1)}\}$,从 $W^{(1)}$ 开始再进行分类,将样品作新的分类,记

$$G_i^{(1)} = \{x: d(x, x_i^{(1)}) \leqslant d(x, x_j^{(1)}), \quad j = 1, 2, \cdots, m, j \neq i\}, i = 1, 2, \cdots, m$$

于是,类中的样品进行了更新 $G^{(1)} = \{G_1^{(1)}, G_2^{(1)}, \cdots, G_m^{(1)}\}$。

重复上述两个步骤,直到分类稳定为止。

5.3.5 Python 示例

例 5.16 对某地区 100 名青少年的身高进行了统计,数据如表 5-22 所示。

表 5-22 青少年身高数据

人 数	身高/cm	人 数	身高/cm
1	153	6	161
3	156	7	162
2	157	6	163
1	159	10	164
4	160	8	165

续表

人　数	身高/cm	人　数	身高/cm
7	166	7	173
5	167	3	174
7	168	2	176
5	169	1	178
6	170	1	180
3	171	1	181
4	172		

在显著性水平 $\alpha = 0.05$ 下是否可以认为该地区青少年身高服从正态分布?

解　由数据可知本题是对收集的数据进行正态性检验,为了输入数据方便,将表5-22中数据去掉中文标签,以列的形式存于文件 normtest.xlsx 中。程序如下。

```
# Python 代码
import numpy as np
import pandas as pd
import matplotlib.pyplot as plt
import seaborn as sns
plt.rcParams['font.sans - serif'] = ['SimHei']
plt.rcParams['axes.unicode_minus'] = False
df = pd.read_excel("normtest.xlsx ")
data = np.empty([0,0])
for i in range(len(df['f'])):
data = np.append(data,np.tile(df['value'][i],df['f'][i]))
fig, ax = plt.subplots(figsize = (10, 8))
sns.distplot(data,ax = ax)
ax.set_xlabel('身高', fontsize = 16)
ax.set_ylabel('频率', fontsize = 16)
ax.set_title("直方图", fontsize = 18)
```

程序运行结果如图 5-13 所示。

可以看出,上述直方图与正态分布曲线比较近似。为了进一步直观判断,画出 Q-Q 图,代码如下。

```
# Python 代码(续)
import statsmodels.api as sm
fig, axs = plt.subplots(figsize = (10, 8));sm.qqplot(data, line = 's',ax = axs)
axs.set_xlabel('理论分位数');axs.set_ylabel('样本分位数')
axs.set_title('Q - Q图')
```

运行结果如图 5-14 所示。

由图 5-14 可看出,基本上生成了一条直线,初步判断数据服从正态分布,为了给出更加可信的结果,进行 W 检验,程序如下。

```
# Python 代码(续)
from scipy.stats import shapiro
shapiro(data)
```

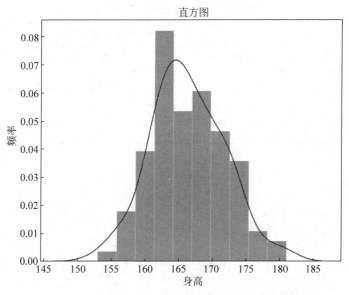

图 5-13　身高数据生成的直方图

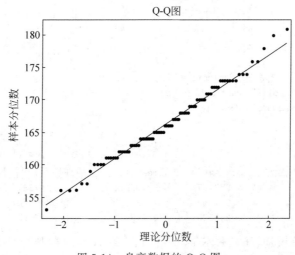

图 5-14　身高数据的 Q-Q 图

运行结果为

```
In [289]: from scipy.stats import shapiro
     ...: shapiro(data)
Out[289]: (0.9882553815841675, 0.5272228717803955)
```

上述结果表明,做出接受原假设(样本数据的分布与正态分布无显著差异)的结论。

例 5.17　为考察某化工产品的得率是否受到酸碱值和添加剂浓度的影响,在四个酸碱值水平和三个添加剂浓度水平下进行实验,数据如表 5-23 所示。

表 5-23　两个因素下的实验数据

酸碱值	添加剂浓度		
	B1	**B2**	**B3**
A1	3.5	2.3	2
A2	2.6	2	1.9
A3	2	1.5	1.2
A4	1.4	0.8	0.3

解

```
#Python 代码
import pandas as pd
import statsmodels.api as sm
df = pd.DataFrame([[1,1,3.5],
                   [1,2,2.3],
                   [1,3,2],
                   [2,1,2.6],
                   [2,2,2],
                   [2,3,1.9],
                   [3,1,2],
                   [3,2,1.5],
                   [3,3,1.2],
                   [4,1,1.4],
                   [4,2,0.8],
                   [4,3,0.3]],columns = ['A','B','data'])
model = sm.formula.ols("data~C(A) + C(B)", df[['A','B','data']]).fit()
anovat = sm.stats.anova_lm(model)
print(anovat)
```

运行结果如下。

```
            df      sum_sq      mean_sq       F          PR(>F)
C(A)        3.0     5.289167    1.763056      40.948387   0.000217
C(B)        2.0     2.221667    1.110833      25.800000   0.001130
Residual    6.0     0.258333    0.043056      NaN         NaN
```

由 $PR(>F)$ 的值可知,在显著水平 0.05 下,因素 A 和因素 B 均对实验结果产生了显著影响。

例 5.18　(续例 5.15)对 5 个样品测得某指标值为 $1.5, 2.5, 4, 7.5, 9.5$,下面给出用最短距离方法对其进行聚类分析的 Python 代码。

解

```
#Python 代码
from sklearn import preprocessing as pp
import scipy.cluster.hierarchy as sch
import matplotlib.pyplot as plt
data = np.array([[1.5],[2.5],[4],[7.5],[9.5]])
data1 = [1.5,2.5,4,7.5,9.5]
```

```
dist = sch.distance.pdist(data,'cityblock')        # 样品之间的绝对距离
# dist_matrix = sch.distance.squareform(data)       # 距离的矩阵形式
spec = sch.linkage(dist)
# print(spec)
sch.dendrogram(spec,labels = data1)
plt.show()
```

第 5 章习题

1. 自行在网络中搜索某一汽车品牌 2020 年的月销售数量和 2021 年第一季度的销售数量,要求解答以下问题。

（1）对 2020 年的 12 个月销售数量进行简单统计描述分析,给出各项数据指标和特征。

（2）画出 2020 年全年销售数据的直方图。

（3）对 2021 年和 2020 年的第一季度的销售数据进行对比分析,给出统计结论。

2. 对某厂家生产的零部件抽取两组,取得如下测定值。

A：8.6,10.0,9.9,8.8,9.1,9.1

B：8.7,8.4,9.2,8.9,7.4,8.0,7.3,8.1,6.8

已知 A 组测定值无系统误差,试检验 B 组测定值是否有系统误差。

3. 在某放射性粒子实验过程中,通过捕捉粒子进行计数来检验装置是否正常工作。具体过程是粒子从信号发送端通过信道传送到接收端,接收端放置粒子分离器,并将分离后的粒子穿过金箔后,射到荧光屏上产生一个个的闪光点,这些闪光点可用显微镜来观察。粒子计数如表 5-24 所示。由于物理环境中的噪声及其他不可控因素,粒子发生器可能受到这些因素影响而产生异常,对收集的数据利用统计方法进行异常值检测是其中一种有效方法。

（1）对粒子数量进行异常值检测,并给出检测依据。

（2）如果存在异常值,请选择合适的方法进行替换,并说明原因。

（3）若不存在异常值或经过相应的替换后,检验粒子数是否服从正态分布。

表 5-24　放射粒子数据

序号	数量	序号	数量	序号	数量	序号	数量	序号	数量
1	5	10	8	19	60	28	122	37	70
2	11	11	3	20	39	29	103	38	81
3	16	12	0	21	28	30	73	39	111
4	23	13	0	22	26	31	47	40	101
5	36	14	2	23	22	32	35	41	73
6	58	15	11	24	11	33	11	42	40
7	29	16	27	25	21	34	5	43	20
8	20	17	47	26	40	35	16	44	16
9	10	18	63	27	78	36	34	45	5

续表

序号	数量	序号	数量	序号	数量	序号	数量	序号	数量	序号	数量
46	11	85	10.2	124	1.8	163	59.1	202	2.7		
47	22	86	24.1	125	8.5	164	44	203	5		
48	40	87	82.9	126	16.6	165	47	204	24.4		
49	60	88	132	127	36.3	166	30.5	205	42		
50	80.9	89	130.9	128	49.6	167	16.3	206	63.5		
51	83.4	90	118.1	129	64.2	168	7.3	207	53.8		
52	47.7	91	89.9	130	67	169	37.6	208	62		
53	47.8	92	66.6	131	70.9	170	74	209	48.5		
54	30.7	93	60	132	47.8	171	139	210	43.9		
55	12.2	94	46.9	133	27.5	172	111.2	211	18.6		
56	9.6	95	41	134	8.5	173	101.6	212	5.7		
57	10.2	96	21.3	135	13.2	174	66.2	213	3.6		
58	32.4	97	16	136	56.9	175	44.7	214	1.4		
59	47.6	98	6.4	137	121.5	176	17	215	9.6		
60	54	99	4.1	138	138.3	177	11.3	216	47.4		
61	62.9	100	6.8	139	103.2	178	12.4	217	57.1		
62	85.9	101	14.5	140	85.7	179	3.4	218	103.9		
63	61.2	102	34	141	64.6	180	6	219	80.6		
64	45.1	103	45	142	36.7	181	32.3	220	63.6		
65	36.4	104	43.1	143	24.2	182	54.3	221	37.6		
66	20.9	105	47.5	144	10.7	183	59.7	222	26.1		
67	11.4	106	42.2	145	15	184	63.7	223	14.2		
68	37.8	107	28.1	146	40.1	185	63.5	224	5.8		
69	69.8	108	10.1	147	61.5	186	52.2	225	16.7		
70	106.1	109	8.1	148	98.5	187	25.4	226	44.3		
71	100.8	110	2.5	149	124.7	188	13.1	227	63.9		
72	81.6	111	0	150	96.3	189	6.8	228	69		
73	66.5	112	1.4	151	66.6	190	6.3	229	77.8		
74	34.8	113	5	152	64.5	191	7.1	230	64.9		
75	30.6	114	12.2	153	54.1	192	35.6	231	35.7		
76	7	115	13.9	154	39	193	73	232	21.2		
77	19.8	116	35.4	155	20.6	194	85.1	233	11.1		
78	92.5	117	45.8	156	6.7	195	78	234	5.7		
79	154.4	118	41.1	157	4.3	196	64	235	8.7		
80	125.9	119	30.1	158	22.7	197	41.8	236	36.1		
81	84.8	120	23.9	159	54.8	198	26.2	237	79.7		
82	68.1	121	15.6	160	93.8	199	26.7	238	114.4		
83	38.5	122	6.6	161	95.8	200	12.1	239	109.6		
84	22.8	123	4	162	77.2	201	9.5	240	88.8		

续表

序号	数量	序号	数量	序号	数量	序号	数量	序号	数量
241	67.8	251	83.9	261	112.3	271	104.5	281	154.7
242	47.5	252	69.4	262	53.9	272	66.6	282	140.5
243	30.6	253	31.5	263	37.5	273	68.9	283	115.9
244	16.3	254	13.9	264	27.9	274	38	284	66.6
245	9.6	255	4.4	265	10.2	275	34.5	285	45.9
246	33.2	256	38	266	15.1	276	15.5	286	17.9
247	92.6	257	141.7	267	47	277	12.6	287	13.4
248	151.6	258	190.2	268	93.8	278	27.5	288	29.2
249	136.3	259	184.8	269	105.9	279	92.5	289	100.2
250	134.7	260	159	270	105.5	280	155.4		

4. 猫粮生产商为丰富产品线,对生产的猫粮在满足各种营养成分的前提下,调整牛肉和鸡肉的比例,共推出三种类型的猫粮,即A、B、C。表5-25所示是猫在三种类型的猫粮喂养下的体重数据,试根据这些数据判断不同类型的猫粮是否对体重有显著性影响。

表5-25　不同类型的猫粮喂养数据

类型	A	B	C	B	B	A	C	A	C	C	A
体重	45.5	64.3	61.2	57	64.8	68.1	61.6	54.4	66.3	75.8	55.6
类型	C	A	B	C	C	A	B	B	B	B	
体重	60.8	47.8	63	64.8	60.6	52.3	48.9	49.8	60	61	

5. (续例5.15)对5个样品测得某指标值为1.5,2.5,4,7.5,9.5,分别用最长距离和类平均距离方法对其进行聚类分析。

第 6 章

微分方程模型

实际问题研究中往往需要寻求变量与变量之间的变化规律,如果用函数关系式不能直接表示,可建立包含函数及其导数在内的关系式,即建立变量满足的微分方程,从而可以通过求解微分方程来解决问题。从系统角度看,就是把所研究对象的某些特性视为系统状态变量,研究系统状态变量的变化特征和趋势。如把状态变化的过程视为连续变动的,则应考虑采用微分方程建模方法。例如,种群问题、核废料污染问题、运动轨迹问题、反应扩散问题及价格问题等中出现的"增长""衰减"现象,或问题要求研究某些特性的"变化""变化率"时,通常需要建立关于"变化"的数学模型。

微分方程模型本质上是关于系统状态变量变化率的方程,描述数学量的变化规律,继而通过建立数学模型,分析变化规律,预测未来动态,以便于管理与控制。

6.1 微分方程的基本概念与求解

表示未知函数、未知函数的导数与自变量关系的方程称为微分方程。微分方程中未知函数的最高阶导数的阶数称为微分方程的阶。未知函数是一元函数的微分方程为常微分方程,未知函数为多元函数的微分方程为偏微分方程。

n 阶常微分方程的一般形式为

$$F(x,y,y',y'',\cdots,y^{(n)})=0$$

使微分方程成为恒等式的函数称为微分方程的解。如果微分方程的解中任意常数的个数与方程的阶数相同,这种解称为方程的通解。不含有任意常数的解称为特解。未知函数所满足的条件称为初始条件或定解条件,用来确定通解中的任意常数。

微分方程模型反映的是变量之间的间接关系,因此要得到直接关系,就得求解微分方程。在高等数学中,只有某些特殊类型的微分方程才可以求得解析解,对于大量的微分方程无法求得其解析解。此时,可以应用数值解法,借助计算机程序,求得微分方程的数值解。下面介绍应用 MATLAB 软件求微分方程的解析解与数值解的方法。

6.1.1 常微分方程的解析解

在 MATLAB 中,符号运算工具箱提供了功能强大的求解常微分方程的符号运算命令

dsolve。常微分方程在 MATLAB 中按如下规定重新表达：符号 D 表示对变量的求导。Dy 表示对变量 y 求一阶导数；当需要求变量的 n 阶导数时，用 Dn 表示，如 D4y 表示对变量 y 求 4 阶导数。

由此，常微分方程 $y''+2y'=y$ 在 MATLAB 中将写成 'D2y+2*Dy=y'。

1．常微分方程通解的解法

无初边值条件的常微分方程的解就是该方程的通解，其格式为

$$\text{dsolve('diff\_equation','t')}$$
$$\text{dsolve('diff\_equation','var')}$$

其中，diff_equation 为待解的常微分方程，第 1 种格式将以变量 t 为自变量进行求解，第 2 种格式则需定义自变量 var。

例 6.1　求常微分方程 $x^2+y+(x-2y)y'=0$ 的解。

解　编写程序如下。

```
syms x y;
diff_equ = 'x^2 + y + (x - 2 * y) * Dy = 0';
dsolve(diff_equ,'x');
```

解得

```
ans = x/2 + ((4 * x^3)/3 + x^2 + C1)^(1/2)/2
```

2．常微分方程初边值问题的解法

求解带有初边值条件的常微分方程的命令格式为

```
dsolve('diff_equation','condition 1,condition 2,…','var')
```

其中，condition 1,condition 2 等为常微分方程的初边值条件。

例 6.2　求常微分方程 $y'''-y''=x,y(1)=8,y'(1)=7,y''(2)=4$ 的解。

解　编写程序如下。

```
y = dsolve('D3y - D2y = x','y(1) = 8,Dy(1) = 7,D2y(2) = 4','x')
```

解得

```
y =
x * ((exp( - 1) * (19 * exp(1) - 14))/2 - 1) + 7 * exp( - 2) * exp(x) - x^2/2 - x^3/6 + (exp
( - 1) * (19 * exp(1) - 14))/2 - (exp( - 1) * (25 * exp(1) - 21))/3 - 1
```

3．常微分方程组的解法

求解常微分方程组的命令格式为

```
dsolve('diff_equ1, diff_equ2,…','var')
dsolve('diff_equ1, diff_equ2,…','condition1,condition2,…','var')
```

第 1 种格式用于求方程组的通解，第 2 种格式可以加上初边值条件，用于求方程组的特解。

例 6.3　求常微分方程

$$\begin{cases} y''_1 + 3y_2 = \sin x \\ y'_2 + y'_1 = \cos x \end{cases}$$

的通解和初边值条件为 $y'_2(2)=0, y_2(3)=3, y_1(5)=1$ 的解。

解 编写程序如下。

```
clc, clear
equ1 = 'D2y1 + 3 * y2 = sin(x)';
equ2 = 'Dy2 + Dy1 = cos(x)';
[general_y1,general_y2] = dsolve(equ1,equ2,'x');
[y1,y2] = dsolve(equ1,equ2,'Dy2(2) = 0,y2(3) = 3,y1(5) = 1','x')
```

解得

```
y1 =
sin(3)/2 - sin(5)/2 + sin(x)/2 - (exp( - 2 * 3^(1/2)) * sin(3))/2 - (exp(2 * 3^(1/2)) * sin
(3))/2 + (3^(1/2) * cos(2) * exp( - 3^(1/2)))/6 - (3^(1/2) * cos(2) * exp(3^(1/2)))/6 +
(exp( - 3^(1/2)) * exp(3^(1/2) * x) * sin(3))/(2 * (exp(2 * 3^(1/2)) + 1)) + (exp(3 * 3^(1/
2)) * exp( - 3^(1/2) * x) * sin(3))/(2 * (exp(2 * 3^(1/2)) + 1)) + (3^(1/2) * cos(2) * exp( - 2
* 3^(1/2)) * exp(3^(1/2) * x))/(6 * (exp(2 * 3^(1/2)) + 1)) - (3^(1/2) * cos(2) * exp(4 * 3^
(1/2)) * exp( - 3^(1/2) * x))/(6 * (exp(2 * 3^(1/2)) + 1)) + 1
y2 =
sin(x)/2 - (exp( - 3^(1/2)) * exp(3^(1/2) * x) * sin(3))/(2 * (exp(2 * 3^(1/2)) + 1)) - (exp
(3 * 3^(1/2)) * exp( - 3^(1/2) * x) * sin(3))/(2 * (exp(2 * 3^(1/2)) + 1)) - (3^(1/2) * cos(2)
* exp( - 2 * 3^(1/2)) * exp(3^(1/2) * x))/(6 * (exp(2 * 3^(1/2)) + 1)) + (3^(1/2) * cos(2) *
exp(4 * 3^(1/2)) * exp( - 3^(1/2) * x))/(6 * (exp(2 * 3^(1/2)) + 1))
```

4. 线性常微分方程组的解法

1）一阶齐次线性常微分方程组

一阶齐次线性常微分方程组为

$$\boldsymbol{X}' = \boldsymbol{AX}, \boldsymbol{X} = \begin{bmatrix} x_1 \\ x_2 \\ \vdots \\ x_n \end{bmatrix}, \quad \boldsymbol{A} = \begin{pmatrix} a_{11} & \cdots & a_{1n} \\ \vdots & \vdots & \vdots \\ a_{n1} & \cdots & a_{nn} \end{pmatrix}$$

其中，$'$ 表示对 t 求导数。e^{At} 是它的基解矩阵。$\boldsymbol{X}' = \boldsymbol{AX}, \boldsymbol{X}(t_0) = \boldsymbol{X}_0$ 的解为

$$\boldsymbol{X}(t) = e^{A(t-t_0)} \boldsymbol{X}_0$$

例 6.4 求以下初值问题的解

$$\boldsymbol{X}' = \begin{pmatrix} 2 & 1 & 3 \\ 0 & 2 & -1 \\ 0 & 0 & 2 \end{pmatrix} \boldsymbol{X}, \quad \boldsymbol{X}(0) = \begin{bmatrix} 1 \\ 2 \\ 1 \end{bmatrix}$$

解 编写程序如下。

```
syms t
a = [2,1,3;0,2, -1;0,0,2];
```

```
x0 = [1;2;1];
x = expm(a * t) * x0
```

解得

```
x = exp(2 * t) + 2 * t * exp(2 * t) - (t * exp(2 * t) * (t - 6))/2
    2 * exp(2 * t) - t * exp(2 * t)
    exp(2 * t)
```

2）一阶非齐次线性常微分方程组

由常数变易法可求得初值问题

$$\boldsymbol{X}' = \boldsymbol{AX} + \boldsymbol{F}(t), \quad \boldsymbol{X}(t_0) = \boldsymbol{X}_0$$

的解为

$$\boldsymbol{X}(t) = e^{\boldsymbol{A}(t-t_0)}\boldsymbol{X}_0 + \int_{t_0}^{t} e^{\boldsymbol{A}(t-s)}\boldsymbol{F}(s)ds$$

例 6.5 求以下初值问题的解

$$\boldsymbol{X}' = \begin{pmatrix} 1 & 0 & 0 \\ 2 & 1 & -2 \\ 3 & 2 & 1 \end{pmatrix} \boldsymbol{X} + \begin{pmatrix} 0 \\ 0 \\ e^t\cos2t \end{pmatrix}, \quad \boldsymbol{X}(0) = \begin{bmatrix} 0 \\ 1 \\ 1 \end{bmatrix}$$

解 编写程序如下。

```
clc, clear
syms t s
a = [1,0,0;2,1, - 2;3,2,1];ft = [0;0;exp(t) * cos(2 * t)];
x0 = [0;1;1];
x = expm(a * t) * x0 + int(expm(a * (t-s)) * subs(ft,s),s,0,t);
x = simple(x)
```

解得

```
x = 0
    exp(t * (1 - 2i)) * (1/2 - 1i/2) + exp(t * (1 + 2i)) * (1/2 + 1i/2) + (t * exp(t * (1 -
2i)) * (exp(t * 4i) * 1i - 1i))/4
    exp(t * (1 - 2i)) * (1/2 + 1i/2) + exp(t * (1 + 2i)) * (1/2 - 1i/2) + (exp(t * (1 -
2i)) * (2 * t - exp(t * 4i) * 1i + 2 * t * exp(t * 4i) + 1i))/8
```

6.1.2 常微分方程的数值解

1. 非刚性常微分方程的解法

MATLAB 工具箱提供了几个解非刚性常微分方程的功能函数，如 ode45、ode23、ode113。其中 ode45 采用 4-5 阶 Runge-Kutta 方法，是解非刚性常微分方程的首选方法。ode23 采用 2-3 阶 Runge-Kutta 方法，ode113 采用的是多步法，效率一般比 ode45 高。

对简单的一阶常微分方程的初值问题

$$\begin{cases} y' = f(x, y) \\ y(x_0) = y_0 \end{cases}$$

可使用 ode23、ode45、ode113 求解。MATLAB 的函数形式为

$$[t, y] = solver('F', tspan, y0)$$

这里 solver 为 ode45、ode23、ode113，输入参数 F 是用 M 文件定义的微分方程 $y' = f(x, y)$右端的函数，tspan＝[t0, tfinal]是求解区间，y0 是初值。

例 6.6　求以下初值问题的解

$$y' = -2y + 2x^2 + 2x (0 \leqslant x \leqslant 0.5), \quad y(0) = 1$$

解　编写程序如下。

```
function f = doty(x, y)
f = -2 * y + 2 * x^2 + 2 * x;
[x, y] = ode45('doty', [0, 0.5], 1)
plot(x, y, 'b * ')
xlabel('x')
ylabel('y')
```

可得方程的数值解，(x, y)的图像如图 6-1 所示。

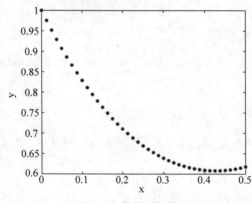

图 6-1　数值解图像

2．刚性常微分方程的解法

MATLAB 工具箱提供了几个解刚性常微分方程的功能函数，如 ode15s、ode23s、ode23t、ode23tb，这些函数的使用同上述解非刚性常微分方程的功能函数。

例 6.7　求以下初值问题的解

$$y''' - 3y'' - y'y = 0, \quad y(0) = 0, \quad y'(0) = 1, \quad y''(0) = -1$$

解　设 $y_1 = y, y_2 = y', y_3 = y''$，那么

$$\begin{cases} y'_1 = y_2 \\ y'_2 = y_3 \\ y'_3 = 3y_3 + y_2y_1 \\ y_1(0) = 0, y_2(0) = 1, y_3(0) = -1 \end{cases}$$

该初值问题可写成下面的形式

$$Y' = F(t, Y), \quad Y(0) = Y_0$$

其中,$Y = [y_1, y_2, y_3]$。

编写程序如下。

```
function dy = F(t,y);
dy = [y(2);y(3);3 * y(3) + y(2) * y(1)];
[T,Y] = solver ('F',[0,1],[0;1;-1]);
plot(T,Y(:,1),'-',T,Y(:,2),'*',T,Y(:,3),'+');
xlabel('t');
ylabel('y');
text(0.8,1,'y_1(t)');
text(0.8,-1,'y_2(t)');
text(0.4,-6,'y_3(t)');
```

可得方程的数值解,(t, y_1),(t, y_2),(t, y_3) 的图像如图 6-2 所示。

这里 solver 为 ode45、ode23、ode113,输入参数 F 是用 M 文件定义的常微分方程组,tspan$=[t0, tfinal]$是求解区间,Y(:,1)是初值问题的解,Y(:,2)是解的一阶导数,Y(:,3)是解的二阶导数。

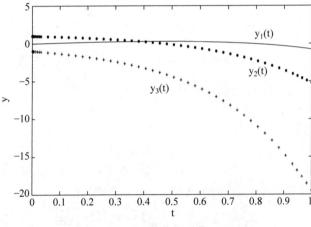

图 6-2 数值解图像

例 6.8 求 Van der Pol 方程

$$y'' - \mu(1 - y^2)y' + y = 0$$

的数值解,这里 $\mu > 0$ 是一个参数。

解 设 $y_1 = y, y_2 = y'$,则

$$\begin{cases} y'_1 = y_2 \\ y'_2 = \mu(1 - y_1^2)y_2 - y_1 \end{cases}$$

编写程序如下(当 $\mu = 1$ 时,对于初值 $y(0) = 1, y'(0) = 0$)。

```
function dy = vdp1(t,y);
dy = [y(2);1 * (1 - y(1)^2) * y(2) - y(1)];
```

```
[T,Y] = ode45 ('vdp1',[0,20],[1;0]);
plot(T,Y(:,1),'-',T,Y(:,2),'*');
xlabel('t');
ylabel('y');
title('Solution of van der Pol Equation,mu = 1');
legend('y_1','y_2')
```

可得方程的数值解,$(t,y_1),(t,y_2)$ 的图像如图 6-3 所示。

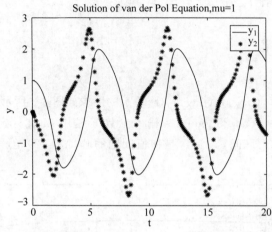

图 6-3　参数 $\mu=1$ 时 Van der Pol 方程解曲线

编写程序如下(当 $\mu=10$ 时,对于初值 $y(0)=1,y'(0)=0$)。

```
function dy = vdp1(t,y);
dy = [y(2);10 * (1 - y(1)^2) * y(2) - y(1)]
[T,Y] = ode45 ('vdp1',[ 0,20],[1;0])
```

可得方程的数值解,$(t,y_1),(t,y_2)$ 的图像如图 6-4 所示。

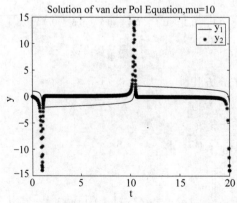

图 6-4　参数 $\mu=10$ 时 Van der Pol 方程解曲线

```
plot(T,Y(:,1),'-',T,Y(:,2),'*');
xlabel('t');
ylabel('y');
```

```
title('Solution of van der Pol Equation,mu = 10');
legend('y_1','y_2')
```

6.2 微分方程建模方法

微分方程建模是数学建模的重要方法,因为许多实际问题的数学描述往往可转换为求解微分方程的定解问题。把形形色色的实际问题转换为微分方程的定解问题,大体上可以按以下几步进行。

(1) 根据实际要求确定要研究的量(自变量、未知函数、必要的参数等),并确定坐标系。

(2) 找出这些量所满足的基本规律(物理的、几何的、化学的或生物学的等)。

(3) 运用这些规律列出方程和定解条件。

下面介绍列微分方程建模的几种常见方法。

(1) 按规律直接列方程。在数学、力学、物理、化学等学科中,许多自然现象所满足的规律已为人们所熟悉,并直接由微分方程所描述,如牛顿第二定律、放射性物质的放射性规律等。我们常利用这些规律对某些实际问题列出微分方程。

(2) 微元分析法与任意区域上取积分的方法。自然界中也有许多现象所满足的规律是通过变量的微元之间的关系式来表达的。对于这类问题,我们不能直接列出自变量和未知函数及其变化率之间的关系式,而是通过微元分析法,利用已知的规律建立一些变量(自变量与未知函数)的微元之间的关系式,然后再通过取极限的方法得到微分方程,或等价地通过任意区域上取积分的方法来建立微分方程。

(3) 模拟近似法。在生物、经济等学科中,许多现象所满足的规律并不很清楚而且相当复杂,因而需要根据实际资料或大量的实验数据,提出各种假设。在一定的假设下,给出实际现象所满足的规律,然后利用适当的数学方法列出微分方程。

实际的微分方程建模过程也往往是上述方法的综合应用。不论应用哪种方法,通常要根据实际情况,做出一定的假设与简化,并要把模型的理论或计算结果与实际情况进行对照验证,以修改模型使之更准确地描述实际问题,进而达到预测预报的目的。

在数学、力学、物理、化学等学科中已有许多经过实践检验的规律和定律,如牛顿运动定律、基尔霍夫电流和电压定律、物质的放射性规律、曲线的切线性质等,这些都涉及某些函数的变化率,因此可以根据相应的规律,列出常微分方程。

例 6.9 物体冷却问题。

将某物体放置于空气中,在时刻 $t=0$ 时,测量得它的温度为 $u_0=100℃$,20 分钟后测量得它的温度为 $u_1=60℃$。要求建立此物体的温度 u 和时间 t 的关系,并计算经过多长时间此物体的温度将达到 30℃,其中假设空气的温度保持为 20℃。

解 Newton 冷却定律是温度高于周围环境的物体向周围媒质传递热量逐渐冷却时所遵循的规律,当物体表面与周围存在温度差时,单位时间从单位面积散失的热量与温度差成正比,比例系数称为热传递系数,记为 k。

假设该物体在时刻 t 的温度为 $u=u(t)$，则由 Newton 冷却定律，得

$$\frac{\mathrm{d}u}{\mathrm{d}t}=-k(u-20)$$

其中，$k>0$，上述方程就是物体冷却过程的数学模型。

可将方程改写为

$$\frac{\mathrm{d}(u-20)}{u-20}=-k\,\mathrm{d}t$$

两边积分得

$$\int_{100}^{u}\frac{\mathrm{d}(u-20)}{u-20}=\int_{0}^{t}-k\,\mathrm{d}t$$

化简得

$$u=20+80\mathrm{e}^{-kt}$$

将 $t=20,u=60$ 代入得 $k=\dfrac{\ln 2}{20}$，所以此物体的温度 u 和时间 t 的关系为 $u=20+80\mathrm{e}^{-\frac{\ln 2}{20}t}$。令 $30=20+80\mathrm{e}^{-\frac{\ln 2}{20}t}$，解得 $t=60$，即 60 分钟后物体的温度为 30℃。

例 6.10 目标跟踪问题。

设位于坐标原点的甲舰向位于 x 轴上点 $Q_0(1,0)$ 处的乙舰发射导弹，导弹始终对准乙舰。如果乙舰以最大速度 v_0（v_0 是常数）沿平行于 y 轴的直线行驶，导弹的速度是 $5v_0$，求导弹运行的曲线。并计算乙舰行驶多远时，导弹将它击中。

解 设导弹的轨迹曲线为 $y=y(x)$，设经过时间 t，导弹位于点 $P(x,y)$，乙舰位于点 $Q(1,v_0t)$。由于导弹始终对准乙舰，故此时直线 PQ 就是导弹的轨迹曲线弧 OP 在点 P 处的切线，如图 6-5 所示。

$$\frac{\mathrm{d}y}{\mathrm{d}x}=\frac{v_0t-y}{1-x} \tag{6-1}$$

由于模型中含有参变量 t，故要求解该模型应增加附件条件。解决这个问题可从问题描述中寻求办法。

方法一：任意两个匀速运动的物体，相同时间内所经过的距离与其速度成正比。

由已知，导弹的速度 5 倍于乙舰，即在同一时间段 t 内，导弹运行轨迹的总长亦应 5 倍于乙舰，即 $\overparen{OP}$ 的弧长 5 倍于线段 $\overline{Q_0Q}$ 的长度。由弧长计算公式可得

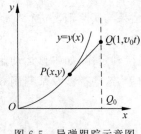

图 6-5 导弹跟踪示意图

$$\int_{0}^{x}\sqrt{1+\left(\frac{\mathrm{d}y}{\mathrm{d}s}\right)^2}\,\mathrm{d}s=5v_0t$$

方程两边关于 x 求导，得

$$\sqrt{1+\left(\frac{\mathrm{d}y}{\mathrm{d}x}\right)^2}=5v_0\frac{\mathrm{d}t}{\mathrm{d}x} \tag{6-2}$$

方法二：利用速度分量合成的概念。

由于在点 $P(x,y)$ 导弹的速度恒为 $5v_0$，而该点的速度大小等于该点在 x 轴和 y 轴上的速度分量 $x'(t)$、$y'(t)$ 的合成，故有

$$\sqrt{\left(\frac{\mathrm{d}x}{\mathrm{d}t}\right)^2 + \left(\frac{\mathrm{d}y}{\mathrm{d}t}\right)^2} = 5v_0$$

或改写成

$$\frac{\mathrm{d}x}{\mathrm{d}t}\sqrt{1 + \left(\frac{\mathrm{d}y}{\mathrm{d}x}\right)^2} = 5v_0$$

两边同除以 $\frac{\mathrm{d}x}{\mathrm{d}t}$ 即得式(6-2)。由此可见，利用弧长的概念或速度的概念得到的结果是一致的。

为了消去中间变量 t，把式(6-1)改写为

$$(1-x)\frac{\mathrm{d}y}{\mathrm{d}x} = v_0 t - y$$

然后两边关于 x 求导，得

$$(1-x)\frac{\mathrm{d}^2 y}{\mathrm{d}x^2} - \frac{\mathrm{d}y}{\mathrm{d}x} = v_0\frac{\mathrm{d}t}{\mathrm{d}x} - \frac{\mathrm{d}y}{\mathrm{d}x}$$

整理后，得

$$(1-x)\frac{\mathrm{d}^2 y}{\mathrm{d}x^2} = v_0\frac{\mathrm{d}t}{\mathrm{d}x} \tag{6-3}$$

联立式(6-2)和式(6-3)得

$$\begin{cases} \sqrt{1 + \left(\frac{\mathrm{d}y}{\mathrm{d}x}\right)^2} = 5v_0\frac{\mathrm{d}t}{\mathrm{d}x} \\ (1-x)\frac{\mathrm{d}^2 y}{\mathrm{d}x^2} = v_0\frac{\mathrm{d}t}{\mathrm{d}x} \end{cases}$$

消去中间变量 $\frac{\mathrm{d}t}{\mathrm{d}x}$，得关于轨迹曲线的二阶非线性常微分方程

$$(1-x)\frac{\mathrm{d}^2 y}{\mathrm{d}x^2} = \frac{1}{5}\sqrt{1 + \left(\frac{\mathrm{d}y}{\mathrm{d}x}\right)^2}, \quad 0 < x \leqslant 1$$

要求此问题的定解，还需要给出两个初始条件。事实上，初始时刻轨迹曲线通过坐标原点，即 $x=0$ 时，$y(0)=0$；此外在该点的切线平行于 x 轴，因此有 $y'(0)=0$。归纳可得导弹轨迹问题的数学模型为

$$\begin{cases} (1-x)\frac{\mathrm{d}^2 y}{\mathrm{d}x^2} = \frac{1}{5}\sqrt{1 + \left(\frac{\mathrm{d}y}{\mathrm{d}x}\right)^2}, \quad 0 < x \leqslant 1 \\ y(0)=0, \quad y'(0)=0 \end{cases} \tag{6-4}$$

此模型为二阶常微分方程初值问题。求解此类问题，通常采用降阶法。

令 $p=y'$，则 $y''=\dfrac{\mathrm{d}p}{\mathrm{d}x}$，则式(6-4)式变为如下关于 p 的常微分方程初值问题。

$$\begin{cases} (1-x)\dfrac{\mathrm{d}p}{\mathrm{d}x}=\dfrac{1}{5}\sqrt{1+p^2}, & 0<x\leqslant 1 \\ p(0)=0 \end{cases}$$

利用分离变量法，求解并代入初始条件得

$$\ln(p+\sqrt{1+p^2})=-\dfrac{1}{5}\ln(1-x)$$

化简得

$$p+\sqrt{1+p^2}=(1-x)^{-1/5}$$

为求得 p 的显式表达式，对上式作如下等式变换

$$-p+\sqrt{1+p^2}=\dfrac{1}{p+\sqrt{1+p^2}}=(1-x)^{1/5}$$

以上两式相减，得关于 p 的表达式，从而得到关于 y 的一阶常微分方程初值问题。

$$\begin{cases} \dfrac{\mathrm{d}y}{\mathrm{d}x}=p=\dfrac{1}{2}\big[(1-x)^{-1/5}-(1-x)^{1/5}\big] \\ y(0)=0 \end{cases}$$

求解此微分方程，即得导弹运行的轨迹曲线方程为

$$y=-\dfrac{5}{8}(1-x)^{4/5}+\dfrac{5}{12}(1-x)^{6/5}+\dfrac{5}{24} \tag{6-5}$$

在解式(6-5)中，令 $x=1$，得 $y=\dfrac{5}{24}$，即在 $\left(1,\dfrac{5}{24}\right)$ 处击中乙舰。

击中乙舰时，乙舰航行距离 $y=\dfrac{5}{24}$，由 $y=vt$，得 $t=\dfrac{5}{24v_0}$ 时击中乙舰。

例 6.11 盐水含量问题。

一个容器内贮有 1000mL 的盐水，含盐量为 100g。由于不断地搅拌，盐在溶液中始终是均匀分布的。如果以每分钟 10mL 的速度注入浓度为 0.001g/mL 的盐水，同时，以相同的速度放出盐水。求解以下问题。

(1) 在时刻 t 溶液内的含盐量 $x(t)$。

(2) 20min 后，溶液中的含盐量。

(3) 多少分钟后，溶液中的含盐量为 75g。

分析应用微元法建立微分方程时，将自变量的变化范围限制在小区间 $[x,x+\mathrm{d}x]$ 内，并以常量代替变量，通过对函数增量 $\mathrm{d}y$ 的分析，建立微分方程。

解 在时间区间 $[t,t+\mathrm{d}t]$ 内，含盐量的增量可分解为注入的盐量和流出的盐量。

注入的盐量为

$$0.001\times 10\times \mathrm{d}t=0.01\mathrm{d}t$$

流出的盐量为

$$\frac{x}{1000} \times 10 \times \mathrm{d}t = 0.01x\,\mathrm{d}t$$

所以含盐量的增量为 $\mathrm{d}x = 0.01\mathrm{d}t - 0.01x\,\mathrm{d}t = 0.01(1-x)\mathrm{d}t$，即

$$\frac{\mathrm{d}x}{\mathrm{d}t} = 0.01(1-x)$$

应用分离变量法求得通解

$$x(t) = 1 - C\mathrm{e}^{-0.01t}$$

根据初始条件，$t=0$ 时，$x=100$，求得

$$C = -99$$

（1）在时刻 t 溶液内的含盐量

$$x(t) = 1 + 99\mathrm{e}^{-0.01t}$$

（2）20min 后，溶液中的含盐量

$$x(20) = 1 + 99\mathrm{e}^{-0.01 \times 20} \approx 82.05\mathrm{g}$$

（3）几分钟后，溶液中的含盐量为 75g

$$75 = 1 + 99\mathrm{e}^{-0.01t}$$

故解得 $t \approx 29.1\mathrm{min}$。

6.3　微分方程建模案例

本节以传染病模型和人口预测模型为例，介绍微分方程建模过程。

6.3.1　传染病模型

世界上存在着诸多传染疾病，如 SARS、艾滋病、禽流感、新型冠状病毒感染等，每种疾病的发病机理与传播途径都各有特点。如何根据其传播机理预测疾病的传染范围及染病人数等，对传染病的预防与控制意义十分重大。

1. 指数传播模型

1）基本假设

（1）所研究的区域是一封闭区域，在一个时期内人口总量相对稳定，不考虑人口的迁移（迁入或迁出）。

（2）t 时刻染病人数 $N(t)$ 是随时间连续变化的、可微的函数。

（3）每个病人在单位时间内的有效接触（足以使人致病）或传染的人数为 λ（$\lambda > 0$ 为常数）。

2）模型建立与求解

记 $N(t)$ 为 t 时刻染病人数，则 $t+\Delta t$ 时刻的染病人数为 $N(t+\Delta t)$。从 $t \to t+\Delta t$ 时间段内，净增加的染病人数为 $N(t+\Delta t) - N(t)$，根据假设（3），有

$$N(t+\Delta t) - N(t) = \lambda N(t)\Delta t$$

若记 $t=0$ 时刻,染病人数为 N_0,则由假设(2),在上式两端同时除以 Δt,并令 $\Delta t \to 0$,得传染病人数的微分方程预测模型为

$$\begin{cases} \dfrac{\mathrm{d}N(t)}{\mathrm{d}t}=\lambda N(t), & t>0 \\ N(0)=N_0 \end{cases}$$

利用分离变量法得到该模型的解析解为

$$N(t)=N_0\mathrm{e}^{\lambda t}$$

3)结果分析与评价

模型结果显示,传染病的传播是按指数函数增加的。一般而言,在传染病发病初期,对传染源和传播路径未知,并且没有任何预防控制措施,这一结果是合理的。此外,我们注意到,当 $t \to \infty$ 时,$N(t) \to \infty$,这显然不符合实际情况。

事实上,在封闭系统的假设下,区域内人群总量是有限的,预测结果出现明显失误。为了与实际情况吻合,有必要在原有基础上修改模型假设,以进一步完善模型。

2. SI 模型

1)基本假设

(1)在传播期内,所考察地区的人口总数为 N,短期内保持不变,既不考虑生死,也不考虑迁移。

(2)人群分为易感染者(susceptible)和已感染者(infective),即健康人群和病人两类。

(3)设 t 时刻两类人群在总人口中所占的比例分别为 $s(t)$ 和 $i(t)$,则 $s(t)+i(t)=1$。

(4)每个病人在单位时间(每天)内接触的平均人数为常数 λ,λ 称为日感染率,当病人与健康者有效接触时,可使健康者受感染成为病人。

(5)每个病人得病后,经久不愈,且在传染期内不会死亡。

2)模型建立与求解

根据假设(4),每个病人每天可使 $\lambda s(t)$ 个健康者变为病人,而 t 时刻病人总数为 $Ni(t)$,故在 $t \to t+\Delta t$ 时段内,共有 $\lambda Ns(t)i(t)\Delta t$ 个健康者被感染。于是有

$$\frac{Ni(t+\Delta t)-Ni(t)}{\Delta t}=\lambda Ns(t)i(t)$$

令 $\Delta t \to 0$,得微分方程

$$\frac{\mathrm{d}i(t)}{\mathrm{d}t}=\lambda s(t)i(t)$$

又由假设(3)知,$s(t)=1-i(t)$,代入上式得

$$\frac{\mathrm{d}i(t)}{\mathrm{d}t}=\lambda i(t)(1-i(t))$$

假定起始时刻($t=0$)病人占总人口的比例为 $i(0)=i_0$。于是 SI 模型可描述为

$$\begin{cases} \dfrac{\mathrm{d}i(t)}{\mathrm{d}t} = \lambda i(t)\big[1 - i(t)\big], & t > 0 \\[2mm] i(0) = i_0 \end{cases} \tag{6-6}$$

用分离变量法求解此微分方程初值问题,得解析解为

$$i(t) = \cfrac{1}{1 + \left(\dfrac{1}{i_0} - 1\right)\mathrm{e}^{-\lambda t}} \tag{6-7}$$

3)结果分析与评价

模型式(6-6)事实上就是 Logistic 模型。病人占总人口的最大比例为 1,即当 $t \to \infty$ 时,区域内所有人都被传染。

医学上称 $\dfrac{\mathrm{d}i}{\mathrm{d}t} \sim t$ 为传染病曲线,它表示传染病人增加率与时间的关系,如图 6-6(a)所示,预测结果曲线如图 6-6(b)所示。

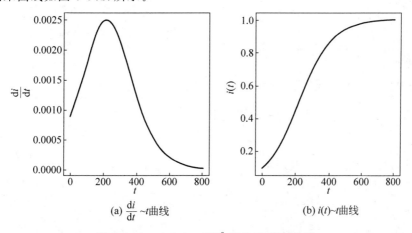

(a) $\dfrac{\mathrm{d}i}{\mathrm{d}t} \sim t$曲线　　(b) $i(t) \sim t$曲线

图 6-6　$i_0 = 0.1, \lambda = 10^{-2}$ 时的 SI 模型曲线

由模型式(6-6)易知,当病人总量占总人口比值达到 $i = \dfrac{1}{2}$ 时,$\dfrac{\mathrm{d}i}{\mathrm{d}t}$ 达到最大值,即 $\dfrac{\mathrm{d}^2 i}{\mathrm{d}t^2} = 0$,也就是说,此时达到传染病传染高峰期。利用式(6-7)易得传染病高峰到来的时刻为

$$t_{\mathrm{m}} = \frac{1}{\lambda}\ln\left(\frac{1}{i_0} - 1\right)$$

医学上,这一结果具有重要的意义。由于 t_{m} 与 λ 成反比,故当 λ(反应医疗水平或传染控制措施的有效性)增大时,t_{m} 将变小,预示着传染病高峰期来得越早。若已知日接触率 λ(由统计数据得出),即可预报传染病高峰到来的时间 t_{m},这对于防治传染病是有益处的。

当 $t \to \infty$ 时,由式(6-7)可知,$i(t) \to 1$,即最后人人都要生病。这显然是不符合实际情况的。其原因是假设中未考虑病人得病后可以治愈,人群中的健康者只能变为病人,而病人不会变为健康者。而事实上对某些传染病,如伤风、痢疾等病人治愈后免疫力低下,可假定无免疫性。于是病人被治愈后成为健康者,健康者还可以被感染再变成病人。

3. SIS 模型

SIS 模型在 SI 模型假设的基础上,进一步假设

(1) 每天被治愈的病人人数占病人总数的比例为 μ。

(2) 病人被治愈后成为仍可被感染的健康者。

于是 SI 模型可被修正为 SIS 模型

$$\begin{cases} \dfrac{\mathrm{d}i(t)}{\mathrm{d}t} = \lambda i(t)[1-i(t)] - \mu i(t), & t>0 \\ i(0) = i_0 \end{cases} \tag{6-8}$$

模型式(6-8)的解析解可表示为

$$i(t) = \begin{cases} \left[\dfrac{\lambda}{\lambda-\mu} + \left(\dfrac{1}{i_0} - \dfrac{\lambda}{\lambda-\mu} \right) \mathrm{e}^{-(\lambda-\mu)t} \right]^{-1}, & \lambda \neq \mu \\ \left(\lambda t + \dfrac{1}{i_0} \right)^{-1}, & \lambda = \mu \end{cases} \tag{6-9}$$

若令

$$\sigma = \lambda/\mu$$

称 σ 为传染强度。

利用 σ 的定义,式(6-8)可改写为

$$\begin{cases} \dfrac{\mathrm{d}i}{\mathrm{d}t} = -\lambda i \left[i - \left(1 - \dfrac{1}{\sigma} \right) \right], & t>0 \\ i(0) = i_0 \end{cases} \tag{6-10}$$

相应地,模型的解析解可表示为

$$i(t) = \begin{cases} \left[\dfrac{1}{1-\dfrac{1}{\sigma}} + \left(\dfrac{1}{i_0} - \dfrac{1}{1-\dfrac{1}{\sigma}} \right) \mathrm{e}^{-\lambda\left(1-\frac{1}{\sigma}\right)t} \right]^{-1}, & \sigma \neq 1 \\ \left(\lambda t + \dfrac{1}{i_0} \right)^{-1}, & \sigma = 1 \end{cases}$$

由式(6-10)得,当 $t \to \infty$ 时,有

$$i(\infty) = \begin{cases} 1 - \dfrac{1}{\sigma}, & \sigma > 1 \\ 0, & \sigma \leqslant 1 \end{cases}$$

由上式可知,$\sigma=1$ 是一个阈值。

若 $\sigma \leqslant 1$,随着时间的推移,$i(t)$ 逐渐变小,当 $t \to \infty$ 时趋于零。这是由于治愈率大于有效感染率,最终所有病人都会被治愈。

若 $\sigma > 1$,则当 $t \to \infty$ 时,$i(t)$ 趋于极限 $1 - \dfrac{1}{\sigma}$,这说明当治愈率小于传染率时,总人口中总有一定比例的人口会被传染而成为病人。

大多数传染病,如天花、麻疹、流感和肝炎等疾病经治愈后均有很强的免疫力。病愈后

的人因已具有免疫力,既非健康者(易感染者)也非病人(已感染者),即这部分人已退出感染系统。

4. SIR 模型

1) 基本假设

(1) 人群分健康者、病人和病愈后因具有免疫力而退出系统的移出者三类。设任意时刻 t,这三类人群占总人口的比例分别为: $s(t)$、$i(t)$ 和 $r(t)$。

(2) 病人的日接触率为 λ,日治愈率为 μ,传染强度 $\sigma = \lambda / \mu$。

(3) 人口总数 N 为固定常数。

2) 模型建立

类似于前述问题的建模过程,依据假设,对所有人群

$$s(t) + i(t) + r(t) = 1 \tag{6-11}$$

对系统移出者

$$N \frac{\mathrm{d}r}{\mathrm{d}t} = \mu N i \tag{6-12}$$

对病人

$$N \frac{\mathrm{d}i}{\mathrm{d}t} = \lambda N s i - \mu N i \tag{6-13}$$

对健康者

$$N \frac{\mathrm{d}s}{\mathrm{d}t} = -\lambda N s i \tag{6-14}$$

联立式(6-11)~式(6-14),可得 SIR 模型

$$\begin{cases} \dfrac{\mathrm{d}i}{\mathrm{d}t} = \lambda s i - \mu i \\[2mm] \dfrac{\mathrm{d}s}{\mathrm{d}t} = -\lambda s i \\[2mm] \dfrac{\mathrm{d}r}{\mathrm{d}t} = \mu i \\[2mm] i(0) = i_0, s(0) = s_0, r(0) = 0 \end{cases}$$

SIR 模型是一个较典型的系统动力学模型,其突出特点是模型形式为关于多个相互关联的系统变量之间的常微分方程组。类似的建模问题有很多,如河流中水体各类污染物质的耗氧、复氧、反应、迁移、吸附和沉降等,食物在人体中的分解、吸收和排泄,污水处理过程中的污染物降解,微生物、细菌增长或衰减等。这些问题很难求得解析解,可以使用软件求数值解。

6.3.2　人口预测模型

指数人口预测模型为

$$x(t) = a \mathrm{e}^{rt}$$

式中，$x(t)$ 表示 t 时刻的人口数，且 $x(t)$ 连续可微，并假设人口的增长率 r 是常数，且人口数量的增加与减少只取决于自然状态下的出生和死亡状况。由微分方程

$$\frac{\mathrm{d}x}{\mathrm{d}t} = rx$$

可知，其解具有上面模型的指数形式，即可将上式作为人口指数模型的微分方程表达式。这个模型是 18 世纪英国的 Malthus 在研究了人口数据之后提出的。用此模型预测早期世界人口时和实际数据相比是比较吻合的，但随着 20 世纪末期社会发展速度越来越快，自然资源和地球上的生存条件发生了变化，这对人口的增长是有阻滞作用的，这个模型就不再适合了。

Logistic 模型就是在考虑了生态环境对人口增长的限制作用后提出的改进的人口预测模型。即在人口较少时，增长率 r 可以近似视作常数，但是随着人口数量的逐渐增长，当到达一定的值后，生态环境等约束条件对人口再增长的限制作用就越来越明显。也就是说，人口增长率 r 为一个与人口数量 $x(t)$ 增长趋势相反的量，于是可把 $r(x)$ 认为是 x 的减函数。故建立人口预测模型为

$$\frac{\mathrm{d}x}{\mathrm{d}t} = rx\left(1 - \frac{x}{x_m}\right)$$

这里的 x_m 表示当前自然环境所能容纳的最大人口数，其解为

$$x(t) = \frac{x_m \mathrm{e}^{C_1 x_m + rt}}{\mathrm{e}^{C_1 x_m + rt} - 1}$$

6.4　Python 程序求解示例

微分方程包括方程组的符号解（也称解析解）可以用 Python 中符号计算模块 sympy 中的 dsolve 方法求得；数值解可以通过科学计算库 SciPy 中的 integrate 模块中的函数 odeint() 来实现。本节利用 Python 中的这些方法来具体求解几个微分方程问题。

例 6.12　求下面微分方程组的通解

$$\begin{cases} \dfrac{\mathrm{d}x_1}{\mathrm{d}t} = x_1 \\ \dfrac{\mathrm{d}x_2}{\mathrm{d}t} = x_2 + 3x_3 \\ \dfrac{\mathrm{d}x_3}{\mathrm{d}t} = x_2 - x_3 \end{cases}$$

解

```
# Python 代码
import sympy as sp
sp.var('t')
sp.var('x1:3', cls = sp.Function)
```

```
x = sp.Matrix([x1(t),x2(t),x3(t)])
A = sp.Matrix([[1,0,0],[0,1,3],[0,1, −1]])
eq = x.diff(t) − A * x
s = sp.dsolve(eq)
print(s)
```

执行程序运行结果输出为

```
[Eq(x1(t), C2 * exp(t)), Eq(x2(t), − C1 * exp(− 2 * t) + 3 * C3 * exp(2 * t)), Eq(x3(t), C1 * exp
(− 2 * t) + C3 * exp(2 * t))]
```

即为方程组的通解。

例 6.13 （续例 6.12）求下面初值问题的符号解，并对求出的解画出它们的函数图像。

$$\begin{cases} \dfrac{dx_1}{dt} = x_1 \\ \dfrac{dx_2}{dt} = x_2 + 3x_3 \\ \dfrac{dx_3}{dt} = x_2 - x_3 \\ x_1(0) = 1, x_2(0) = 2, x_3(0) = 3 \end{cases}$$

解

```
# Python 代码
import numpy as np
import matplotlib.pyplot as plt
plt.rc('font',family = 'SimHei')
import sympy as sp
sp.var('t')
sp.var('x1:3',cls = sp.Function)
x = sp.Matrix([x1(t),x2(t),x3(t)])
A = sp.Matrix([[1,0,0],[0,1,3],[0,1, −1]])
eq = x.diff(t) − A * x
s = sp.dsolve(eq, ics = {x1(0):1, x2(0):2, x3(0):3})
print(s)
```

执行程序运行结果输出为

```
[Eq(x1(t), exp(t)), Eq(x2(t), 15 * exp(2 * t)/4 − 7 * exp(− 2 * t)/4), Eq(x3(t), 5 * exp(2 *
t)/4 + 7 * exp(− 2 * t)/4)]
```

即为方程组的特解。继续编写代码画出三个函数图像。

```
# Python 代码(续)
t0 = np.arange(0,2 * np.pi,0.1)
for i in range(3):
    plt.plot(t0,sp.lambdify(t,s[i].args[1],\
'numpy')(t0),label = f'$ x_{i + 1}(t) $ ')
plt.ylim([0,10000])
plt.legend()
```

运行程序,输出结果如图 6-7 所示。

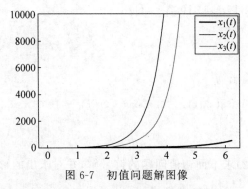

图 6-7　初值问题解图像

例 6.14　(续例 6.12)求下面初值问题的数值解,并与例 6.13 中的符号解进行对比。

$$
\begin{cases}
\dfrac{\mathrm{d}x_1}{\mathrm{d}t}=x_1 \\[2mm]
\dfrac{\mathrm{d}x_2}{\mathrm{d}t}=x_2+3x_3 \\[2mm]
\dfrac{\mathrm{d}x_3}{\mathrm{d}t}=x_2-x_3 \\[2mm]
x_1(0)=1,x_2(0)=2,x_3(0)=3
\end{cases}
$$

解

```python
#Python 代码
import scipy
import numpy as np
import matplotlib.pyplot as plt
def val_sol_fun(X,t):
    x1,x2,x3 = X
    dx1_dt = x1
    dx2_dt = x2 + 3 * x3
    dx3_dt = x2 - x3
    return np.array([dx1_dt,dx2_dt,dx3_dt])
t = np.arange(0,2 * np.pi, 0.1)
ira_con = list(range(1,4))
val_sol = scipy.integrate.odeint(val_sol_fun,ira_con,t)
t0 = np.arange(0,2 * np.pi,0.1)
for i in range(3):
    plt.plot(t0,val_sol[:,i],f'{i+1}',label = f' $ x_{i+1}(t) $ 的数值解')
    plt.plot(t0,sp.lambdify(t,s[i].args[1],'numpy')(t0),\
    label = f' $ x_{i+1}(t) $ ') #同例 6.4
plt.ylim([0,10000])
plt.legend()
```

运行程序,变量 val_sol 为方程组的数值解,与符号解曲线对比如图 6-8 所示。

例 6.15　1960—2019 年印度人口数据的记录如表 6-1 所示(数据来源于网络)。

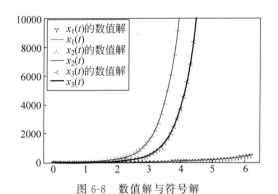

图 6-8 数值解与符号解

表 6-1 1960—2019 年印度人口数据

年 份	人 口	年 份	人 口	年 份	人 口	年 份	人 口
2019	1366417792	2004	1129623424	1989	855334656	1974	608802624
2018	1352617344	2003	1111523200	1988	837468928	1973	594770112
2017	1338658816	2002	1093317248	1987	819682112	1972	581087232
2016	1324509568	2001	1075000064	1986	801975232	1971	567868032
2015	1310152448	2000	1056575552	1985	784360000	1970	555189760
2014	1295604224	1999	1038058176	1984	766833408	1969	543084352
2013	1280846080	1998	1019483584	1983	749428928	1968	531513824
2012	1265782784	1997	1000900032	1982	732239488	1967	520400576
2011	1250288768	1996	982365248	1981	715385024	1966	509631488
2010	1234281216	1995	963922560	1980	698952832	1965	499123328
2009	1217726208	1994	945601856	1979	682995328	1964	488848128
2008	1200669824	1993	927403840	1978	667499776	1963	478825600
2007	1183209472	1992	909307008	1977	652408768	1962	469077184
2006	1165486336	1991	891273216	1976	637630080	1961	459642176
2005	1147609984	1990	873277824	1975	623102912	1960	450547680

根据以上的人口数据,利用 Logistic 人口预测模型来预测印度 2020 年的人口数量。需注意以下四点。

(1) 取 1960 年的人口数为模型的初始条件。

(2) 取 1961—2018 年的人口记录作为模型参数拟合的数据。

(3) 利用建立的模型输出 2019 年的预测值,并与表中的真实人口数据进行对比。

(4) 检验模型的精度。

解 为便于操作,将表 6-1 中的所有数据保存到文件 IndiaPop. xlsx 中。

```
# Python 代码
import numpy as np
import pandas as pd
from scipy. optimize import curve_fit
df = pd. read_excel('IndiaPop. xlsx')
df1 = df[['年份','人口']]
df2 = df[['年份.1','人口.1']]
df2.columns = list(df1)
```

```
df3 = df[['年份.2','人口.2']]
df3.columns = list(df1)
df4 = df[['年份.3','人口.3']]
df4.columns = list(df1)
frames = [df1, df2, df3,df4]
data = pd.concat(frames, ignore_index = True)
data_year_all = data['年份']
data_year = data_year_all[1: -1]
data_pop_all = data['人口'].apply(lambda x:x/10 ** 6)
data_pop = data_pop_all[1: -1]
xt = lambda t, r, xm:
xm/(1 + (xm/data_pop_all[ -1:].values -1) * np.exp( - r * (t -data_year_all[ -1:].values)))
bound_con = ((0, 2), (0.1,10 ** 4))
popt, pcov = curve_fit(xt, data_year, data_pop, bounds = bound_con)
print(popt);
```

执行程序,输出结果为

[2.98306839e - 02 2.46195646e + 03]

即人口模型中两个参数估计值为

$$r = 2.98306839e - 02, \quad x_m = 2.46195646e + 03$$

以下继续编写程序,进行预测值与真实值的比较。

```
# Python 代码(续)
print("2019 年的预测值为:", xt(2019, * popt))
```

执行这段代码,得到结果如下。

2019 年的预测值为:1392.45975274

将 2019 年的人口预测值 1392.46(单位:百万)与真实值 1366.42 进行对比。

```
# Python 代码(续)
val2019 = data_pop_all[0:1].values
rela_err2019 = abs((val2019 - xt(2019, * popt))/val2019)
print('2019 年人口预测相对误差:', rela_err2019)
```

可计算出 2019 年人口预测相对误差:0.01905856。

故模型对 2019 年数据的预测相对误差仅为 1.9%,拟合得相当好。下面继续编写程序输出所有年份的相对误差。

```
# Python 代码(续)
rela_err = abs((data_pop - xt(data_year, * popt))/data_pop).round(4)
print('1961 -- 2018 年所有预测数据的相对误差:', rela_err)
```

为了查看所有拟合值的整体状况,可输出最大相对误差和平均相对误差,即

```
# Python 代码(续)
print('1961 -- 2018 年预测的最大相对误差:', rela_err.max())
print(f'1961 -- 2018 年预测的平均相对误差:{rela_err.mean():.4f}')
```

执行程序得到如下结果。

1961—2018 年预测的最大相对误差:0.0284

1961—2018 年预测的平均相对误差：0.0122

从最大相对误差和平均相对误差可以看出其值均小于 0.1，即模型精度相当高。利用此模型，通过执行命令

```
xt(2020, * popt)
```

得到 2020 年印度国家的人口数为 1410.47 百万。

程序运行结果如表 6-2 所示。

表 6-2 预测情况

年　　份	人　　口	预 测 值	相 对 误 差	年　　份	人　　口	预 测 值	相 对 误 差
2019	1366.42	1392.46	0.0191	1989	855.33	854.98	0.0004
2018	1352.62	1374.38	0.0161	1988	837.47	838.41	0.0011
2017	1338.66	1356.24	0.0131	1987	819.68	821.99	0.0028
2016	1324.51	1338.04	0.0102	1986	801.98	805.74	0.0047
2015	1310.15	1319.8	0.0074	1985	784.36	789.66	0.0068
2014	1295.6	1301.52	0.0046	1984	766.83	773.74	0.009
2013	1280.85	1283.2	0.0018	1983	749.43	758	0.0114
2012	1265.78	1264.86	0.0007	1982	732.24	742.44	0.0139
2011	1250.29	1246.51	0.003	1981	715.39	727.07	0.0163
2010	1234.28	1228.15	0.005	1980	698.95	711.88	0.0185
2009	1217.73	1209.79	0.0065	1979	683	696.88	0.0203
2008	1200.67	1191.44	0.0077	1978	667.5	682.07	0.0218
2007	1183.21	1173.11	0.0085	1977	652.41	667.46	0.0231
2006	1165.49	1154.81	0.0092	1976	637.63	653.04	0.0242
2005	1147.61	1136.54	0.0097	1975	623.1	638.83	0.0252
2004	1129.62	1118.31	0.01	1974	608.8	624.82	0.0263
2003	1111.52	1100.12	0.0103	1973	594.77	611.02	0.0273
2002	1093.32	1082	0.0103	1972	581.09	597.41	0.0281
2001	1075	1063.94	0.0103	1971	567.87	584.02	0.0284
2000	1056.58	1045.96	0.01	1970	555.19	570.84	0.0282
1999	1038.06	1028.06	0.0096	1969	543.08	557.86	0.0272
1998	1019.48	1010.24	0.0091	1968	531.51	545.1	0.0256
1997	1000.9	992.52	0.0084	1967	520.4	532.54	0.0233
1996	982.37	974.9	0.0076	1966	509.63	520.2	0.0207
1995	963.92	957.39	0.0068	1965	499.12	508.06	0.0179
1994	945.6	939.99	0.0059	1964	488.85	496.14	0.0149
1993	927.4	922.72	0.005	1963	478.83	484.43	0.0117
1992	909.31	905.58	0.0041	1962	469.08	472.93	0.0082
1991	891.27	888.57	0.003	1961	459.64	461.63	0.0043
1990	873.28	871.7	0.0018	1960	450.55	初值	
2020		1410.47					
最大相对误差			0.0284				
平均相对误差			0.0122				

第 6 章习题

1. 有高为 1m 的半球形容器,水从它的底部小孔流出。小孔横截面积为 1cm^2。开始时容器内盛满了水,求水从小孔流出过程中容器中水面的高度 h(水面与孔口中心的距离)随时间 t 变化的规律。

2. 早在第一次世界大战期间,F. W. Lanchester 就提出了几个预测战争结局的数学模型,其中包括作战双方均为正规部队;作战双方均为游击队;作战的一方为正规部队,另一方为游击队。后来人们对这些模型作了改进和进一步的解释,用以分析历史上一些著名的战争,如二次世界大战中的美日硫黄岛之战和 1975 年的越南战争。影响战争胜负的因素有很多,兵力的多少和战斗力的强弱是两个主要的因素。士兵的数量会随着战争的进行而减少,这种减少可能是因为阵亡、负伤与被俘,也可能是因为疾病与开小差。分别称之为战斗减员与非战斗减员。士兵的数量也可随着增援部队的到来而增加。从某种意义上来说,当战争结束时,如果一方的士兵人数为零,那么另一方就取得了胜利。如何定量地描述战争中相关因素之间的关系呢? 比如如何描述增加士兵数量与提高士兵素质之间的关系?

3. 一个慢跑者在平面上按如下规律跑步

$$x = 10 + 20\cos t , \quad y = 20 + 15\sin t$$

突然有一只狗攻击他,这只狗从原点出发,以恒定速率 v 跑向慢跑者,狗运动方向始终指向慢跑者。分别求出 $v=5, v=15$ 时狗的运动轨迹。

4. 在交通十字路口,都会设置红绿灯。为了让那些正行驶在交叉路口或离交叉路口太近而无法停下的车辆通过路口,红绿灯转换中间还要亮起一段时间的黄灯。那么,黄灯应亮多长时间才最为合理呢?

第 7 章

差分方程模型

实际问题有时以离散形式出现或有时需要将现实世界中随时间连续变化的过程离散化,差分方程是在离散时间点上描述研究对象动态变化规律的数学表达式。差分方程与微分方程都是描述状态变化问题的机理建模方法,是同一建模问题的两种思维(离散或连续)方式。

差分方程建模,通常把问题看作一个系统,考察系统状态变量的变化。首先考察任意两个相邻位置(时间或空间),通常称之为一个微元,考察状态值在这个微元内的变化,即输入、输出变化情况,分析变化的原因,进而利用自然科学中的一些相应规律,如质量守恒、动量守恒及能量守恒等公理或定律建立起微元两状态变量之间的关联方程。

若记 x_k 为第 k 个时刻或位置的状态变量值,则把各个状态变量的状态值次序排列,就形成了一个有序序列 $\{x_k\}_{k=0}^n$。若序列中的 x_k 和其前一个状态或前几个状态值 $x_i(0 \leqslant i < k)$ 存在某种关联,则把它们的关联关系用代数方程的形式表达出来,即建立起状态之间的关联方程,称为差分方程。

7.1 差分方程的概念与求解

本节介绍差分方程的基本概念、基本解法及差分方程的平衡点与稳定性。

7.1.1 基本概念

设函数 $x_k = x(k)$,k 取非负整数,称改变量 $x_{k+1} - x_k$ 为函数 x_k 的差分,也称为函数 x_k 的一阶差分,记为 Δx_k,即 $\Delta x_k = x_{k+1} - x_k$ 或 $\Delta x(k) = x(k+1) - x(k)$。

一阶差分的差分称为二阶差分,即

$$\Delta^2 x_k = \Delta(\Delta x_k) = \Delta x_{k+1} - \Delta x_k = (x_{k+2} - x_{k+1}) - (x_{k+1} - x_k) = x_{k+2} - 2x_{k+1} + x_k$$

类似地,可定义三阶差分、四阶差分等,分别为

$$\Delta^3 x_k = \Delta(\Delta^2 x_k), \quad \Delta^4 x_k = \Delta(\Delta^3 x_k), \cdots$$

含有未知函数 x_k 差分的方程称为差分方程。差分方程中所含未知函数差分的最高阶数称为差分方程的阶。n 阶差分方程的一般形式为

$$F(k, x_k, \Delta x_k, \Delta^2 x_k, \cdots, \Delta^n x_k) = 0$$

或

$$G(k, x_k, x_{k+1}, x_{k+2}, \cdots, x_{k+n}) = 0$$

值得注意的是,差分方程的不同形式可以相互转化。

满足差分方程的函数称为该差分方程的解。如果差分方程的解中含有相互独立的任意常数的个数恰好等于方程的阶数,则称这个解为该差分方程的通解。我们往往要根据系统在初始时刻所处的状态对差分方程附加一定的条件,这种附加条件称为初始条件,满足初始条件的解称为特解。

若差分方程中所含未知函数及未知函数的各阶差分均为一次的,则称该差分方程为线性差分方程。

n 阶常系数线性差分方程的一般形式为

$$x_{k+n} + a_1 x_{k+n-1} + a_2 x_{k+n-2} + \cdots + a_n x_k = f(k) \tag{7-1}$$

其中,$a_1, a_2, \cdots, a_n$ 是常数,且 $a_n \neq 0$。其对应的齐次方程为

$$x_{k+n} + a_1 x_{k+n-1} + a_2 x_{k+n-2} + \cdots + a_n x_k = 0 \tag{7-2}$$

7.1.2 常系数线性齐次差分方程的解法

对于 n 阶常系数线性齐次差分方程式(7-2),特征方程为

$$\lambda^n + a_1 \lambda^{n-1} + \cdots + a_n = 0 \tag{7-3}$$

特征方程式(7-3)的根称为差分方程式(7-2)的特征根。根据特征根的不同情况,可求齐次差分方程的通解。

(1) 若特征方程式(7-3)有 n 个互不相同的实根 $\lambda_1, \lambda_2, \cdots, \lambda_n$,则对应的齐次差分方程的通解为

$$y_k = c_1 \lambda_1^k + c_2 \lambda_2^k + \cdots + c_n \lambda_n^k \quad (c_1, c_2, \cdots, c_n \text{ 为任意常数})$$

进一步,若再给定一组初始条件

$$y_0 = u_0, \quad y_1 = u_1, \cdots, \quad y_{n-1} = u_{n-1}$$

利用待定系数法,可求得差分方程满足初始条件的特解。

(2) 若 n 阶差分方程式(7-2)的特征方程式(7-3)有 t 个互异的特征根 $\lambda_1, \lambda_2, \cdots, \lambda_t$,重数依次为 $m_1, m_2, \cdots, m_t$,其中 $m_1 + m_2 + \cdots + m_t = n$,则差分方程通解为

$$y_k = \sum_{j=1}^{m_1} c_{1j} k^{j-1} \lambda_1^k + \sum_{j=1}^{m_2} c_{2j} k^{j-1} \lambda_2^k + \cdots + \sum_{j=1}^{m_t} c_{tj} k^{j-1} \lambda_t^k$$

其中,$c_{ij} (i = 1, 2, \cdots, t)$ 为任意常数。

(3) 若特征方程式(7-3)有单重复根 $\lambda = \alpha + \beta i$,通解中对应项为 $c_1 \rho^k \cos(\varphi k) + c_2 \rho^k \sin(\varphi k)$,其中 $\rho = \sqrt{\alpha^2 + \beta^2}$ 为 λ 的模,$\varphi = \arctan \dfrac{\beta}{\alpha}$ 为 λ 的幅角,c_1、c_2 为任意常数。

(4) 若 $\lambda = \alpha + \beta i$ 是特征方程式(7-3)的 m 重复根,则通解对应项为

$$(c_1 + c_2 k + \cdots + c_m k^{m-1}) \rho^k \cos(\varphi k) + (c_{m+1} + c_{m+2} k + \cdots + c_{2m} k^{m-1}) \rho^k \sin(\varphi k)$$

其中，$\rho=\sqrt{\alpha^2+\beta^2}$，$\varphi=\arctan\dfrac{\beta}{\alpha}$，$c_i(i=1,2,\cdots,2m)$ 为任意常数。

例 7.1　求斐波那契数列的解

$$\begin{cases} F_n=F_{n-1}+F_{n-2} \\ F_1=F_2=1 \end{cases}$$

解　差分方程的特征方程为

$$\lambda^2-\lambda-1=0$$

特征根 $\lambda_1=\dfrac{1-\sqrt{5}}{2}$，$\lambda_2=\dfrac{1+\sqrt{5}}{2}$ 是互异的。

则通解为

$$F_n=c_1\left(\frac{1-\sqrt{5}}{2}\right)^n+c_2\left(\frac{1+\sqrt{5}}{2}\right)^n$$

利用初值条件 $F_1=F_2=1$，得方程组

$$\begin{cases} c_1\left(\dfrac{1-\sqrt{5}}{2}\right)+c_2\left(\dfrac{1+\sqrt{5}}{2}\right)=1 \\[3mm] c_1\left(\dfrac{1-\sqrt{5}}{2}\right)^2+c_2\left(\dfrac{1+\sqrt{5}}{2}\right)^2=1 \end{cases}$$

由此方程组解得

$$c_1=-\frac{\sqrt{5}}{5}, \quad c_2=\frac{\sqrt{5}}{5}$$

最后，将这些常数值代入方程通解的表达式，得初值问题的解

$$F_n=\frac{\sqrt{5}}{5}\left[\left(\frac{1+\sqrt{5}}{2}\right)^n-\left(\frac{1-\sqrt{5}}{2}\right)^n\right]$$

Python 程序求解如下。

```
# Python 程序
from sympy import Function, rsolve
from sympy.abc import n
y = Function('y')
f = y(n + 2) - y(n + 1) - y(n)
ff = rsolve(f, y(n), {y(1):1, y(2):1})
print(ff)
```

运行结果为

```
- sqrt(5) * (1/2 - sqrt(5)/2) ** n/5 + sqrt(5) * (1/2 + sqrt(5)/2) ** n/5
```

7.1.3　常系数线性非齐次差分方程的解法

n 阶常系数线性非齐次差分方程式(7-1)的通解 y_k 等于对应线性齐次差分方程式(7-2)的

通解加线性非齐次差分方程式(7-1)的特解,即

$$y_k = \tilde{y}_k + y_k^*$$

其中,$\tilde{y}_k$ 是对应齐次差分方程的通解,y_k^* 是非齐次差分方程的特解。

求非齐次差分方程式(7-1)的特解可采用常数变易法,但计算较为烦琐。对特殊形式的 $f(k)$ 可采用待定系数法。

例如,当 $f(k) = b^k p_m(k)$,$p_m(k)$ 为 k 的 m 次多项式时,可以证明:若 b 不是特征根,则非齐次差分方程式(7-1)有形如 $b^k q_m(k)$ 的特解,$q_m(k)$ 也是 k 的 m 次多项式;若 b 是 r 重特征根,则非齐次差分方程式(7-1)有形如 $b^k k^r q_m(k)$ 的特解。进而可利用待定系数法求出 $q_m(k)$,从而得到非齐次差分方程式(7-1)的一个特解 x_k^*。

例 7.2 求差分方程 $x_{k+1} - x_k = 5 + 3k$ 的通解。

解 特征方程为 $\lambda - 1 = 0$,特征根 $\lambda = 1$。齐次差分方程的通解为 $x_k = c$。

由于 $f(k) = 5 + 3k = b^k p_1(k)$,其中 $p_1(k) = 5 + 3k$,$b = 1$ 是特征根,因此非齐次差分方程的特解为

$$x_k^* = k(b_0 + b_1 k)$$

将其代入已知差分方程,得

$$(k+1)[b_0 + b_1(k+1)] - k(b_0 + b_1 k) = 5 + 3k$$

即 $(b_0 + b_1) + 2b_1 k = 5 + 3k$。

比较该等式两端关于 k 的同次幂的系数,可解得

$$b_1 = \frac{3}{2}, \quad b_0 = \frac{7}{2}$$

故

$$x_k^* = \frac{7}{2}k + \frac{3}{2}k^2$$

于是,所求通解为

$$x_k = c + \frac{7}{2}k + \frac{3}{2}k^2 \quad (c \text{ 为任意常数})$$

7.1.4 差分方程的递推解法

差分方程有时可表示为递推形式,由已知数据,只需按照递推形式即可求解。

例 7.3 某人从银行贷款购房,若他今年初贷款 100 万元,月利率 0.45%,他每月还款 6000 元,建立差分方程计算他每年末欠银行多少贷款,多长时间能还清贷款。

解 记第 k 个月末他欠银行的贷款为 $x(k)$,月利率 $r = 0.45\%$,则第 $k+1$ 个月末欠银行的贷款为

$$x(k+1) = (1+r)x(k) - 6000, \quad k = 0, 1, \cdots$$

Python 程序求解如下。

```
# Python 程序
```

```
x0 = 1000000; r = 0.0045; N = 400; n = 0; xm = 6000
x1 = x0 * (1 + r) - xm
while n <= N and x1 > 0:
    n += 1;
    if n % 12 == 0: print("第 %d 个月末欠钱:x( %d) = %.4f" % (n,n,x1))
    x0 = x1; x1 = x0 * (1 + r) - xm
print("还款月数 n = ",n + 1)
print("还款 %d 年 %d 个月" % ((n + 1)//12,n + 1 - 12 * ((n + 1)//12)))
```

运行结果为

第 12 个月末欠钱:x(12) = 981547.7493
第 24 个月末欠钱:x(24) = 962074.0420
第 36 个月末欠钱:x(36) = 941522.3335
第 48 个月末欠钱:x(48) = 919832.9492
第 60 个月末欠钱:x(60) = 896942.9110
第 72 个月末欠钱:x(72) = 872785.7547
第 84 个月末欠钱:x(84) = 847291.3366
第 96 个月末欠钱:x(96) = 820385.6303
第 108 个月末欠钱:x(108) = 791990.5116
第 120 个月末欠钱:x(120) = 762023.5313
第 132 个月末欠钱:x(132) = 730397.6763
第 144 个月末欠钱:x(144) = 697021.1167
第 156 个月末欠钱:x(156) = 661796.9391
第 168 个月末欠钱:x(168) = 624622.8655
第 180 个月末欠钱:x(180) = 585390.9559
第 192 个月末欠钱:x(192) = 543987.2953
第 204 个月末欠钱:x(204) = 500291.6625
第 216 个月末欠钱:x(216) = 454177.1813
第 228 个月末欠钱:x(228) = 405509.9523
第 240 个月末欠钱:x(240) = 354148.6635
第 252 个月末欠钱:x(252) = 299944.1806
第 264 个月末欠钱:x(264) = 242739.1137
第 276 个月末欠钱:x(276) = 182367.3600
第 288 个月末欠钱:x(288) = 118653.6221
第 300 个月末欠钱:x(300) = 51412.8986
还款月数 n = 309
还款 25 年 9 个月

利用 Python 求得需要 309 个月,即 25 年 9 个月还清银行的贷款。每年末欠银行的贷款见上述程序运行结果。

7.1.5 差分方程的平衡点及稳定性

1. 一阶线性常系数差分方程的平衡点及稳定性
考虑一阶线性常系数差分方程,一般形式为

$$y_{k+1} + ay_k = b, \quad k = 0,1,2,\cdots \tag{7-4}$$

其中,a、b 为常数。

称 y^* 为方程式(7-4)的平衡点,满足 $y^* + ay^* = b$,即 $y^* = \dfrac{b}{1+a}$。

当 $k \to \infty$ 时,若 $y_k \to y^*$,则平衡点 y^* 是稳定的,否则 y^* 是不稳定的。

为了理解平衡点的稳定性,可以用变量代换方法将方程式(7-4)的平衡点的稳定性问题转换为

$$y_{k+1} + ay_k = 0, \quad k = 0, 1, 2, \cdots \tag{7-5}$$

的平衡点 $y^* = 0$ 的稳定性问题。而对于方程式(7-5),其解可由递推公式直接给出

$$y_k = (-a)^k y_0, \quad k = 1, 2, 3, \cdots$$

所以,当且仅当 $|a| < 1$ 时,方程式(7-5)的平衡点(方程式(7-4)的平衡点)是稳定的。

2. 一阶线性常系数差分方程组的平衡点及稳定性

对于 n 维向量 $\mathbf{y}(k)$ 和 $n \times n$ 阶常数矩阵 $\mathbf{A}$ 构成的一阶线性常系数齐次差分方程组

$$\mathbf{y}(k+1) + \mathbf{A}\mathbf{y}(k) = \mathbf{0}, \quad k = 0, 1, 2, \cdots \tag{7-6}$$

其平衡点 $\mathbf{y}^* = \mathbf{0}$ 稳定的条件是 $\mathbf{A}$ 的所有特征根均有 $|\lambda_i| < 1 (i = 1, 2, \cdots, n)$,即均在复平面上的单位圆内。

对于 n 维向量 $\mathbf{y}(k)$ 和 $n \times n$ 阶常数矩阵 $\mathbf{A}$ 构成的一阶线性常系数非齐次差分方程组

$$\mathbf{y}(k+1) + \mathbf{A}\mathbf{y}(k) = \mathbf{B}, \quad k = 0, 1, 2, \cdots$$

其平衡点为 $\mathbf{y}^* = (\mathbf{E} + \mathbf{A})^{-1}\mathbf{B}$,其中 $\mathbf{E}$ 为 n 阶单位方阵。其稳定性条件与齐次方程式(7-6)相同,即 $\mathbf{A}$ 的所有特征根均满足 $|\lambda_i| < 1 (i = 1, 2, \cdots, n)$。

3. 二阶线性常系数差分方程的平衡点及稳定性

考察二阶线性常系数齐次差分方程

$$y_{k+2} + a_1 y_{k+1} + a_2 y_k = 0 \tag{7-7}$$

的平衡点的稳定性。

方程式(7-7)的特征方程为

$$\lambda^2 + a_1 \lambda + a_2 = 0$$

记它的特征根为 λ_1、λ_2,则方程式(7-7)的通解可表示为

$$y_k = c_1 \lambda_1^k + c_2 \lambda_2^k \tag{7-8}$$

其中,c_1、c_2 为待定常数,由两个初始条件的值确定。

由式(7-8)易得,当且仅当

$$|\lambda_1| < 1, \quad |\lambda_2| < 1$$

时,方程式(7-7)的平衡点是稳定的。

与一阶线性常系数齐次差分方程一样,二阶线性常系数非齐次差分方程

$$y_{k+2} + a_1 y_{k+1} + a_2 y_k = b$$

的平衡点的稳定性条件和方程式(7-7)相同。

上述结果可以推广到 n 阶线性常系数差分方程的平衡点及其稳定性问题,即平衡点稳定的充要条件是其特征方程的根 λ_i 均有 $|\lambda_i| < 1 (i = 1, 2, \cdots, n)$。

4. 一阶非线性差分方程的平衡点及稳定性

考察一阶非线性差分方程

$$y_k = f(y_k) \tag{7-9}$$

其中，$f(y_k)$ 为已知函数，其平衡点 y^* 由代数方程 $y^* = f(y^*)$ 解出。

现分析 y^* 的稳定性。将方程式(7-9)的右端在 y^* 点作泰勒多项式展开，取到一阶导数项，则上式可近似为

$$y_{k+1} \approx f(y^*) + f'(y^*)(y_k - y^*) \tag{7-10}$$

因此，y^* 也是近似齐次线性差分方程式(7-10)的平衡点。从而由一阶齐次线性差分方程的平衡点稳定性理论可知，y^* 稳定的充要条件为 $|f'(y^*)| < 1$。

7.2 差分方程建模案例

例7.4 贷款问题。

在现实生活中，经常会遇到贷款问题，如购房、买车、投资等，如何根据自身偿还能力，确定合适的贷款额度及偿还期限，是每个借贷人应考虑的现实问题。

假定某消费者购房需贷款 60 万元，期限为 30 年，已知贷款年利率为 4.3%，采用固定额度还款方式，问每月应还款额是多少？

解

1）问题分析

$$当月欠款 = 上月欠款的当月本息 - 当月还款$$

2）基本假设

假定在还款期限内，利率保持不变。

3）模型建立

记 y_n 为第 n 个月的欠款总额（单位：元）；r 为月利率，$r = \dfrac{0.043}{12} \times 100\% = 0.36\%$；$x$ 为当月还款额度（单位：元）；N 为还款期限，$N = 12 \times 30 = 360$（月）；Q 为贷款总额（单位：元）。则数学模型为

$$\begin{cases} y_n = (1+r)y_{n-1} - x, & n = 1, 2, \cdots, N \\ y_0 = Q \end{cases} \tag{7-11}$$

4）模型求解

由式(7-11)，通过递推方法求得

$$\begin{aligned} y_n &= (1+r)y_{n-1} - x \\ &= (1+r)\big[(1+r)y_{n-2} - x\big] - x \\ &= \cdots \\ &= (1+r)^n y_0 - x\big[1 + (1+r) + (1+r)^2 + \cdots + (1+r)^{n-1}\big] \\ &= (1+r)^n y_0 - x\,\frac{(1+r)^n - 1}{r} \end{aligned}$$

每月应还款的确定：由到期应全部还清的条件，即

$$y_N = y_{360} = 0$$

$$0 = y_N = (1+r)^N Q - x\frac{(1+r)^N - 1}{r}$$

解得

$$x = \frac{(1+r)^N Qr}{(1+r)^N - 1} = \frac{(1+0.0036)^{360} \times 600000 \times 0.0036}{(1+0.0036)^{360} - 1} = 2976.279168(元)$$

到期后累计还款额度为 $2976.279168 \times 360 = 1071460.501$ 元。

应用 MATLAB 程序计算如下。

```
clc, clear, format long g
Q = 600000; r = 0.043 /12; N = 360;
x = round((1+r)^N * Q * r/((1+r)^N-1), 2)
s = x * N % 总还款额
```

例 7.5 水产养殖种群增长问题。

某水产养殖场投放种苗,养殖的该水产物每 100 天其个头达到投放市场的要求即可进行售卖,表 7-1 的数据为每 100 天统计该水产物种群符合市场要求的数量,请建立数学模型,模拟水产物种群的增长过程。

表 7-1 养殖场水产种群数计数

时间/百天	0	1	2	3	4	5	6	7
可售卖水产物数量	24	32	52	83	125	176	236	301
时间/百天	8	9	10	11	12	13	14	15
可售卖水产物数量	370	440	507	567	615	646	656	638

解

1）问题分析

以 $\Delta t = 100$ 天作为一个时间间隔步长,记 x_k 为 $t = k$ 时的可售卖水产物数量,考察从 $t = k$ 到 $t = k+1$ 时段内可售卖水产物变化量。若假设该养殖场的水产物种群增长服从 Logistic 规律,则可建立如下所示的差分方程模型

$$x_{k+1} - x_k = r(1 - sx_k)x_k\Delta t$$

其中,r 为水产物种群的固有增长率,s 为阻滞系数。

2）模型建立

建立如下的差分方程模型

$$\begin{cases} x_{k+1} = (1 + 100r - 100srx_k)x_k = \alpha x_k + \beta x_k^2, k = 0, 1, \cdots, 15 \\ x_0 = 23 \end{cases} \tag{7-12}$$

其中,$\alpha = 1 + 100r, \beta = -100rs < 0$。

3）模型分析

上述模型是一个非线性一阶差分方程。使用线性最小二乘法拟合模型式(7-12)中的未知参数 α 和 β。记已知的 16 个可售卖水产物数据分别为 $x_k(k = 0, 1, \cdots, 15)$,用 $k = 0$,

$1, \cdots, 15$ 分别表示从初始开始的每个 100 天。把已知的 16 个数据代入式(7-12)中的第一式,得到关于 α、β 的超定线性方程组

$$\begin{bmatrix} x_0 & x_0^2 \\ x_1 & x_1^2 \\ \vdots & \vdots \\ x_{15} & x_{15}^2 \end{bmatrix} \begin{bmatrix} \alpha \\ \beta \end{bmatrix} = \begin{bmatrix} x_1 \\ x_2 \\ \vdots \\ x_{15} \end{bmatrix}$$

解得 α、β 的最小二乘估计值为

$$\hat{\alpha} = 1.468, \quad \hat{\beta} = -0.00071$$

4) 模型求解

采用 Python 程序来实现上述求解。

为避免手动输入数据,提高代码输入效率,将题目中的数据复制到 Excel 中,并通过行列转置,处理成如表 7-2 所示数据,并保存为文件 eg7-5.xlsx。

表 7-2　数据表格

百　　天	数　　量
0	24
1	32
2	52
3	83
4	125
5	176
6	236
7	301
8	370
9	440
10	507
11	567
12	615
13	646
14	656
15	638

```
# Python 程序
import numpy as np
import pandas as pd
import matplotlib.pyplot as plt
plt.rc('font', family = 'SimSun')
df = pd.read_excel("eg7 - 5.xlsx")
data = df['数量'].values
plt.plot(np.arange(0, len(data)), data, 's')
plt.xlabel('百天')
```

```
plt.ylabel('数量')
plt.show()
```

运行程序得原始数据散点图如图 7-1 所示。

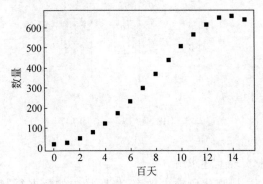

图 7-1   可售卖水产物散点图

继续编写程序如下。

```
B = np.c_[data[:-1],data[:-1]**2]
C = data[1:]
x = np.linalg.pinv(B).dot(C)
alpha = x[0]
beta = x[1]
print(f"参数 alpha 的拟合值分别:{x[0]}")
print(f"参数 beta 的拟合值分别:{x[1]}")
```

执行此段程序,得到如下结果。

参数 alpha 的拟合值为: 1.4680966398161548

参数 beta 的拟合值为: -0.0007095508306173748

即为两个参数 α、β 的估计值。继续编写如下程序。

```
Xk = np.zeros(len(data))
Xk[0] = data[0]
for i in range(len(data)-1):
    Xk[i+1] = alpha * Xk[i] + beta * Xk[i] * Xk[i]
plt.plot(np.arange(len(data)),data,'s')
plt.plot(np.arange(len(data)), Xk,'3-')
plt.legend(("可售卖水产物数量","模型预测数量"))
plt.xlabel('百天')
plt.ylabel('数量')
plt.show()
```

运行程序得观察值与预测值曲线如图 7-2 所示。

下面看一下预测模型的精度。

```
rela_err = np.abs((Xk-data)/data);
print("所有水产物数量预测的相对误差",rela_err)
print("最大相对误差:",rela_err.max())
print("平均相对误差:",rela_err.mean())
```

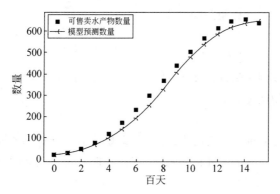

图 7-2 观察值和预测值对比

执行程序,输出结果如下。

所有水产物数量预测的相对误差

[0.   0.0434647 0.05431548 0.15663821 0.20859863 0.22024593
0.19951855 0.16591458 0.12471288 0.08856243 0.06197725 0.05129475
0.04929601 0.04767703 0.03257776 0.01241737]
最大相对误差: 0.22024593344244472
平均相对误差: 0.09482572283640664

通过结果可以看出,预测模型的最大误差为 22% 左右,精度一般,但平均相对误差为
9.5%,总体而言,模型的精度极好。预测情况总结如表 7-3 所示。

表 7-3 模型预测情况总结

百　　天	可售卖数	预　测　值	相 对 误 差
0	24		
1	32	33.39	0.0434647
2	52	48.23	0.0543155
3	83	69.16	0.1566382
4	125	98.13	0.2085986
5	176	137.24	0.2202459
6	236	188.11	0.1995186
7	301	251.06	0.1659146
8	370	323.86	0.1247129
9	440	401.03	0.0885624
10	507	474.64	0.0619773
11	567	536.97	0.0512948
12	615	583.73	0.049296
13	646	615.20	0.047677
14	656	634.63	0.0325778
15	638	645.92	0.0124174

例 7.6 （续例 6.10）目标跟踪问题。

解

1）问题分析

将导弹与乙舰看作两个运动的质点 $P(x(t),y(t))$ 和 $Q(\tilde{x}(t),\tilde{y}(t))$，则该问题就变成两个质点随时间的运动问题。

2）基本假设

（1）忽略潮流对两个质点运动的阻尼作用，即始终假定导弹和乙舰以恒定速度运动。

（2）导弹运动方向自始至终都指向乙舰，即任意时刻导弹运动轨迹曲线的切线与 P、Q 两点之间的割线重合。

3）模型建立

把时间等间距离散化为一系列时刻

$$t_0 < t_1 < t_2 < \cdots < t_k < \cdots$$

其中，$\Delta t = t_{k+1} - t_k$ 为等时间步长。

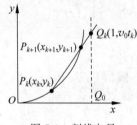

图 7-3　割线向量

记 u 为导弹运行的速度，则 $u = 5v_0$。进一步地，记 $P_k(x_k,y_k)$ 为质点 P 在 $t = t_k$ 时刻的位置，则 Q 点位置是 $Q_k(1,v_0 t_k)$，如图 7-3 所示，从点 P_k 到 Q_k 构成的割线向量为 $\overrightarrow{P_kQ_k} = (1 - x_k, v_0 t_k - y_k)$，其中 $x_k = x(t_k)$，$y_k = y(t_k)$。

由基本假设（2）可知，P 点的运动方向始终指向 Q，故向量 $\overrightarrow{P_kQ_k}$ 的方向就是导弹在 $t = t_k$ 时刻运动的方向，其方向向量可表示为单位向量（方向余弦）

$$\boldsymbol{e}^{(k)} = (e_1^{(k)}, e_2^{(k)}) = \frac{\overrightarrow{P_kQ_k}}{\|\overrightarrow{P_kQ_k}\|}$$

其中

$$\|\overrightarrow{P_kQ_k}\| = \sqrt{(1 - x_k)^2 + (v_0 t_k - y_k)^2}$$

$$e_1^{(k)} = \frac{1 - x_k}{\sqrt{(1 - x_k)^2 + (v_0 t_k - y_k)^2}}$$

$$e_2^{(k)} = \frac{v_0 t_k - y_k}{\sqrt{(1 - x_k)^2 + (v_0 t_k - y_k)^2}}$$

以时间从 t_k 到 t_{k+1} 作为一个微元，当运动时间从 t_k 变为 t_{k+1} 时，在这个微小的时间单元内，假定导弹质点的运动方向不变，则在 $t = t_{k+1} = t_0 + (k+1)\Delta t$ 时刻，P 点的位置为 $P_{k+1}(x_{k+1}, y_{k+1})$，满足

$$\begin{cases} x_{k+1} = x_k + ue_1^{(k)}\Delta t \\ y_{k+1} = y_k + ue_2^{(k)}\Delta t \\ x_0 = 0, y_0 = 0 \end{cases}$$

其中，$u=5v_0$ 是导弹的运行速度，$ue_1^{(k)}$ 为导弹的速度矢量在 x 轴方向的投影分量，$ue_2^{(k)}$ 为导弹的速度矢量在 y 轴方向的投影分量，x_0、y_0 为导弹的初始位置。

这是一个关于参变量（时间 Δt）的差分方程组，令 $k=0,1,2,\cdots$，即可求出在一系列离散时间点上的导弹位置。

4）模型求解

取 $v_0=1,\Delta t=0.00005$，计算结果如图 7-4 所示，即乙舰大约行驶到 0.2084 时刻被击中。

程序如下。

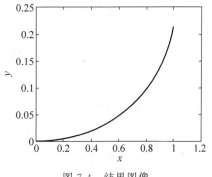

图 7-4　结果图像

```
clc, clear
v = 1; u = 5 * v; h = 0.00005
x = 0; y = 0; t = 0; % 设置导弹初始位置和时间
plot(x, y, '.'), hold on
while x <= 0.99999
    pq = [1-x, v*t-y];
    x = x + u * pq(1)/norm(pq) * h;
    y = y + u * pq(2)/norm(pq) * h;
    t = t + h; plot(x, y, '.')
end
x, y % 显示击中时的导弹位置
xlabel('x')
ylabel('y')
```

例 7.7 商品销售量预测。

某商品前 5 年的销售量见表 7-4。现根据前 5 年的统计数据预测第 6 年起该商品在各季度中的销售量。

表 7-4　前 5 年的销售量

	第 1 年	第 2 年	第 3 年	第 4 年	第 5 年
第一季度	11	12	13	15	16
第二季度	16	18	20	24	25
第三季度	25	26	27	30	32
第四季度	12	14	15	15	17

解 从表 7-4 可以看出，该商品在前 5 年相同季节里的销售量呈增长趋势，而在同一年中销售量先增后减，第一季度的销售量最小，而第三季度的销售量最大。预测该商品以后的销售情况，根据本例中数据的特征，可以用回归分析方法按季度建立四个经验公式，分别用来预测以后各年同一季度的销售量。例如，若认为第一季度的销售量大体按线性增长，可设销售量为 $y_t^{(1)}=at+b$。

MATLAB 程序如下。

```
x = [[1:5]',ones(5,1)];
y = [11 12 13 15 16]';
z = x\y
```

求得 $a = z(1) = 1.3, b = z(2) = 9.5$。

根据 $y_t^{(1)} = 1.3t + 9.5$，预测第 6 年起第一季度的销售量为 $y_6^{(1)} = 17.3, y_7^{(1)} = 18.6, \cdots$。由于数据少，用回归分析效果不一定好。

若认为销售量并非逐年等量增长而是按前一年或前几年同期销售量的一定比例增长的，则可建立相应的差分方程模型。仍以第一季度为例，以 y_t 表示第 t 年第一季度的销售量，建立差分公式 $y_t = a_1 y_{t-1} + a_2$，或 $y_t = a_1 y_{t-1} + a_2 y_{t-2} + a_3$ 等。

上述差分方程中的系数不一定能使所有统计数据吻合，较为合理的办法是用最小二乘法求一组总体吻合较好的数据。以建立二阶差分方程 $y_t = a_1 y_{t-1} + a_2 y_{t-2} + a_3$ 为例，选取 a_1，a_2, a_3 使得对于已知观测数据 $y_t (t = 1, 2, 3, 4, 5)$，$\sum_{t=3}^{5} [y_t - (a_1 y_{t-1} + a_2 y_{t-2} + a_3)]^2$ 达到最小。

MATLAB 程序如下。

```
y0 = [11 12 13 15 16]';
y = y0(3:5);x = [y0(2:4),y0(1:3),ones(3,1)];
z = x\y
```

求得 $a_1 = z(1) = -1, a_2 = z(2) = 3, a_3 = z(3) = -8$。

即所求二阶差分方程为

$$y_t = -y_{t-1} + 3y_{t-2} - 8$$

这一差分方程恰好使所有统计数据吻合。根据这一方程，可迭代求出以后各年第一季度销售量的预测值 $y_6 = 21, y_7 = 19, \cdots$。

上述为预测各年第一季度销售量而建立的二阶差分方程，虽然其系数与前 5 年第一季度的统计数据完全吻合，但用于预测时预测值与事实不符。凭直觉，第 6 年估计值明显偏高，第 7 年销售量预测值甚至小于第 6 年。稍作分析，不难看出，如分别对每一季度建立一个差分方程，则根据统计数据拟合出的系数可能会相差甚大，但对于同一种商品，这种差异应当是微小的，故应根据统计数据建立一个共用于各个季度的差分方程。

为此，将季度编号为 $t = 1, 2, \cdots, 20$，令 $y_t = a_1 y_{t-4} + a_2$ 或 $y_t = a_1 y_{t-4} + a_2 y_{t-8} + a_3$ 等，利用全体数据来拟合，求拟合得最优的系数。

以二阶差分方程为例，求 a_1, a_2, a_3 使得

$$Q(a_1, a_2, a_3) = \sum_{t=9}^{20} [y_t - (a_1 y_{t-4} + a_2 y_{t-8} + a_3)]^2$$

达到最小。

计算得 $a_1 = z(1) = 0.8737, a_2 = z(2) = 0.1941, a_3 = z(3) = 0.6957$，故求得二阶差分方程为

$$y_t = 0.8737y_{t-4} + 0.1941y_{t-8} + 0.6957$$

根据此式迭代，可求得第 6 年和第 7 年第一季度销售量的预测值为

$$y_{21} = 17.5869, \quad y_{25} = 19.1676$$

还是较为可信的。

MATLAB 程序如下。

```
y0 = [11 16 25 12 12 18 26 14 13 20 27 15 15 24 30 15 16 25 32 17]';
y = y0(9:20); x = [y0(5:16),y0(1:12),ones(12,1)];
z = x\y
for t = 21:25
    y0(t) = z(1) * y0(t-4) + z(2) * y0(t-8) + z(3);
end
yhat = y0([21,25])    % 提取 t = 21,25 时的预测值
```

例 7.8 养老保险。

某保险公司的一份材料指出,在每月交费 200 元至 59 岁年底,60 岁开始领取养老金的约定下,男子若 25 岁起投保,届时月养老金 2500 元;假定人的寿命为 75 岁,试求出保险公司为了兑现保险责任,每月至少应有多少投资收益率?

解 设 r 表示保险金的投资收益率,缴费期间月缴费额为 p 元,领养老金期间月领取额为 q 元,缴费的月数为 N,投保后到 75 岁的月数为 M,投保人在投保后第 k 个月所交保险费及收益的累计总额为 F_k,那么容易得到数学模型为分段表示的差分方程

$$F_{k+1} = F_k(1+r) + p, k = 0,1,\cdots,N-1$$

$$F_{k+1} = F_k(1+r) - q, k = N,N+1,\cdots,M-1$$

其中,$p = 200, q = 2500, N = 420, M = 600$。可推出差分方程的解(这里 $F_0 = F_M = 0$)

$$F_k = [(1+r)^k - 1]\frac{p}{r}, \quad k = 0,1,2,\cdots,N \tag{7-13}$$

$$F_k = \frac{q}{r}[1-(1+r)^{k-M}], \quad k = N+1,\cdots,M \tag{7-14}$$

由式(7-13)和式(7-14)得

$$F_N = [(1+r)^N - 1]\frac{p}{r}$$

$$F_{N+1} = \frac{q}{r}[1-(1+r)^{N+1-M}]$$

由于 $F_{N+1} = F_N(1+r) - q$,可以得到如下的方程

$$\frac{q}{r}[1-(1+r)^{N+1-M}] = [(1+r)^N - 1]\frac{p}{r}(1+r) - q$$

化简得

$$(1+r)^M - \left(1+\frac{q}{p}\right)(1+r)^{M-N} + \frac{q}{p} = 0$$

记 $x = 1+r$,代入数据得

$$x^{600} - 13.5x^{180} + 12.5 = 0$$

利用 MATLAB 程序,求得 $x = 1.0051$,因而投资收益率 $r = 0.49\%$。程序如下。

```
clc, clear
```

```
M = 600; N = 420; p = 200; q = 2500;
eq = @(x) x^M - (1 + q/p) * x^(M - N) + q/p;
x = fzero(eq,[1.0001,1.5])
```

例 7.9 最优捕鱼策略(本题选自 1996 年全国大学生数学建模竞赛 A 题)。

生态学表明,对可再生资源的开发策略应在可持续收获的前提下追求最大经济效益。考虑具有 4 个年龄组(1 龄鱼、2 龄鱼、3 龄鱼和 4 龄鱼)的某种鱼。该鱼类在每年后 4 个月季节性集中产卵繁殖。而按规定,捕捞作业只允许在前 8 个月进行,每年投入的捕捞能力固定不变,单位时间捕捞量与各年龄组鱼群条数的比例称为捕捞强度系数。使用只能捕捞 3、4 龄鱼的 13mm 网眼的拉网,其两个捕捞强度系数比为 0.5∶1。

渔业上称这种捕捞方式为固定努力量捕捞。鱼群本身有如下数据。

(1) 各年龄组鱼的自然死亡率为 0.7(1/年),其平均质量(单位: g)分别为 5,12,18,24。

(2) 1 龄鱼和 2 龄鱼不产卵。产卵期间,平均每条 4 龄鱼产卵量为 1.109×10^5(个),3 龄鱼为其一半。

(3) 卵孵化的成活率为 $1.22 \times 10^{11}/(1.22 \times 10^{11} + n)$($n$ 为产卵总量)。

要求通过建模回答如何才能实现可持续捕捞(每年开始捕捞时渔场中各年龄组鱼群不变),并在此前提下得到最高收获量。

解

1) 问题分析

这是一个分年龄结构的种群预测问题,因此以一年为一个考察周期,研究各年龄组种群的年内变化。在一个研究周期内,依据条件,1 龄鱼和 2 龄鱼没有捕捞,只有自然死亡;3 龄鱼与 4 龄鱼的变化受两个因素制约,即自然死亡和被捕捞。如把当年内剩余的 3 龄鱼与 4 龄鱼产卵孵化后成活的鱼群视为 0 龄鱼,则下一个年度自然转换为 1 龄鱼。

2) 基本假设

(1) 把渔场看作一个封闭的生态系统,只考虑鱼群的捕捞与自然繁殖的变化,忽略种群的迁移。

(2) 各年龄的鱼群全年任何时候都会发生自然死亡,死亡率相同。

(3) 捕捞作业集中在前 8 个月,产卵孵化过程集中在后 4 个月完成,不妨假设产卵集中在 9 月初集中完成,其后时间为自然孵化过程。成活的幼鱼在下一年度初自然转换为 1 龄鱼,其他各龄鱼未被捕捞和自然死亡的,下一年度初自然转换为高一级龄鱼。

(4) 考虑到鱼群死亡率较高,不妨假定 4 龄以上的鱼全部自然死亡,即该类种群的自然寿命为 4 龄。

3) 主要符号

记第 t 年年初各龄鱼的鱼群数量构成的鱼群向量为

$$\boldsymbol{x}(t) = [x_1(t), x_2(t), x_3(t), x_4(t)]^{\mathrm{T}}$$

进一步地,记 d 为年自然死亡率,c 为年自然存活率,由已知 $d = 0.7$(1/年),$c = 1 - d = 0.3$(1/年)。α 为鱼群的月自然死亡率,则利用复利计算的思想和已知条件,有 $(1-\alpha)^{12} =$

$1-0.7=0.3$，求解上式得 $\alpha=0.0955$。

k_3、k_4 为单位时间内 3 龄鱼和 4 龄鱼的捕捞强度系数，由已知 $k_3:k_4=0.5:1$，即 $k_3=0.5k_4$。为方便起见，记 $k_4=k$，则 $k_3=0.5k$。

β 为卵孵化成活率，由已知条件，$\beta=1.22\times10^{11}/(1.22\times10^{11}+n)$，$n$ 为产卵总量（单位：个）。

m 为 4 龄鱼的平均产卵量，$m=1.109\times10^5$（个），3 龄鱼为其一半。

$w=[w_1,w_2,w_3,w_4]^{\mathrm{T}}$ 为各龄组鱼群的平均质量向量（单位：g），即
$$w=[5,12,18,24]^{\mathrm{T}}$$

4）模型建立

以 1 年为一个研究周期，以 1 个月为一个离散时间单位，即 $\Delta t=1/12$，则当月月末种群数量等于下月初的种群数量，而当年年底剩余的 i 龄鱼的数量等于下年度年初 $i+1$ 龄鱼的种群数量。

（1）对 1 龄鱼和 2 龄鱼而言，其种群年内变化只受自然死亡影响，至年底剩余量全部转换为下年初的 2 龄鱼和 3 龄鱼，于是有
$$\begin{cases}x_2(t+1)=(1-\alpha)^{12}x_1(t)\\[2mm]x_3(t+1)=(1-\alpha)^{12}x_2(t)\end{cases}$$

（2）对 3 龄鱼和 4 龄鱼而言，由于该种群在每年的前 8 个月为捕捞期，而后 4 个月为产卵孵化期，因此整个种群数量变化的研究应分为两个阶段。

① 第一阶段：捕捞期。

$i(i=3,4)$ 龄鱼在当年前 8 个月的存活率分别为
$$\text{一个月存活率 }(1-\alpha-k_i)$$
$$\text{二个月存活率 }(1-\alpha-k_i)^2$$
$$\cdots\cdots$$
$$\text{八个月存活率 }(1-\alpha-k_i)^8$$

在固定努力量捕捞的生产策略下，累计捕捞量（质量）为
$$z=\sum_{j=1}^{8}k_3(1-\alpha-k_3)^{j-1}x_3(t)w_3+\sum_{j=1}^{8}k_4(1-\alpha-k_4)^{j-1}x_4(t)w_4$$
$$=\frac{k_3w_3[1-(1-\alpha-k_3)^8]}{\alpha+k_3}x_3(t)+\frac{k_4w_4[1-(1-\alpha-k_4)^8]}{\alpha+k_4}x_4(t)$$

② 第二阶段：产卵孵化期。

9 月到 12 月为产卵孵化期，不妨假定 8 月底剩余下来的 3 龄鱼和 4 龄鱼在 9 月初集中产卵。则由假设，产卵总量为
$$n=\frac{m}{2}(1-\alpha-k_3)^8x_3(t)+m(1-\alpha-k_4)^8x_4(t) \tag{7-15}$$

由已知条件，卵孵化成活的总量为 βn，转至下年初全部变为 1 龄鱼，因此有

$$x_1(t+1) = \beta n = \beta \frac{m}{2}(1-\alpha-k_3)^8 x_3(t) + \beta m(1-\alpha-k_4)^8 x_4(t) \tag{7-16}$$

在后 4 个月,3 龄鱼和 4 龄鱼的种群数量变化只有自然死亡,根据假设,至年末剩余下来的 3 龄鱼全部转换为下年初的 4 龄鱼,而剩余下来的 4 龄鱼至年底则全部死亡,因此

$$x_4(t+1) = (1-\alpha-k_3)^8(1-\alpha)^4 x_3(t) \tag{7-17}$$

联立式(7-15)~式(7-17),可得该种群问题的差分方程组模型为

$$\begin{cases} x_1(t+1) = \beta n = \beta \frac{m}{2}(1-\alpha-k_3)^8 x_3(t) + \beta m(1-\alpha-k_4)^8 x_4(t) \\ x_2(t+1) = (1-\alpha)^{12} x_1(t) \\ x_3(t+1) = (1-\alpha)^{12} x_2(t) \\ x_4(t+1) = (1-\alpha-k_3)^8(1-\alpha)^4 x_3(t) \end{cases} \tag{7-18}$$

若记

$$\boldsymbol{P} = \begin{bmatrix} 0 & 0 & \dfrac{\beta m}{2}(1-\alpha-k_3)^8 & \beta m(1-\alpha-k_4)^8 \\ (1-\alpha)^{12} & 0 & 0 & 0 \\ 0 & (1-\alpha)^{12} & 0 & 0 \\ 0 & 0 & (1-\alpha-k_3)^8(1-\alpha)^4 & 0 \end{bmatrix}$$

于是差分方程组式(7-18)可以改写成如下矩阵形式

$$\boldsymbol{X}(t+1) = \boldsymbol{P}\boldsymbol{X}(t) \tag{7-19}$$

所谓可持续捕获策略,就是在每年的年初渔场的种群数量基本不变,也就是求差分方程组式(7-19)的平衡解 $\boldsymbol{x}^* = [x_1^*, x_2^*, x_3^*, x_4^*]^{\mathrm{T}}$,使得

$$\boldsymbol{X}^* = \boldsymbol{P}\boldsymbol{X}^*$$

综上分析,所研究的渔场追求在经过一定时间的可持续捕捞策略,并且达到稳定的状态下,获得最大生产量。因此,数学模型描述如下。

决策变量:固定努力量,即 k 值。

目标函数:

$$\max z = \frac{0.5kw_3[1-(1-\alpha-0.5k)^8]}{\alpha+0.5k} x_3^* + \frac{kw_4[1-(1-\alpha-k)^8]}{\alpha+k} x_4^* \tag{7-20}$$

约束条件:

$$\boldsymbol{X}^* = \boldsymbol{P}\boldsymbol{X}^* \tag{7-21}$$

5) 模型求解

MATLAB 求解上面非线性规划问题时,局部最优解是不稳定的。下面使用搜索算法求解上述问题。

由差分方程稳定性理论知,差分方程组式(7-19)的平衡解稳定的充要条件为:对 $\boldsymbol{P}$ 的所有特征根 λ_i,有 $|\lambda_i| < 1(i=1,2,3,4)$。

直接求解式(7-21)中 P 的特征值需要利用行列式的概念,实际求解时由于矩阵 P 第一行元素中含有分母 n,而它是包含未知解 x_3^*、x_4^* 的线性组合,因此实施起来有一定困难。这里,采用直接法计算。事实上,由约束条件易知

$$x_4^* = (1-\alpha-0.5k)^8(1-\alpha)^4 x_3^*, \quad x_3^* = (1-\alpha)^{12}x_2^*, \quad x_2^* = (1-\alpha)^{12}x_1^*$$

直接可以推导出

$$x_3^* = (1-\alpha)^{24}x_1^*, \quad x_4^* = (1-\alpha-0.5k)^8(1-\alpha)^{28}x_1^* \tag{7-22}$$

将式(7-22)代入式(7-15)可得

$$n = m(1-\alpha-0.5k)^8(1-\alpha)^{24}\left[\frac{1}{2}+(1-\alpha-k)^8(1-\alpha)^4\right]x_1^* \tag{7-23}$$

将式(7-23)代入 $x_1^* = \dfrac{1.22\times10^{11}}{1.22\times10^{11}+n}n$ 中,整理得

$$x_1^* = 1.22\times10^{11}\left(1-\frac{1}{m(1-\alpha-0.5k)^8(1-\alpha)^{24}\left[\frac{1}{2}+(1-\alpha-k)^8(1-\alpha)^4\right]}\right) \tag{7-24}$$

把式(7-24)代入式(7-22)中,进而再代入目标函数式(7-20)中,即可将目标函数转换为关于变量 k 的非线性表达式。利用 MATLAB 编程,采用遍历方法计算 k 值与 z 值的关系,得最优月捕捞强度系数为:4龄鱼 $k_4=k=0.756$,3龄鱼 $k_3=0.5k=0.378$,在可持续捕捞下,可获得的稳定的最大生产量为 15.2432×10^{10}(g)$=152432$(t),渔场中各年龄组鱼群数为

$$x^* = [1.1786\times10^{11}, 3.5359\times10^{11}, 1.0608\times10^{11}, 4.1953\times10^7]^T$$

由于 $\alpha=0.0955$,用计算机遍历时,k 的取值范围为$[0,0.874]$,步长变化为 0.001。在固定努力量捕捞的生产策略下,累计捕捞量(质量)z 随努力量 k 值变化的趋势如图 7-5 所示。

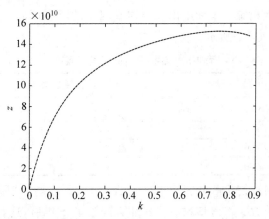

图 7-5 累计捕捞量所努力量 k 的变化趋势

程序如下。

```
clc, clear, close all, format long g;
```

```
a = 1 - 0.3^(1/12); m = 1.109 * 10 ^ 5;
w3 = 18; w4 = 24;
X = []; Z = []; N = []; K = 0:0.001:0.874;
for k = K
    x1 = 1.22 * 10^11 * (1 - 1/(m * (1 - a - 0.5 * k)^8 * (1 - a)^24 * ...
        (1/2 + (1 - a - k)^8 * (1 - a)^4)));
x2 = (1 - a)^12 * x1; x3 = (1 - a)^12 * x2;
x4 = (1 - a - 0.5 * k)^8 * (1 - a)^4 * x3;
X = [X, [x1;x2;x3;x4]];
n = m * (1 - a - 0.5 * k)^8 * (1 - a)^24 * (1/2 + (1 - a - k)^8 * (1 - a)^4) * x1;
N = [N, n];
z = 0.5 * k * w3 * (1 - (1 - a - 0.5 * k)^8)/(a + 0.5 * k) * x3 + ...
    k * w4 * (1 - (1 - a - k)^8)/(a + k) * x4;
    Z = [Z, z];
end
[mz, ind] = max(Z)
k4 = K(ind), k3 = 0.5 * k4 % 最优捕捞强度
xx = X(:,ind) % 各年龄组的鱼群数
plot(K, Z) ; xlabel('k')
ylabel('z')
```

第 7 章习题

1. 常染色体遗传中,后代从每个亲体的基因对中各继承一个基因,形成自己的基因对,基因对也称为基因型。如果所考虑的遗传特征是由两个基因 A 和 a 控制的,那么就有三种基因对,记为 AA、Aa、aa。当一个亲体的基因型为 Aa,而另一个亲体的基因型是 aa 时,那么后代可以从 aa 型中得到基因 a,从 Aa 型中或得到基因 A,或得到基因 a。这样,后代基因型为 Aa 或 aa 的可能性相等。下面给出双亲体基因型的所有可能的结合,以及其后代形成每种基因型的概率,如表 7-5 所示。

表 7-5   父体-母体基因类型概率

后代的基因类型	父体-母体基因类型					
	AA-AA	AA-Aa	AA-aa	Aa-Aa	Aa-aa	aa-aa
AA	1	1/2	0	1/4	0	0
Aa	0	1/2	1	1/2	1/2	0
aa	0	0	0	1/4	1/2	1

农场的植物园中某种植物的基因型为 AA、Aa 和 aa。农场计划采用 AA 型的植物与每种基因型植物相结合的方案培育植物后代。那么经过若干年后,这种植物的任意一代的三种基因型分布如何?

2. (汉诺塔问题)n 个大小不同的圆盘依其半径大小依次套在桩 A 上,大的在下,小的在上。现要将此 n 个盘移到空桩 B 或 C 上,但要求一次只能移动一个盘,且移动过程中始

终保持大盘在下,小盘在上。移动过程中桩 A 也可利用。设移动 n 个盘的次数为 a_n,试建立关于 a_n 的差分方程,并求 a_n 的通项公式。

3. 目前公认的测评体重的标准是联合国世界卫生组织颁布的体重指数(Body Mass Index,BMI),定义 $\mathrm{BMI} = \dfrac{m}{h^2}$ 中 m 为体重(单位:kg),h 为身高(单位:m),具体标准如表 7-6 所示。

表 7-6 体重指数分级标准

分 级 标 准	偏 瘦	正 常	超 重	肥 胖
世界卫生组织标准	<18.5	18.5～24.9	25.0～29.9	≥30.0
我国参考标准	<18.5	18.5～23.9	24.0～27.9	≥28.0

随着生活水平的提高,肥胖人群越来越庞大,于是减肥者不在少数。大量事实说明,大多数减肥药并不能够达到减肥效果,或者即使成功减肥也未必长效。专家建议,只有通过控制饮食和适当运动,才能在不伤害身体的前提下,达到控制体重的目的。现要求建立一个数学模型,并由此通过节食与运动制订合理、有效的减肥计划。

第8章

图与网络模型

图论来源于18世纪的"哥尼斯堡七桥问题",是研究图与网络模型的特点、性质及求解方法的一门学科。其中"图"是指在研究某类具体事物之间关系时描绘的几何形象,即用点表示这些事物,用连接两点的线段或弧表示两事物间的联系。图论提供了一个二元关系的离散系统数学模型。借助快速发展的计算机技术,图论在工业工程、物理化学、交通运输、生物学和心理学等自然科学及社会科学中应用越来越广泛。

图与网络是运筹学中的一个经典分支,与图相关的结构从数学角度上称为网络,与图和网络相关的最优化问题就是网络最优化问题。现实生活中很多重要的问题都可以用最优化来解决,典型的问题有最短路问题、运输问题、指派问题和旅行商问题等。数学上把这类问题称为最优化,它们都是从若干可能的方案中寻求某种目标下的最优安排或方案,同时这些问题也都易于用图形的方式直观地描述和表达。

8.1 图与网络的基本概念

网络一般指赋权图,而图是可以赋权的,因此图与网络二者的概念一般不严格区分。以下对图与网络的基本概念进行介绍。

定义 8-1 (无向图)一个无向图 G 是由一个非空有限集合 $V(G)$ 和 $V(G)$ 中某些元素的无序对集合 $E(G)$ 构成的二元组,记为 $G=(V(G),E(G))$。其中,$V(G)=\{v_1,v_2,\cdots,v_n\}$ 称为图 G 的顶点集(vertex set)或节点集(node set),$V(G)$ 中的每个元素 v_i($i=1,2,\cdots,n$)称为该图的一个顶点(vertex)或节点(node);$E(G)=\{e_1,e_2,\cdots,e_m\}$ 称为图 G 的边集(edge set),$E(G)$ 中的每个元素 e_k($V(G)$ 中某两个元素 v_i 和 v_j 的无序对)记为 $e_k=(v_i,v_j)$ 或 $e_k=v_iv_j=v_jv_i$($k=1,2,\cdots,m$),称为该图的一条从 v_i 到 v_j 的边(edge)。

若边 $e_k=v_iv_j$,则称 v_i 和 v_j 为边 e_k 的端点,并称 v_j 与 v_i 相邻;边 e_k 称为与顶点 v_i 和 v_j 关联。如果某两条边至少有一个公共端点,则称这两条边在图 G 中相邻。端点重合为一点的边称为环(loop)。如果有两条边或多条边的端点是同一对顶点,则称这些边为重边或平行边。不与任何边相关联的顶点称为孤立点。

如果一个图既没有环也没有两条边连接同一对顶点,则称为简单图。

研究的图只有一个时，往往省略图 G 的符号，即 $G=(V(G),E(G))$、$E(G)$ 和 $V(G)$ 简记为 $G=(V,E)$、E 和 V。如果一个图的顶点集和边集都有限，则称为有限图。图 G 的顶点数用符号 $|V|$ 或 $\nu(G)$ 表示，边数用 $|E|$ 或 $\varepsilon(G)$ 表示。

例 8.1 设 $V=\{v_1,v_2,v_3,v_4,v_5\}$，$E=\{e_1,e_2,e_3,e_4,e_5\}$，$e_1=(v_1,v_2)$，$e_2=(v_2,v_3)$，$e_3=(v_2,v_3)$，$e_4=(v_3,v_4)$，$e_5=(v_4,v_4)$，则 $G=(V,E)$ 是一个图，其图形如图 8-1 所示。试指出图 G 中的重边、环和孤立点。

解 边 e_2 和 e_3 为重边，e_5 为环，顶点 v_5 为孤立点。

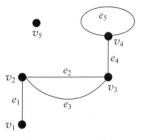

图 8-1 图的示例

定义 8-2 （有向图）一个有向图（directed graph）G 是由一个非空有限集合 V 和 V 中某些元素的有序对集合 A 构成的二元组，记为 $G=(V,A)$。其中，$V=\{v_1,v_2,\cdots,v_n\}$ 称为图 G 的顶点集或节点集，V 中的每个元素 $v_i(i=1,2,\cdots,n)$ 称为该图的一个顶点或节点；$A=\{a_1,a_2,\cdots,a_m\}$ 称为图 G 的弧集，A 中的每个元素 a_k（V 中某两个元素 v_i 和 v_j 的有序对）记为 $a_k=(v_i,v_j)$ 或 $a_k=v_iv_j(k=1,2,\cdots,n)$，称为该图的一条从 v_i 到 v_j 的弧。若弧 $a_k=v_iv_j$，则称 v_i 为 a_k 的尾（tail），v_j 为 a_k 的头，并称弧 a_k 为 v_i 的出弧，也称 v_j 的入弧。

把有向图 $D=(V,A)$ 中所有弧的方向都去掉，得到的边集用 E 表示，就得到与有向图 D 对应的无向图 $G=(V,E)$，称 G 为 D 的基本图，称 D 为 G 的定向图。

定义 8-3 （完全图）每对不同的顶点都有一条边相连的简单图称为完全图（complete graph）。n 个顶点的完全图记为 K_n。

定义 8-4 （二分图）若 $V(G)=X\cup Y$，$X\cap Y=\Phi$，$|X\|Y|\neq 0$（这里 $|X|$ 表示集合 X 中的元素个数），X 中无相邻顶点对，Y 中亦然，则称 G 为二分图（bipartite graph）；特别地，若对任意 $x\in X$，$y\in Y$，有 $xy\in E(G)$，则称 G 为完全二分图，记为 $K_{|X|,|Y|}$。

定义 8-5 （子图）如果 $V(H)\subset V(G)$，$E(H)\subset E(G)$，则图 H 叫作图 G 的子图（subgraph），记作 $H\subset G$。若 H 是 G 的子图，则 G 称为 H 的母图。

定义 8-6 （赋权图）如果图 G 的每条边 e 都附有一个实数 $w(e)$，则称图 G 为赋权图，实数 $w(e)$ 称为边 e 的权。赋权图也称为网络。赋权图中的权可以是距离、费用、成本等。赋权图一般记作 $G=(V,E,W)$，其中 W 为权重的邻接矩阵。

边上赋权的无向图称为无向赋权图或无向网络；如果有向图的每条弧都被赋予权，则称为有向赋权图。

定义 8-7 （顶点的度）设 $v\in V(G)$，G 中与 v 关联的边数（每个环算作两条边）称为 v 的度（degree），记作 $d(v)$。若 $d(v)$ 是奇数，则称 v 是奇顶点（odd point）；若 $d(v)$ 是偶数，则称 v 是偶顶点（even point）。

关于顶点的度，有如下结论。

(1) $\sum_{v\in V}d(v)=2\varepsilon$，即所有顶点的度数之和是边数的 2 倍。

（2）任意一个图的奇顶点的总数是偶数。

定义 8-8 （道路）设 $W = v_0 e_1 v_1 e_2 \cdots e_k v_k$，其中 $e_i \in E(i=1,2,\cdots,k)$，$v_j \in V(j=0,1,\cdots,k)$，$e_i$ 与 v_{i-1} 和 v_i 关联，称 W 是图 G 的一条从 v_0 到 v_k 的道路。

这里的 v_0 为起点，v_k 为终点，k 为路长。各边相异的道路称为迹；各顶点相异的道路称为路径或轨道（path），记为 $P(v_0, v_k)$；起点和终点重合的道路称为回路。

定义 8-9 任意两点均有路径的图称为连通图；起点与终点重合的路径称为圈；连通而无圈的图称为树。

图 8-2 展示了连通图中的圈和树。

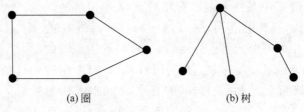

(a) 圈　　　　　　　　(b) 树

图 8-2　圈和树

计算机上表示图与网络的常用方法有邻接矩阵表示法、关联矩阵表示法、弧表表示法、邻接表表示法和星形表示法。简单介绍如下。

1）邻接矩阵表示法

假设简单有向图 $G=(V,A)$ 中顶点 V 用自然数 $1,2,\cdots,n$ 表示，其邻接矩阵 C 是一个 $n \times n$ 的 0-1 矩阵，即

$$C = (c_{ij})_{n \times n} \in \{0,1\}^{n \times n}$$

其中

$$c_{ij} = \begin{cases} 1, & (i,j) \in A \\ 0, & (i,j) \notin A \end{cases}$$

如果两节点之间有一条弧，则邻接矩阵中对应的元素为 1，否则为 0。对于网络中的权，也可以用类似邻接矩阵的 $n \times n$ 阵表示。此时一条弧所对应的元素是相应的权。如果网络中每条弧赋有多种权，则可以用多个矩阵表示这些权。

对无向非赋权图 G，邻接矩阵为 $C=(c_{ij})_{n \times n}$，其中

$$c_{ij} = \begin{cases} 1, & \text{顶点 } i \text{ 与 } j \text{ 相邻} \\ 0, & \text{顶点 } i \text{ 与 } j \text{ 不相邻} \end{cases} \quad i,j=1,2,\cdots,n$$

对无向赋权图 G，邻接矩阵为 $C=(c_{ij})_{n \times n}$，其中

$$c_{ij} = \begin{cases} 1, & \text{顶点 } i \text{ 与 } j \text{ 之间边的权} \\ 0 \text{ 或 } \infty, & \text{顶点 } i \text{ 与 } j \text{ 之间无边} \end{cases} \quad i,j=1,2,\cdots,n$$

例 8.2 一无向非赋权图的邻接矩阵为 A，试作出其图。

$$A = \begin{pmatrix} 0 & 1 & 1 & 0 & 1 \\ 1 & 0 & 1 & 1 & 0 \\ 1 & 1 & 0 & 0 & 1 \\ 0 & 1 & 0 & 0 & 1 \\ 1 & 0 & 1 & 1 & 0 \end{pmatrix}$$

解 Python 代码如下。

```
import networkx as nx
import matplotlib.pyplot as plt
edges = [(1,2),(1,3),(1,5),(2,3),(2,4),(3,5),(4,5)]
G = nx.Graph()
G.add_nodes_from(range(1,6))
G.add_edges_from(edges)
pos = nx.circular_layout(G)
nx.draw(G, pos,with_labels = True, font_weight = 'bold',\
        font_size = 11,font_color = 'w',node_color = 'k')
plt.show()
```

运行结果如图 8-3 所示。

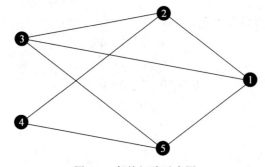

图 8-3 邻接矩阵示意图

例 8.3 一无向赋权图的邻接矩阵为 B ,试作出其图。

$$B = \begin{pmatrix} 0 & 2 & 4 & 0 & 5 \\ 2 & 0 & 3 & 4 & 0 \\ 4 & 3 & 0 & 2 & 6 \\ 0 & 4 & 2 & 0 & 5 \\ 5 & 0 & 6 & 5 & 0 \end{pmatrix}$$

解 Python 代码如下。

```
import networkx as nx
import matplotlib.pyplot as plt
fig,ax = plt.subplots(figsize = (10,6))
edges = [(1,2,2),(1,3,4),(1,5,5),(2,3,3),(2,4,4),(3,4,2),(3,5,6),(4,5,5)]
G = nx.Graph()
G.add_nodes_from(range(1,6))
G.add_weighted_edges_from(edges)
```

```
pos = nx.circular_layout(G)
w = nx.get_edge_attributes(G, 'weight')
nx.draw(G, pos,with_labels = True, font_weight = 'bold',\
        font_size = 11,font_color = 'w',node_color = 'k')
nx.draw_networkx_edge_labels(G,pos,edge_labels = w)
plt.savefig('eg9 - 3.png')
plt.show()
```

运行结果如图 8-4 所示。

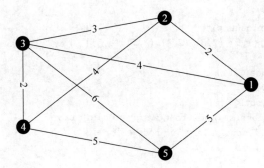

图 8-4　邻接矩阵示意图

例 8.4　一有向图的邻接矩阵为 C，试作出其图。

$$C = \begin{pmatrix} 0 & 1 & 1 & 0 & 0 \\ 0 & 0 & 0 & 1 & 0 \\ 0 & 1 & 0 & 0 & 0 \\ 0 & 0 & 1 & 0 & 1 \\ 0 & 0 & 1 & 1 & 0 \end{pmatrix}$$

解　Python 代码如下。

```
import networkx as nx
import matplotlib.pyplot as plt
edges = [(1,2),(1,3),(2,4),(3,2),(4,3),(4,5),(5,3),(5,4)]
G = nx.DiGraph()
G.add_nodes_from(range(1,6))
G.add_edges_from(edges)
pos = nx.circular_layout(G)
nx.draw(G, pos,with_labels = True, font_weight = 'bold',\
        font_size = 11,font_color = 'w',node_color = 'k')
plt.savefig('eg9 - 4.png')
plt.show()
```

运行结果如图 8-5 所示。

2）关联矩阵表示法

关联矩阵表示法将图以关联矩阵的形式存储在计算机中。图 $G=(V,A)$ 的关联矩阵 B 定义如下：B 是一个 $n \times m$ 的矩阵，即

$$B = (b_{ik})_{n \times m} \in \{-1,0,1\}^{n \times m}$$

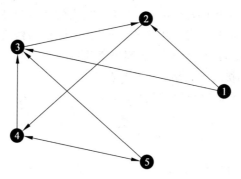

图 8-5　邻接矩阵示意图

其中

$$b_{ik} = \begin{cases} 1, & \exists j \in V, k = (i,j) \in A \\ -1, & \exists j \in V, k = (j,i) \in A \\ 0, & \text{其他} \end{cases}$$

也就是说,在关联矩阵中,每行对应图的一个节点,每列对应图的一条弧。如果一个节点是一条弧的起点,则关联矩阵中对应的元素为 1;如果一个节点是一条弧的终点,则关联矩阵中对应的元素为 −1;如果一个节点与一条弧不关联,则关联矩阵中对应的元素为 0。对于简单图,关联矩阵每列只含有两个非零元即 1 和 −1。如例 8.4 中,有向图中的八条弧对应顺序为 (1,2)、(1,3)、(2,4)、(3,2)、(4,3)、(4,5)、(5,3) 和 (5,4),则该图关联矩阵为

$$\begin{pmatrix} 1 & 1 & 0 & 0 & 0 & 0 & 0 & 0 \\ -1 & 0 & 1 & -1 & 0 & 0 & 0 & 0 \\ 0 & -1 & 0 & 1 & -1 & 0 & -1 & 0 \\ 0 & 0 & -1 & 0 & 1 & 1 & 0 & -1 \\ 0 & 0 & 0 & 0 & 0 & -1 & 1 & 1 \end{pmatrix}$$

3）弧表表示法

弧表表示法将图以弧表的形式存储在计算机中。所谓图的弧表,是指图的弧集合中的所有有序对。弧表表示法直接列出所有弧的起点和终点,共需 $2m$ 个存储单元,因此当网络比较稀疏时比较方便。此外,对于网络图中每条弧上的权,也要对应地用额外的存储单元表示。例如,假设图的弧为 (1,2)、(1,4)、(2,3)、(2,4)、(3,4) 和 (4,5),弧上的权分别为 5、3、2、6、2 和 4,则弧表的表示如表 8-1 所示。

表 8-1　弧表的表示

起点	1	1	2	2	3	4
终点	2	4	3	4	4	5
权	5	3	2	6	2	4

4）邻接表表示法

将图以邻接表的形式存储在计算机中的表示法称为邻接表表示法。图的邻接表即图所

有节点的邻接表集合。对于图的每个节点,邻接表是它的所有出弧。邻接表表示法就是对图的每个节点,用一个单向链表列出从该节点出发的所有弧,链表中每个单元对应一条出弧。为了记录弧上的权,链表中每个单元除列出弧的另一个端点外,还可以包含弧上的权等作为数据域。图的整个邻接表可以用一个指针数组表示。

如图 8-6 所示为一个有向赋权图,其邻接表可表示为表 8-2。

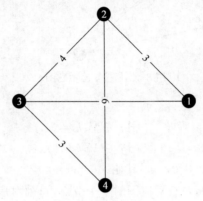

图 8-6　有向赋权图

表 8-2　邻接表示例

1	→	2	3	→	3	5	0
2	→	4	6	0			
3	→	1	2	→	2	4	0
4	→	3	3	0			

这是一个四维指针数组,上面表示法中的每行对应于一个节点的邻接表,例如第 1 行对应于第 1 个节点的邻接表,也就是第一个节点的所有弧。每个指针单元的第一个数据域表示弧的另一个端点,后面的数据域表示对应弧上的权。第 1 行中的"2"表示弧的另一个端点为 2,也即弧(1,2),第一个"3"表示对应弧(1,2)上的权,第二个"3"表示弧的另一个端点为 3(弧为(1,3)),"5"表示对应弧(1,3)上的权。

5）星形表示法

星形表示法的思想与邻接表表示法的思想有一定相似之处。对每个节点,它也是记录从该节点出发的所有弧,但它不是采用单向链表,而是采用一个单一的数组表示。也就是说,在该数组中首先存放从节点 1 出发的所有弧,然后接着存放从节点 2 出发的所有弧,以此类推,最后存放从节点出发的所有弧。对每条弧,要依次存放其起点、终点和权的数值等有关信息。

8.2　最短路问题

最短路问题是网络理论典型问题之一,可用来解决管路铺设、线路安装、厂区布局和设备更新等实际问题。基本内容是：若网络中的每条边都有一个数值(长度、成本和时间等)，则找出两节点(通常是源节点和阱节点)之间总权和最小的路径就是最短路问题。

8.2.1　Dijkstra 算法

赋权图 G 中从顶点 u_0 到 v_0 最小权的路称为 u_0 到 v_0 的最短路。迪杰斯特拉(Dijkstra)算法是求最短路比较有效的算法，基本思想是按从近到远的顺序，依次求得 u_0 到 G 各顶点的最短路和距离，直至 v_0(或直至 G 的所有顶点)，算法结束。即最短路是一条路径，且最短路的任一段也是最短路。

叙述 Dijkstra 算法前，给出两个标记符号 $l(v)$ 和 $z(v)$，其中 $l(v)$ 表示从顶点 u_0 到顶点 v 的一条路的权；$z(v)$ 表示顶点 v 的附近点，用以确定最短路的路线，S 表示具有永久标号的顶点集。算法的过程就是在每步改进这两个标记，最终使 $l(v)$ 为从顶点 u_0 到 v 的最短路的权。此外，图 G 的边上权为非负，算法如下。

(1) 赋初值：令 $S=\{u_0\}, l(u_0)=0$。$\forall v \in \bar{S}$，令 $l(v)=W(u_0,v), z(v)=u_0, u \leftarrow u_0$。

(2) 更新 $l(v)$、$z(v)$：$\forall v \in \bar{S}$，若 $l(v)>l(u)+W(u,v)$，则令 $l(v)=l(u)+W(u,v), z(v)=u$。

(3) 设 v^* 是使 $l(v)$ 取最小值的 $\bar{S}$ 中的顶点，则令 $S=S \cup \{v^*\}, u \leftarrow v^*$。

(4) 若 $\bar{S} \neq \varphi$，转(2)，否则停止。

用上述算法求出的 $l(v)$ 就是 u_0 到 v 的最短路的权，从 $z(v)$ 追溯到 u_0，就得到 u_0 到 v 最短路的路线。

8.2.2　Floyd 算法与 Bellman-Ford 算法

Dijkstra 算法计算赋权图中从一个固定顶点开始到其他某顶点之间最短路径，如果计算图中每对顶点之间最短路径需要每次以不同顶点作为起点，求出从该起点到其余顶点的最短路径，反复执行。这在计算时间和复杂度上并不高效，而 Floyd 算法的提出解决了这一问题。Floyd 算法的优点是可以一次性求解任意两个节点之间的最短距离。

假设图 G 邻接矩阵表示为

$$\boldsymbol{A}_0 = \begin{pmatrix} a_{11} & a_{12} & \cdots & a_{1n} \\ a_{21} & a_{22} & \cdots & a_{2n} \\ \vdots & \vdots & \ddots & \vdots \\ a_{n1} & a_{n2} & \cdots & a_{nn} \end{pmatrix}$$

用其来存放各边长度，有如下三点。

(1) $a_{ii}=0, i=1,2,\cdots,n$。

(2) $a_{ij}=\infty, i、j$ 之间没有边，在程序中以各边都不可能达到的充分大的数代替。

(3) $a_{ij}=w_{ij}, w_{ij}$ 是 $i、j$ 之间边的长度，$i,j=1,2,\cdots,n$。

对于无向图，$\boldsymbol{A}_0$ 是对称矩阵，$a_{ij}=a_{ji}$。

Floyd 算法的基本思想是：递推产生一个矩阵序列 $\boldsymbol{A}_0, \boldsymbol{A}_1, \cdots, \boldsymbol{A}_k, \cdots, \boldsymbol{A}_n$，其中 $\boldsymbol{A}_k(i, j)$ 表示从顶点 v_i 到顶点 v_j 的路径上所经过的顶点序号不大于 k 的最短路径长度。

计算时用迭代公式

$$\boldsymbol{A}_k(i,j) = \min(\boldsymbol{A}_{k-1}(i,j), \boldsymbol{A}_{k-1}(i,k) + \boldsymbol{A}_{k-1}(k,j))$$

其中，k 是迭代次数，$i, j, k = 1, 2, \cdots, n$。最后，当 $k = n$ 时，$\boldsymbol{A}_n(i,j)$ 即顶点之间的最短通路值。

Bellman-Ford 算法是另外一种常用的最短路径算法。这是一种可以求含负权图的单源最短路径算法。算法原理是对图进行 $|V| - 1$ 次松弛操作，得到所有可能的最短路径。其中松弛函数是指若存在边 $w(u, v)$（顶点 u 到顶点 v 的边的权值），有 $d(v) > d(u) + w(u, v)$，则更新 $d(v) = d(u) + w(u, v)$，其中 $d(v)$ 表示当前起点到顶点 v 的路径权值。

NetworkX 库中关于最短路径函数有多种，前面例子中使用了 Dijkstra 算法。无向图和有向图的最短路径求解函数有下面两个。

```
shortest_path(G, source = None, target = None, weight = None, method = `dijkstra`)
shortest_path_length(G, source = None, target = None, weight = None, method = `dijkstra`)
```

第一个为最短路径，第二个为最短路径长度，这两个函数提供了 Dijkstra 算法和 Bellman-Ford 算法的接口，可以在上述函数中选择参数 method，设定值可以选择 dijkstra 或者 bellman-ford。

Floyd 算法也可以求负权边，根据其算法步骤可以用 Python 编程实现，具体不再赘述。

8.2.3　Python 示例

例 8.5　一销售人员从第 1 个城市出发去往其他 5 个城市开展业务。从第 i 个城市到第 j 个城市的列车票价在如下矩阵的 (i, j) 位置上（×表示城市间没有直接路线），如第二行第四列的数 19 表示第 2 个城市到第 4 个城市的票价为 19 元。忽略距离和时间等因素，请帮助该销售人员设计从第 1 个城市到其他各城市间的最便宜的路线，并给出各个路线的票价。

$$\begin{bmatrix} 0 & 35 & \times & 45 & 31 & 9 \\ 35 & 0 & 13 & 19 & \times & 30 \\ \times & 13 & 0 & 8 & 22 & \times \\ 45 & 19 & 8 & 0 & 10 & 24 \\ 31 & \times & 22 & 10 & 0 & 49 \\ 9 & 30 & \times & 24 & 49 & 0 \end{bmatrix}$$

解　调用 Python 中 networkx 库，编程如下。

```
# Python 代码
# Dijkstra 算法
import numpy as np
import networkx as nx
import matplotlib.pyplot as plt
```

```
edges = [(1,2,35),(1,4,45),(1,5,31),(1,6,9),(2,3,13),(2,4,19),(2,6,30),(3,4,8),(3,5,22),
(4,5,10),(4,6,24),(5,6,49)]
G = nx.Graph()
G.add_nodes_from(range(1,7))
G.add_weighted_edges_from(edges)
pos = nx.circular_layout(G)
w = nx.get_edge_attributes(G,'weight')
nx.draw(G, pos,with_labels = True, font_weight = 'bold',\
        font_size = 11,font_color = 'w',node_color = 'k')
nx.draw_networkx_edge_labels(G,pos,edge_labels = w)
plt.savefig('eg9 - 5.png')
plt.show()
```

此段程序画出了无向赋权图，可以直观看到城市之间的票价路线图，结果如图 8-7
所示。

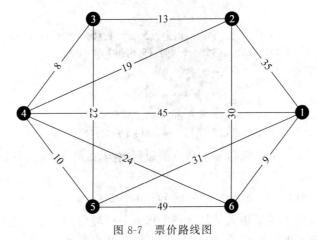

图 8-7　票价路线图

下面利用 Dijkstra 算法找出第 1 个城市到其他各个城市票价最便宜的路线。

```
#Python 代码(续)
for i in range(2,7):
    p = nx.dijkstra_path(G, 1, i, weight = 'weight')
    d = nx.dijkstra_path_length(G, 1, i, weight = 'weight')
    print(f' ====== 序号{i-1}:')
    print(f'从第 1 个城市到第{i}个城市票价最便宜的路线是：{p}')
    print(f'从第 1 个城市到第{i}个城市最便宜票价是：{d}元')
```

运行结果如下。

```
====== 序号 1:
从第 1 个城市到第 2 个城市票价最便宜的路线是：[1,2]
从第 1 个城市到第 2 个城市最便宜票价是：35 元
====== 序号 2:
从第 1 个城市到第 3 个城市票价最便宜的路线是：[1,6,4,3]
从第 1 个城市到第 3 个城市最便宜票价是：41 元
====== 序号 3:
```

从第 1 个城市到第 4 个城市票价最便宜的路线是：[1,6,4]
从第 1 个城市到第 4 个城市最便宜票价是：33 元
====== 序号 4：
从第 1 个城市到第 5 个城市票价最便宜的路线是：[1,5]
从第 1 个城市到第 5 个城市最便宜票价是：31 元
====== 序号 5：
从第 1 个城市到第 6 个城市票价最便宜的路线是：[1,6]
从第 1 个城市到第 6 个城市最便宜票价是：9 元

例 8.6 （续例 8.5）利用 Floyd 算法给出一销售人员从任意一个城市出发到另外一个城市的最便宜票价矩阵，并给出任意两个城市之间票价的最短路径。

解

```
# Python 代码
# floyd 算法
import networkx as nx
edges = [(1,2,35),(1,4,45),(1,5,31),(1,6,9),(2,3,13),(2,4,19),(2,6,30),
        (3,4,8),(3,5,22),(4,5,10),(4,6,24),(5,6,49)]
G = nx.Graph()
G.add_nodes_from(range(1,7))
G.add_weighted_edges_from(edges)
alldist = nx.floyd_warshall_numpy(G, weight = 'weight')
print(f'第 1 个节点到第 4 个节点最短距离：{alldist[0,3]}')
```

运行结果显示第 1 个节点到第 4 个节点最短距离为 33.0，继续编写如下程序。

```
# Python 代码(续)
print(f'任两节点间的最短距离矩阵为：\n {alldist}')
```

下面的运行结果给出了销售人员从任意城市到另一城市的最便宜票价矩阵。

任两节点间的最短距离矩阵为

```
[[ 0. 35. 41. 33. 31.  9.]
 [35.  0. 13. 19. 29. 30.]
 [41. 13.  0.  8. 18. 32.]
 [33. 19.  8.  0. 10. 24.]
 [31. 29. 18. 10.  0. 34.]
 [ 9. 30. 32. 24. 34.  0.]]
```

比如第 1 个节点到第 4 个节点最短距离（票价）为 33 元，下面给出最短路径的求解结果。

```
# Python 代码(续)
pre,dis = nx.floyd_warshall_predecessor_and_distance(G, weight = 'weight')
for i in range(1,7):
    for j in range(1,7):
        if i == j:
            continue
        else:
            print(f'节点{i}到{j}的最短路径：{nx.reconstruct_path(i,j,pre)}')
```

运行结果如下。

```
节点 1 到 2 的最短路径：[1,2]
节点 1 到 3 的最短路径：[1,6,4,3]
节点 1 到 4 的最短路径：[1,6,4]
节点 1 到 5 的最短路径：[1,5]
节点 1 到 6 的最短路径：[1,6]
节点 2 到 1 的最短路径：[2,1]
节点 2 到 3 的最短路径：[2,3]
节点 2 到 4 的最短路径：[2,4]
节点 2 到 5 的最短路径：[2,4,5]
节点 2 到 6 的最短路径：[2,6]
节点 3 到 1 的最短路径：[3,4,6,1]
节点 3 到 2 的最短路径：[3,2]
节点 3 到 4 的最短路径：[3,4]
节点 3 到 5 的最短路径：[3,4,5]
节点 3 到 6 的最短路径：[3,4,6]
节点 4 到 1 的最短路径：[4,6,1]
节点 4 到 2 的最短路径：[4,2]
节点 4 到 3 的最短路径：[4,3]
节点 4 到 5 的最短路径：[4,5]
节点 4 到 6 的最短路径：[4,6]
节点 5 到 1 的最短路径：[5,1]
节点 5 到 2 的最短路径：[5,4,2]
节点 5 到 3 的最短路径：[5,4,3]
节点 5 到 4 的最短路径：[5,4]
节点 5 到 6 的最短路径：[5,4,6]
节点 6 到 1 的最短路径：[6,1]
节点 6 到 2 的最短路径：[6,2]
节点 6 到 3 的最短路径：[6,4,3]
节点 6 到 4 的最短路径：[6,4]
节点 6 到 5 的最短路径：[6,4,5]
```

例 8.7 （续例 8.5）利用 Bellman-Ford 算法给出一销售人员从任意一个城市出发到另外一个城市的最便宜票价矩阵，并给出任意两个城市之间票价的最短路径。

解

```
#Python 代码
#Bellman-Ford 算法
import networkx as nx
edges = [(1,2,35),(1,4,45),(1,5,31),(1,6,9),(2,3,13),(2,4,19),(2,6,30),
        (3,4,8),(3,5,22),(4,5,10),(4,6,24),(5,6,49)]
G = nx.Graph()
G.add_nodes_from(range(1,7))
G.add_weighted_edges_from(edges)
print('节点 1 到 4 的最短加权路径：',nx.bellman_ford_path(G, 1, 4, weight = 'weight'))
print('节点 1 到 4 的最短加权路径长度：',nx.bellman_ford_path_length(G,1,4, weight = 'weight'))
```

上面的两个 print 命令先打印出某两个节点的单个结果来进行查看，运行结果如下。

节点 1 到 4 的最短加权路径：[1,6,4]

节点 1 到 4 的最短加权路径长度：33

继续编程，下面给出某一节点（以第 1 个节点为例）到其他所有节点的最短路径和最短距离，代码也可以不加，这里是为了演示效果。

```
＃Python 代码(续)
path1 = nx.single_source_bellman_ford_path(G,1)
length1 = dict(nx.single_source_bellman_ford_path_length(G, 1))
print('单源节点最短路径：',path1,'\n 单源节点最短路径长度：',length1)
```

运行结果如下。

```
单源节点最短路径：{1: [1],2: [1,2],4: [1,6,4],5: [1,5],6: [1,6],3: [1,6,4,3]}
单源节点最短路径长度：{1: 0,2: 35,4: 33,5: 31,6: 9,3: 41}
```

继续编程，给出任意两个节点间的最短路径和对应长度。

```
＃Python 代码(续)
all_path = dict(nx.all_pairs_bellman_ford_path(G,weight = 'weight'))
all_len = dict(nx.all_pairs_bellman_ford_path_length(G,weight = 'weight'))
print('任意两个节点之间最短路径：\n ',all_path)
print('任意两个节点之间最短路径长度：\n',all_len)
```

运行结果如下。

任意两个节点之间最短路径：

```
{1: {1: [1], 2: [1, 2], 4: [1, 6, 4], 5: [1, 5], 6: [1, 6], 3: [1, 6, 4, 3]}, 2: {2: [2], 1: [2,
1], 3: [2, 3], 4: [2, 4], 6: [2, 6], 5: [2, 4, 5]}, 3: {3: [3], 2: [3, 2], 4: [3, 4], 5: [3, 4,
5], 1: [3, 4, 6, 1], 6: [3, 4, 6]}, 4: {4: [4], 1: [4, 6, 1], 2: [4, 2], 3: [4, 3], 5: [4, 5], 6:
[4, 6]}, 5: {5: [5], 1: [5, 1], 3: [5, 4, 3], 4: [5, 4], 6: [5, 4, 6], 2: [5, 4, 2]}, 6: {6: [6],
1: [6, 1], 2: [6, 2], 4: [6, 4], 5: [6, 4, 5], 3: [6, 4, 3]}}
```

任意两个节点之间最短路径长度：

```
{1: {1: 0, 2: 35, 4: 33, 5: 31, 6: 9, 3: 41}, 2: {2: 0, 1: 35, 3: 13, 4: 19, 6: 30, 5: 29}, 3: {3:
0, 2: 13, 4: 8, 5: 18, 1: 41, 6: 32}, 4: {4: 0, 1: 33, 2: 19, 3: 8, 5: 10, 6: 24}, 5: {5: 0, 1: 31,
3: 18, 4: 10, 6: 34, 2: 29}, 6: {6: 0, 1: 9, 2: 30, 4: 24, 5: 34, 3: 32}}
```

Bellman-Ford 算法程序可直接显示某两节点之间、一个节点到其他任意节点之间、任意两两节点之间的最短路径及其对应最短距离，代码上相对比较灵活和简便。

8.3 最小生成树问题

前面介绍了最短路径问题，解决了图中的顶点或节点之间的路线和权值，最小生成树是不同于最短路径的另一个问题，侧重解决全局中的最优路径，两个比较有效的方法是 Prim 算法和 Kruskal 算法。

8.3.1 Prim 算法与 Kruskal 算法

连通的无圈图叫作树，关于树，以下的几个结论之间是等价的。

(1) G 是树当且仅当 G 中任两顶点之间有且仅有一条路径。

(2) G 是树当且仅当 G 无圈,且 $|E|+1=|V|$。

(3) G 是树当且仅当 G 连通,且 $|E|+1=|V|$。

(4) G 是树当且仅当 G 连通,且 $\forall e\in E(G)$,$G-e$ 不连通。

(5) G 是树当且仅当 G 无圈,$\forall e\notin E(G)$,$G+e$ 恰有一个圈。

定义 8-10　如果一个图的生成子图是树,则称其为该图的生成树;赋权图中边的权值之和最小的树称为最小生成树。

连通图的生成树一定存在且一般比较多,即不唯一,随着图的顶点数增多,生成树的数量急剧增多,用穷举法来寻找最小生成树并不是有效的方法。下面介绍 Prim 算法和 Kruskal 算法。

Prim 算法的总体思想是先构造点集和边集,再通过新加入的中间节点,来对其他点到达该点集的距离更新,且每次迭代选择距离点集最短路径的点。令 P 表示图 G 的最小生成树中的顶点,集合 Q 存放 G 的最小生成树中的边。假设构造最小生成树时,从顶点 v_1 出发。算法步骤如下。

(1) P 的初值记为 $P=\{v_1\}$,Q 的初值为 $Q=\Phi$。

(2) 在 $p\in P$,$v\in V-P$ 的边中,选取具有最小权值的边 pv。

(3) 将顶点 v 加入集合 P 中,将边 pv 加入集合 Q 中。

重复上述步骤,直到 $P=V$ 时最小生成树生成,程序终止。此时集合 Q 包含了最小生成树的所有边。

Kruskal 算法是求最小生成树的另一个有效算法,主要通过寻找最小边权的思路来进行。思路是首先对边权值进行排序,然后每次寻找边权值最小,并且其顶点同属于不同集合的边挑选的边。算法步骤如下。

(1) 选 $e_1\in E(G)$,使得 $w(e_1)$ 为最小值。

(2) 若 $e_1,e_2,\cdots,e_i$ 已选好,则从 $E(G)-\{e_1,e_2,\cdots,e_i\}$ 中选取 e_{i+1},满足 $G[\{e_1,e_2,\cdots,e_i,e_{i+1}\}]$ 中无圈,且 $w(e_{i+1})$ 为最小值。

(3) 进行到选得 e_{v-1} 为止。

例 8.8　图 G 的邻接矩阵为

$$\begin{pmatrix} 0 & 7 & 0 & 5 & 0 & 0 & 0 \\ 7 & 0 & 8 & 9 & 7 & 0 & 0 \\ 0 & 8 & 0 & 0 & 5 & 0 & 0 \\ 5 & 9 & 0 & 0 & 15 & 6 & 0 \\ 0 & 7 & 5 & 15 & 0 & 8 & 9 \\ 0 & 0 & 0 & 6 & 8 & 0 & 11 \\ 0 & 0 & 0 & 0 & 9 & 11 & 0 \end{pmatrix}$$

试用 Kruskal 算法求其最小生成树。

解

```
# Python 代码
import networkx as nx
import matplotlib.pyplot as plt
edges = [(1,2,7),(1,4,5),(2,3,8),(2,4,9),(2,5,7),
         (3,5,5),(4,5,15),(4,6,6),(5,6,8),(5,7,9),(6,7,11)]
G = nx.Graph()
G.add_nodes_from(range(1,8))
G.add_weighted_edges_from(edges) # 边带权重
pos = nx.circular_layout(G)
w = nx.get_edge_attributes(G, 'weight')
nx.draw(G, pos, font_weight = 'bold',with_labels = True,\
        font_color = 'w',node_color = 'k')
nx.draw_networkx_edge_labels(G,pos,edge_labels = w)
plt.show()
```

运行结果如图 8-8 所示。

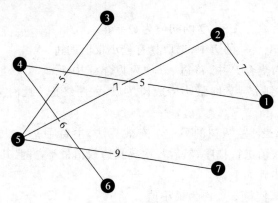

图 8-8　算例图示

下面给出最小生成树的代码。

```
# Python 代码(续)
# Kruskal 算法求最小生成树
Tree = nx.minimum_spanning_tree(G)
w2 = nx.get_edge_attributes(Tree, 'weight')
posT = nx.circular_layout(Tree)
nx.draw(Tree,posT,with_labels = True,font_weight = 'bold',
        font_color = 'w',node_color = 'k')
nx.draw_networkx_edge_labels(Tree,posT,edge_labels = w2)
plt.show()
```

运行结果如图 8-9 所示。

通过如下命令,可计算出最小生成树的长度。

```
print(f'最小生成树:\n{Tree.edges(data = True)}')
print(f'最小生成树长度:{sum(w2.values())}')
```

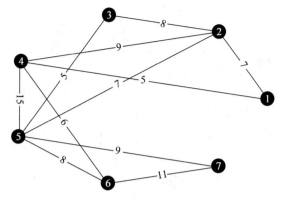

图 8-9　最小生成树图示

返回结果如下。

最小生成树:

[(1,4,{'weight': 5}),(1,2,{'weight': 7}),(2,5,{'weight': 7}),(3,5,{'weight': 5}),(4,6, {'weight': 6}),(5,7,{'weight': 9})]

最小生成树长度为 39。

例 8.9　(续例 8.8)利用 Prim 算法给出图 G 的最小生成树。

解　在例 8.8 的 Python 代码中只需将 minimum_spanning_tree 函数中的参数设置为 prim 即可,其他代码不变,即

```
Tree = nx.minimum_spanning_tree(G,algorithm = 'prim')
```

运行结果一样。为更加直观,对图中的最小生成树边进行高亮显示,程序如下。

```
# 高亮最小生成树
import networkx as nx
import matplotlib.pyplot as plt
edges = [(1,2,7),(1,4,5),(2,3,8),(2,4,9),(2,5,7),
        (3,5,5),(4,5,15),(4,6,6),(5,6,8),(5,7,9),(6,7,11)]
G = nx.Graph()
G.add_nodes_from(range(1,8))
G.add_weighted_edges_from(edges) # 边带权重
pos = nx.shell_layout(G)
Tree = nx.minimum_spanning_tree(G,algorithm = 'prim')
w = nx.get_edge_attributes(G,'weight')
nx.draw(G, pos, font_weight = 'bold',with_labels = True,\
        font_size = 11,font_color = 'w',node_color = 'k')
nx.draw_networkx_edge_labels(G,pos,edge_labels = w)
nx.draw_networkx_edges(G,pos,edgelist = Tree.edges,edge_color = 'b',width = 3.5)
plt.show()
```

运行结果如图 8-10 所示。加粗的边即最小生成树。

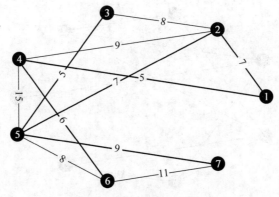

图 8-10　最小生成树图例

8.3.2　Python 示例

例 8.10　某地区燃气公司需要对 8 个小区进行管道铺设,该地区的 8 个小区地理分布数据如表 8-3 所示(小区 1 表示为点 A,小区 2 表示为点 B,以此类推,小区 8 表示为点 H,参看图 8-11),燃气公司从小区 A 开始进行铺设,要求 8 个小区全部连通。假设小区之间的管道路线为直线,管道单位长度造价一样,试根据小区地理坐标数据来帮助燃气公司设计一个铺设路线图,要求造价最小。

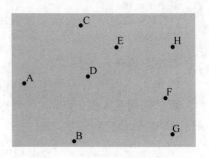

图 8-11　小区地理分布图

表 8-3　8 个小区的相对地理坐标(单位:km)

小区序号	1	2	3	4	5	6	7	8
	A	B	C	D	E	F	G	H
坐标	(3,13)	(10,5)	(11,21)	(12,14)	(16,18)	(23,11)	(24,6)	(24,18)

解　从题目要求来看,将小区看作图的 8 个节点,小区之间的连线看作图的边,两两之间的距离作为边权,则造价最小可看作从点 A 开始出发求最小生成树。把 8 个小区进行连接,根据地理坐标可画出地理图,如图 8-12 所示。

下面通过编程生成图,同时求出最小生成树,程序如下。

```
#Python 代码
import networkx as nx
import matplotlib.pyplot as plt
edges = [(1,2,10.63),(1,3,11.31),(1,4,9.06),(1,5,13.9),(1,6,20.1),(1,7,22.14),(1,8,21.59),
(2,3,16.03),(2,4,9.22),(2,5,14.3),(2,6,14.32),(2,7,14.04),(2,8,19.1),(3,4,7.07),(3,5,
5.83),(3,6,15.62),(3,7,19.85),(3,8,13.34),(4,5,5.66),(4,6,11.4),(4,7,14.42),(4,8,
12.65),(5,6,9.9),(5,7,14.42),(5,8,8),(6,7,5.1),(6,8,7.07),(7,8,12)]
G = nx.Graph()
```

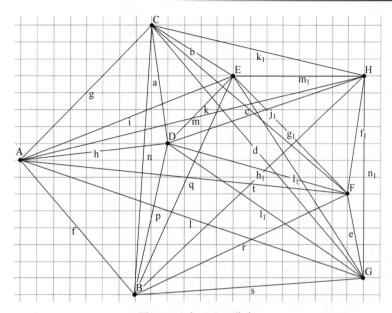

图 8-12　小区地理分布

```
G.add_nodes_from(range(1,9))
G.add_weighted_edges_from(edges) # 边带权重
pos = nx.circular_layout(G)
w = nx.get_edge_attributes(G,'weight')
nx.draw(G, pos, font_weight = 'bold',with_labels = True,\
    font_size = 11,font_color = 'w',node_color = 'k',node_size = 220)
nx.draw_networkx_edge_labels(G,pos,edge_labels = w,font_size = 10)
plt.show()
```

运行程序,生成的 8 个节点(为了编程方便,分别用数字 $1,2,\cdots,8$ 代替了 $A,B,\cdots,H$)及以点之间的距离为边权的图形如图 8-13 所示。

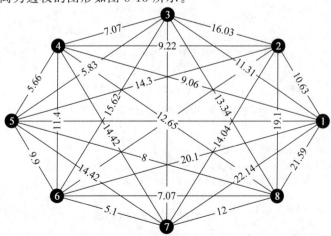

图 8-13　例 8.10 无向赋权图

程序生成的无向图节点位置没有与小区地理坐标对应,为了直观,对上述代码中的变量 pos 进行更改,即

```
pos = {1:(3,13),2:(10,5),3:(11,21),4:(12,14),5:(16,18),6:(23,11),
    7:(24,6),8:(24,18)}
```

再次执行代码,结果如图 8-14 所示。

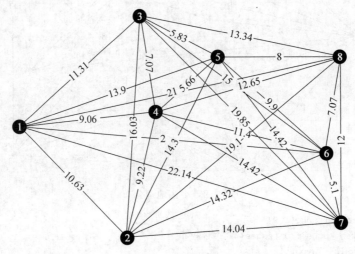

图 8-14   对应小区位置的无向赋权图

继续编程,求最小生成树。

```
# Python 代码(续)
# Prim 算法
# 高亮最小生成树
Tree = nx.minimum_spanning_tree(G,algorithm = 'prim')
w = nx.get_edge_attributes(G,'weight')
nx.draw(G, pos, font_weight = 'bold',with_labels = True,\
    font_size = 11,font_color = 'w',node_color = 'k')
nx.draw_networkx_edge_labels(G,pos,edge_labels = w)
nx.draw_networkx_edges(G,pos,edgelist = Tree.edges,edge_color = 'b',width = 3.5)
plt.show()
```

执行本段代码,对得到的最小生成树路径加粗,结果如图 8-15 所示。

继续添加几行代码给出单独的最小生成树,并计算长度。

```
# Python 代码(续)
Tree = nx.minimum_spanning_tree(G,algorithm = 'prim')
w2 = nx.get_edge_attributes(Tree,'weight')
nx.draw(Tree,pos,with_labels = True,font_weight = 'bold',
    font_color = 'w',node_color = 'k')
nx.draw_networkx_edge_labels(Tree,pos,edge_labels = w2)
plt.show()
print(f'最小生成树长度:{sum(w2.values())}')
```

运行程序,结果如图 8-16 所示。

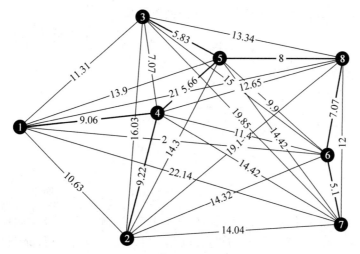

图 8-15 最小生成树的高亮图

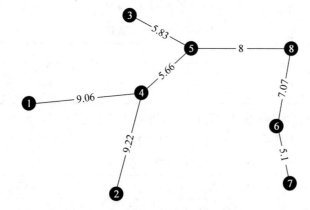

图 8-16 燃气公司最小距离铺设线路图

从程序结果可以看出,燃气公司从小区 1 开始进行铺设燃气管道到小区 4,小区 4 出发铺设到小区 2 和小区 5,然后小区 5 出发铺设到小区 3 和小区 8,再从小区 8 开始铺设到小区 6,从小区 6 出发铺设到小区 7。该路线图的总距离最小,如果管道单位距离造价为 1,则总造价为 49.94。

第 8 章习题

1. 图 8-17 为一有向赋权图,求解下列问题。

(1) 写出其邻接矩阵。

(2) 若边的权集为$\{a,b,c,d,e,f,g,h,i,u,v,w\}=\{30,1,2,3,24,5,8,7,21,2,6,9\}$,试根据 Dijkstra 算法思想求顶点 A 到顶点 G 之间的最短路径及距离。

(3) 求顶点 A 到其他各顶点之间的最短路径及距离。

（4）利用 Floyd 算法求任意两顶点之间的最短路径。

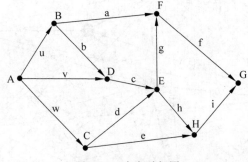

图 8-17　有向赋权图

2. 某钢厂的生产设备由于损耗问题,在每年年初需要做出决策来确定购置新设备还是保留旧设备。如果做出购置新设备的决定,就要支付一定的购买费用;若继续使用,则需支付一定的维修费用。请根据表 8-4 所示中该生产设备每年的购置价格和不同使用年限的维修费用数据表,制定一个五年之内的设备更新计划,使得五年内总的支付费用最少。

表 8-4　相关费用数据

年份	1	2	3	4	5
年初购置价格/万元	11	11	12	12	13
当年维护费用/万元	5	6	8	11	18

3. 在 16 个城市之间架设通信网络,任意两个城市之间都可以架设线路,所有的通信线路单位长度的建设成本相同,16 个城市的位置坐标如表 8-5 所示。

表 8-5　城市位置信息

城　市	位　置	城　市	位　置
1	(40,90)	9	(34,38)
2	(15,20)	10	(49,33)
3	(72,37)	11	(95,58)
4	(22,39)	12	(75,67)
5	(43,67)	13	(85,69)
6	(82,4)	14	(47,88)
7	(75,42)	15	(63,68)
8	(7,51)	16	(31,46)

根据这些城市的位置信息,得到如图 8-18 所示的无向图。

试解决如下问题。

（1）以城市之间的距离为边的权值,画出以 16 个城市为顶点的赋权图及邻接矩阵。

（2）通信线路的要求是 n 城市之间架设 $n-1$ 条线路,试在这 16 个城市之间寻找一个成本最低的路线方案,并给出相应路线和费用。

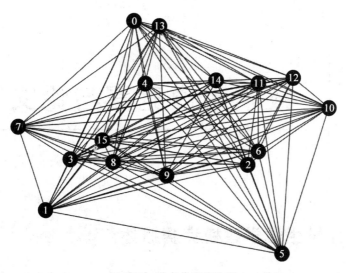

图 8-18 城市位置无向图

第 9 章

数学建模竞赛与论文写作

9.1 全国大学生数学建模竞赛概述

全国大学生数学建模竞赛创办于 1992 年,由中国工业与应用数学学会主办,每年一届,是首批列入"高校学科竞赛排行榜"的 19 项竞赛之一,目前已成为全国高校规模最大的基础性学科竞赛,也是世界上规模最大的数学建模竞赛。从 1992 年开始,全国大学生数学建模竞赛快速发展,参赛院校从 1992 年的 79 所,增加至 2022 年来自全国及英国、马来西亚的 1606 所院校/校区,参赛队从 1992 年的 314 队,增加到 2022 年 54257 队、超过 16 万人报名参赛。全国大学生数学建模竞赛受到了广大数学建模爱好者的热烈欢迎,大学生通过参加数学建模竞赛活动,使得聪明才智和创造精神得到充分发挥,涌现出一批优秀人才,极大地调动了大学生的学习积极性和主动性,已经成为全国高校最大的课外科技活动之一。

9.1.1 全国大学生数学建模竞赛背景

著名科学家钱学森曾说"信息时代高科技的竞争本质是数学技术的竞争。"换言之,高科技发展的关键是数学技术的发展,而数学技术与高科技结合的关键就是数学模型,数学模型就像一把金钥匙打开了高科技的难关和卡脖子工程,实际应用中的诸多技术发展都离不开数学模型。国务院前总理李克强一方面突出强调数学等基础学科对提升原始创新能力的重要意义,另一方面强调要促进基础科学和应用研究融通。因此,为培养高素质、高质量优秀人才,就不能不重视数学建模能力的培养,数学建模已成为理工、经济、交叉、管理学科及一些人文、社会学科专业大学生必备的技能和素质,数学建模竞赛正是在此背景下应运而生的。

数学建模竞赛不是纸上谈兵,竞赛题目来自实际问题,要解决这些问题,往往没有现成的方法可以套用。它首先要求将实际问题数学化,然后在数学世界中寻求解决数学模型的方法,获得数学模型结果,最后将模型结果反馈于实际问题,解释、评价实际问题现象和发展动态。因此,参赛学生必须如科研团队从事一项科研项目一样,不仅要充分发挥主观能动性和创造性,而且要团队密切配合,协同攻关,才能尽善尽美地做出创造性的解答,这恰好弥补了课堂学习不足。数学建模竞赛旨在激励学生学习数学的积极性，提高学生建立数学模型和运用计算机技术解决实际问题的综合能力，鼓励广大大学生踊跃参加课外科技活动，开拓知识面，培养创新精神及合作意识，推动大学数学教学体系、教学内容和教学方法的改革。

9.1.2　全国大学生数学建模竞赛进程和评奖标准

自 2019 年起，竞赛时间通常是每年 9 月中旬某个周四 18：00 至周日 20：00。竞赛以队为单位参赛，每队不超过 3 人（来自同一所学校），专业不限。竞赛分本科、专科两组进行，本科生参加本科组竞赛，专科生参加专科组竞赛（也可参加本科组竞赛），研究生不得参加。每队最多可设一名指导教师或教师组，从事赛前辅导和参赛的组织工作，但在竞赛期间不得进行指导或参与讨论。竞赛期间参赛队员可以使用各种图书资料（包括互联网上的公开资料）、计算机和软件，但每个参赛队必须独立完成赛题解答。竞赛开始后，赛题将公布在指定的网址供参赛队下载，参赛队在规定时间内完成答卷，并按要求准时交卷。

全国大学生数学建模竞赛的宗旨是：创新意识、团队精神、重在参与、公平竞争。竞赛论文的评阅标准包括假设的合理性、建模的创造性、结果的正确性和论文表述的清晰性。具体地，假设的合理性：必须是建模所需要的假设，并对假设的合理性进行解释和在正文中有引用；建模的创造性：数学建模鼓励创新，优秀的论文不能没有创新，但不要为了创新而创新，要贴合实际问题；结果的正确性：数学建模问题没有标准答案和精确结果，但要保证针对问题所建立的数学模型，其求解结果是正确的，而且与实际相符，一般认为好的模型其结果一般也比较好，但不一定是最好的；表述的清晰性：从论文的表述角度，对要解决的问题、采用的方法、建立的模型、求解的方法及获得的结果等都要自明其理，表明其理，让人知其理。

9.1.3　全国大学生数学建模竞赛题目

竞赛题目一般来源于科学与工程技术、人文与社会科学等领域经过适当简化加工的实际问题。2016—2022 年度全国大学生数学建模竞赛本科组题目如表 9-1 所示。

表 9-1　2016—2022 年度全国大学生数学建模竞赛本科组题目

年　　度	A 题	B 题	C 题
2016	系泊系统的设计	小区开放对道路通行的影响	无
2017	CT 系统参数标定及成像	"拍照赚钱"的任务定价	无
2018	高温作业专用服装设计	智能 RGV 的动态调度策略	无
2019	高压油管的压力控制	"同心协力"策略研究	机场的出租车问题
2020	炉温曲线	穿越沙漠	中小微企业的信贷决策
2021	"FAST"主动反射面的形状调节	乙醇偶合制备 C4 烯烃	生产企业原材料的订购与运输
2022	波浪能最大输出功率设计	无人机遂行编队飞行中的纯方位无源定位	古代玻璃制品的成分分析与鉴别

9.2　数学建模竞赛论文写作要求

数学建模竞赛通过论文的形式呈现建模的过程、思路和结果。数学建模论文具有一般学术论文共性要求,是研究成果的表述形式。从某种意义上来讲,建模论文写作是竞赛非常重要的环节,将数学建模过程、结果形成文章就是数学建模论文。

9.2.1　数学模型结构

撰写数学建模论文时,应清晰掌握数学模型的结构。

(1) 模型分析:在了解有关背景知识的基础上分析问题。一个模型的优劣在于是否采用恰当的方法合理地描述了实际问题,而不是取决于是否用到了高深的数学知识。

(2) 模型假设:简化问题的假设,对所研究对象进行近似,使之满足建模所采用的数学方法必需的前提条件。

(3) 模型建立:分析问题,阐明建模的依据;采用适当的数学方法进行模型设计。

(4) 模型求解及结果分析:运用数学软件、计算机程序及逻辑语言进行求解分析,继而反馈到实际问题,解释问题。

(5) 模型检验:包括稳定性与敏感性分析,统计检验与误差分析,新旧模型的对比,实际可行的各类检验分析。

(6) 模型改进及优缺点分析。

(7) 规范的参考文献与附录。

具体地,数学建模论文一般应包括如下几部分。

(1) 题目。

(2) 摘要(关键词)。

(3) 问题重述。

(4) 问题分析。

(5) 模型假设。

(6) 符号说明。

(7) 模型建立与求解。

(8) 结果分析与检验。

(9) 模型评价与改进。

(10) 参考文献。

(11) 附录(一般为程序、引用数据等)。

9.2.2　数学建模论文书写原则与格式

论文是数学建模竞赛的完全体现,参赛者应力争将建模思路、创造性成果或新的研究结果充分地反映出来,同时内容充实、论据充分、论证有力、层次分明、表述清晰、格式规范,整体做到系统完整、前后连贯。优秀的建模论文遵循的原则是：针对实际问题的解决过程，清楚地给出建模的思路、建模的方法、模型的表示方法、模型的求解方法与步骤、模型的结果、模型的结果分析与检验、模型的评价与改进方向等内容。

在每届竞赛公布赛题时，全国大学生数学建模组委会将和赛题一起公布论文格式规范，要求提交的论文符合该规范。

1. 题目

题目是一篇论文的身份证，对一篇论文的第一印象就从题目开始。题目中一般包含如下信息：论文研究的问题；大致用的方法或模型（最好突出自己创新的内容）。建议题目8~18个字为宜。

2. 摘要

摘要是一篇论文的灵魂，是整篇论文内容的高度浓缩和全面的概述。摘要需阐明一篇论文的研究对象、研究思路、创新点、结果和自我评价等内容。摘要结构上应包括：综述所研究的问题，对该问题定性分析，采用的模型或基本方法，阐释创新点，具体问题的解答及对模型的简要评价。摘要内容上，针对所研究的每个问题，应该清晰地说明用了什么方法，建立了什么模型，如何求解的，主要结果是什么，解决了什么问题，效果怎么样，具有什么特色和创新点，除解决了基本问题外还做了什么有意义的工作，等等。值得注意的是，根据科技论文的写作规范，摘要中不要出现复杂的公式和表格。

3. 问题重述

问题重述反映对整个问题的理解程度，切忌直接复制原题目。要求对竞赛题中可能的模糊概念和条件给出必要的澄清与说明，进一步对要研究的具体问题有更清楚的理解和认识。通过对竞赛题的正确解读，明确实际背景、已知条件和数据信息，从而明确建模需要解决的相关问题。

4. 问题分析

问题分析是建立模型前对竞赛题较深入的分析过程，包括对问题所涉及的背景描述、研究意义、目标和现状分析等。这部分内容相当于一般学术论文的引言，包括对问题的具体理解和解释、解决问题的思路、可能使用的方法、建模的过程和步骤等内容，为后面具体建立模型和解决问题做好准备，同时也包括对要使用的数学方法和建模过程的适用性与合理性进行分析。

5. 模型假设

模型假设是建立模型的基础和前提，反映了参赛者对竞赛问题的理解程度，它是对实际问题必要的合理简化，切勿草率和随意简单罗列条目。要特别强调在建模过程中所用的假设，而且正文中都要有引用。通常包括关于是否包含某些因素的假设、关于条件相对强弱的假设、关于各因素影响相对大小的假设、关于模型适用范围的假设等。对于所给出的每一条假设的必要性和合理性分析与论述是十分重要的。事实上，所给出假设的目的、作用和引用是假设必要性的表现，假设对问题、模型和结果的影响是假设合理性的体现。如果参赛者没有说明假设的目的、作用，在文中也没有引用，也就不能说明假设的必要性。因此，论文中所给出的模型假设不但要合理,更要"讲理"。

6. 符号说明

符号说明主要是为了方便论文的阅读,通常是将正文中常用符号集中列出,并对其含义进行详细说明,个别的符号也可以在第一次出现时说明。注意符号的使用宜简不宜繁,兼顾习惯与直观,尽量用单字母,而不要用字词组合表示一个量。

7. 模型建立与求解

模型建立与求解是竞赛论文的核心内容,参赛者应针对竞赛问题将所有的有效工作和创造性成果充分、清晰、准确地展现出来。要求内容充实、论据充分、论证有力、主题明确、格式规范、层次分明,依据要解决的问题或模型,通过大小标题分为若干个逻辑段落,让读者各取所需,一目了然,切忌给人留下太多的疑问和猜测。

8. 结果分析与检验

根据建模要解决的问题可以从简到难,或关联顺序,或逻辑顺序等分出层次,同层次的排出顺序,逐步深入,系统研究;也可以依据所建立的关联模型关系,循序渐进地对问题进行研究。依据问题或模型分别立题,使不同层次的问题或模型从标题和标号上能够反映出相互之间的关系。同时,立题要力求能够反映出所解决的问题、所用建模方法或模型的特点等。尽量不要用"问题 1 的模型建立与求解""问题 2 的模型建立与求解"等这种立题方式。

(1)数学模型的设计与建模方法的选择。

建立数学模型是解决问题的手段,而不是目的,更不是为了建模而建模,要设计的数学模型能够真正解决问题才是最重要的。在实际中,首先要对竞赛问题分析清楚,然后针对具体的问题来解决问题,在解决问题的过程中自然地选择适用的建模方法来建立模型,或应用现有的数学模型,最终较好地解决问题。

这里要特别强调正确选择和应用解决问题的方法,强调对问题的针对性和模型的适用性,不要盲目追求所谓的"高大上"的方法和"全能新"的模型。事实上,在所有可能的解决问题的方法和模型中,往往最简单的或许就是最好的。因此,在实际建模过程中,无论建模方法简单与复杂,或模型的难与易、新与旧,主要是看对问题的针对性和适用性,要看解决问题的效果。

(2)模型的表达与论述。

在建立数学模型之前,首先应说明所采用的建模方法的依据和建模的思路,清楚地说明为什么要采用这种方法,其方法对解决问题有什么样的优势。然后针对具体的问题,给出翔实的建模过程和数学模型的表达形式,并对模型的内涵和其正确性给出清晰的论述。如果是针对一个问题,从不同的角度或用不同方法建立了不同的模型,并且得到不同的结果,则应该就这些模型的各自适用情况、优缺点和差别进行比较分析,不要不分主次地罗列在论文中。注意避免不讲任何道理地直接给出一个模型表达式,这样会让人们难以理解模型的含义,即建模方法的选择、建模过程和模型的表达都要明其理,讲其理。

(3)模型求解。

在建立了数学模型之后,实现模型的求解之前,首先要说明求解模型方法的依据和过程,即说明为什么要采用这种方法,而不用其他的方法,然后必要时要给出详细的求解步骤和具体的算法,最后明确求解结果。

（4）结果分析与检验。

结果分析主要是将模型求出的结果运用到实际问题中。要根据实际问题大致分析自己解出的结果是否合理;对当前现实中的现象作出评价;根据模型和结果对实际问题给出建议。模型的检验主要是检验模型结果的准确性和模型的实用性,一般需要通过模型结果的误差分析来实现准确性的检验,而模型的实用性要通过问题的实际数据或仿真数据来实现检验。误差分析通常包括模型误差、数据误差和计算舍入误差等。

9. 模型评价与改进

模型评价是在建模和求解过程中对自己所建模型的看法,应包括优点和缺点,都要实事求是,应从模型适用性、求解效率、稳定性等方面进行评价,这也能反映出参赛者科学研究的态度。注意评价要尊重事实,优点不要过于夸张,缺点也不要回避。对于模型的改进是指参赛者对所研究问题的进一步认识,特别是根据论文的缺点和不足,参赛者有什么更进一步的想法或改进方向。

10. 参考文献

文献的引用和标注与科技论文的规范要求是完全一致的。论文中主要思想、方法、模型和求解算法等内容,哪些属于参赛者自己的,哪些是参考已有文献资料的,都应该明显地体现出来。凡是参考或引用已有文献的相关内容都应按规范要求在适当的地方给出标注,并与文后的参考文献列表相对应。对于没有标注的内容,就会被认为是属于参赛者自己的。如果出现该标注而没有标注的内容,就可能被定性为剽窃,要避免此类问题的出现。在正确引用文献资料和规范标注来解决问题的同时,要避免过度引用,过度引用也等于抄袭。

11. 附录

附录主要给出求解程序、计算框图、引用的数据或重要的文献资源等。

9.3　数学建模竞赛论文讲评选读

全国大学生数学建模竞赛自 1992 年始设立本科组竞赛,至 2022 年共 68 个不同的竞赛问题,作为综合应用实践,本节列举两个代表性的竞赛问题并给出专家的讲评分析思路,可以供参加竞赛的同学参考学习。

9.3.1　案例 1：炉温曲线的数学模型与求解

炉温曲线是 2020 年全国大学生数学建模竞赛 A 题,主要考查学生对电路板自动焊接过程中回焊炉温区温度变化过程的建模仿真能力及对目标优化问题的求解能力。

1. 炉温曲线问题提出

在集成电路板等电子产品生产中,需要将安装有各种电子元件的印刷电路板放置在回焊炉中,通过加热,将电子元件自动焊接到电路板上。在这个生产过程中,让回焊炉的各部分保持工艺要求的温度对产品质量至关重要。目前,这方面的许多工作是通过实验测试来进行控制和调整的。本题旨在通过机理模型来进行分析研究。

回焊炉内部设置若干个小温区,它们从功能上可分成 4 个大温区:预热区、恒温区、回流区、冷却区(见图 9-1)。电路板两侧搭在传送带上匀速进入炉内进行加热焊接。

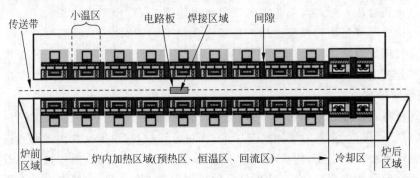

图 9-1 回焊炉截面示意图

某回焊炉内有 11 个小温区及炉前区域和炉后区域,每个小温区长度为 30.5cm,相邻小温区之间有 5cm 的间隙,炉前区域和炉后区域长度均为 25cm。

回焊炉启动后,炉内空气温度会在短时间内达到稳定,此后,回焊炉方可进行焊接工作。炉前区域、炉后区域及小温区之间的间隙不做特殊的温度控制,其温度与相邻温区的温度有关,各温区边界附近的温度也可能受到相邻温区温度的影响。另外,生产车间的温度保持在 25℃。

在设定各温区的温度和传送带的过炉速度后,可以通过温度传感器测试某些位置上焊接区域中心的温度,称之为炉温曲线(焊接区域中心温度曲线)。附件是某次实验中炉温曲线的数据,各温区设定的温度分别为 175℃(小温区 1~5)、195℃(小温区 6)、235℃(小温区 7)、255℃(小温区 8~9)及 25℃(小温区 10~11);传送带的过炉速度为 70cm/min;焊接区域的厚度为 0.15mm。温度传感器在焊接区域中心的温度达到 30℃时开始工作,电路板进入回焊炉开始计时。

实际生产时可以通过调节各温区的设定温度和传送带的过炉速度来控制产品质量。在上述实验设定温度的基础上,各小温区设定温度可以进行 ±10℃ 范围内的调整。调整时要求小温区 1~5 中的温度保持一致,小温区 8~9 中的温度保持一致,小温区 10~11 中的温度保持 25℃。传送带的过炉速度调节范围为 65~100cm/min。

在回焊炉电路板焊接生产中,炉温曲线应满足一定的要求,称为制程界限(见表 9-2)。

表 9-2 制程界限

界 限 名 称	最 低 值	最 高 值	单 位
温度上升斜率	0	3	℃/s
温度下降斜率	−3	0	℃/s
温度上升过程中在 150~190℃ 的时间	60	120	s

续表

界 限 名 称	最 低 值	最 高 值	单 位
温度大于217℃的时间	40	90	s
峰值温度	240	250	℃

请你们团队回答下列问题。

问题1：请对焊接区域的温度变化规律建立数学模型。假设传送带过炉速度为78cm/min，各温区温度的设定值分别为173℃（小温区1～5）、198℃（小温区6）、230℃（小温区7）和257℃（小温区8～9），请给出焊接区域中心的温度变化情况，列出小温区3、6、7中点及小温区8结束处焊接区域中心的温度，画出相应的炉温曲线，并将每隔0.5s焊接区域中心的温度存放在提供的result.csv中。

问题2：假设各温区温度的设定值分别为182℃（小温区1～5）、203℃（小温区6）、237℃（小温区7）、254℃（小温区8～9），请确定允许的最大传送带过炉速度。

问题3：在焊接过程中，焊接区域中心的温度超过217℃的时间不宜过长，峰值温度也不宜过高。理想的炉温曲线应使超过217℃到峰值温度所覆盖的面积（图9-2中阴影部分所示）最小。请确定在此要求下的最优炉温曲线，以及各温区的设定温度和传送带的过炉速度，并给出相应的面积。

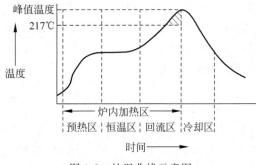

图9-2　炉温曲线示意图

问题4：在焊接过程中，除满足制程界限外，还希望以峰值温度为中心线的两侧超过217℃的炉温曲线应尽量对称（见图9-2）。请结合问题3，进一步给出最优炉温曲线，以及各温区设定的温度及传送带过炉速度，并给出相应的指标值。

2．炉温曲线问题讲评

本部分讲评内容引自沈继红、蔡志杰、李晓乐所著的竞赛论坛论文[17]。

该问题要求通过建模来绘制给定过炉速度和温度设置下的炉温曲线，在设定要求下的最大过炉速度，以及寻找最优炉温曲线的温度和过炉速度设定。问题涉及热传导及单目标、多目标优化，其中最重要的是绘制回焊炉炉温曲线。在模型建立前，需要明确回焊炉工作机制，即传送带的速度可以调节，工作时保持匀速；回焊炉有四段可以设置不同温度的温区，冷却区吹室温风；回焊炉在开始工作后短时间内炉内温度达到稳定；回焊炉垂直方向以传送带为中心上下对称。

3. 模型建立要点

1) 模型假设

(1) 回焊炉的温度仅考虑沿传送带前进方向的变化,在垂直于前进方向的平面上温度不变。

(2) 炉温曲线反映的是焊接区域中心点的温度变化。

2) **热传导数学模型**

根据问题描述,利用一维的热传导方程的初边值问题来描述焊接区域的温度变化

$$\begin{cases} u_t = au_{xx}, & (x,t) \in (x_l,x_r) \times (0,+\infty), \\ u(x,0) = u_T, & x \in (x_l,x_r), \\ -\beta u_x(x_l) + u(x_l) = g(vt), & t \in (0,+\infty), \\ \beta u_x(x_r) + u(x_r) = g(vt), & t \in (0,+\infty). \end{cases}$$

式中,$u(x,t)$ 表示焊接区域中距上表面 $x-x_l$ 处,在距回焊炉入口 vt 处(t 时刻)的温度,v 是传送带速度;u_T 表示初始时刻焊接区域的温度分布(假设室温为 25℃);$g(vt)$ 是温度场,表示回焊炉内部,沿传送带运动方向,距回焊炉入口 vt 处(t 时刻)的温度;α 表示焊接区域的传热属性,其取值为 $\alpha = \dfrac{K}{c\rho}$,$K$ 是导热系数,c 是比热容,ρ 为密度;β 是焊接区域与炉内气体的换热速度相关的参数,越小表示换热越快,当为 0 时变为第一类边界条件。

注:温度场 $g(vt)$ 需要根据实际情况合理假设,焊接区域的传热属性 α 和换热速度相关的参数 β 等可根据附件所提供的数据反演。

3) 一维热传导方程的数值离散格式

将区域 $I = (x_l, x_r)$ 均匀剖分为 N 份,步长 $h = \dfrac{x_r - x_l}{N}$,节点 $x_l = x_0 < x_1 < \cdots < x_N = x_r$,$x_i = x_0 + ih$,记 $u_i = u(x_i, t)$,$(u_i)_t = u_t(x_i, t)$。

空间半离散的有限差分格式如下

$$\begin{cases} (u_i)_t = a\delta_x^2 u_i + O(h^2), & i = 1,2,\cdots,N-1, \\ u_i(0) = u_T(x_i), & i = 0,1,\cdots,N, \\ -\beta u_x \big|_{x=x_0} + u_0 = g(vt), \\ \beta u_x \big|_{x=x_N} + u_N = g(vt), \end{cases}$$

其中,$\delta_x^2 u_i = \dfrac{u_{i+1} - 2u_i + u_{i-1}}{h^2}$,$u_x \big|_{x=x_0} = \dfrac{u_1 - u_0}{h} + O(h)$,$u_x \big|_{x=x_N} = \dfrac{u_N - u_{N-1}}{h} = O(h)$。

在边界条件中舍去最高阶量,可得

$$u_0 = \frac{1}{h+\beta}[\beta u_1 + hg(vt)], \quad u_N = \frac{1}{h+\beta}[\beta u_{N-1} + hg(vt)]$$

继而化为矩阵形式的半离散格式为

$$U_t = \frac{\alpha}{h^2}(\boldsymbol{AU} + \boldsymbol{B})$$

其中

$$
A = \begin{bmatrix} -2+\dfrac{\beta}{h+\beta} & 1 & & & \\ 1 & -2 & 1 & & \\ \vdots & \vdots & \vdots & \vdots & \vdots \\ & & 1 & -2 & 1 \\ & & & 1 & -2+\dfrac{\beta}{h+\beta} \end{bmatrix}_{(N-1)\times(N-1)}, \quad B = \begin{bmatrix} \dfrac{h}{h+\beta}g(vt) \\ 0 \\ \vdots \\ 0 \\ \dfrac{h}{h+\beta}g(vt) \end{bmatrix}_{(N-1)\times 1}
$$

且

$$
U = (u_1, u_2, \cdots, u_{N-1})^{\mathrm{T}}, \quad U_t = \frac{\mathrm{d}U}{\mathrm{d}t}
$$

利用向后欧拉法将时间离散后得全离散格式为

$$
\frac{1}{\tau}(U^{n+1} - U^n) = \frac{\alpha}{h^2}(A^{n+1}U^{n+1} + B^{n+1})
$$

即 $\left(\dfrac{1}{\tau}I - \dfrac{\alpha}{h^2}A^{n+1}\right)U^{n+1} = \dfrac{1}{\tau}U^n + \dfrac{\alpha}{h^2}B^{n+1}$。

4) 温度场确定

温度场记为 $g(y)$，是指回焊炉稳定后在距离回焊炉入口 y 处传送带附件的空气的温度，与小温区风扇设定相关，为简化模型，本模型主要考虑如下三个影响因素对温度场的影响。

(1) $g(y)$ 在各小温区处大部分区域等于小温区设定温度，在临近小温区边界 5cm 的区域及小温区间的间隙内，受到周围温区的温度影响呈线性过渡。

(2) $g(y)$ 从入口至第一个小温区 5cm 处之间的一段由室温线性过渡到第一个小温区的设定温度。

(3) 在冷却区右端至出口 $g(y)$ 为室温。

5) 热传导系数 α 和换热参数 β 的确定方法

热传导系数 α 和换热参数 β 随着焊接区域温度的变化而变化，为简便起见，作如下近似假设。

(1) 假设热传导系数 α 和换热参数 β 随温度场的变化而变化。

(2) 热传导系数 α 和换热参数 β 在各小温区处大部分区域等于常数，在临近小温区边界 5cm 的区域及小温区间的间隙内呈线性过渡。

(3) 从入口到加热区，热传导系数 α 和换热参数 β 与冷却区内相同。

(4) 由于小温区一共有 4 种温度设定且温度设定变化范围较小，在温度设置改变后假定热传导系数 α 和换热参数 β 不再变化。

根据附件数据和假定，热传导系数 α 和换热参数 β 在四段加热温区和冷却区分别为

$$\alpha = [4.91\times10^{-11}; 5.53\times10^{-11}; 7.54\times10^{-11}; 5.32\times10^{-11}; 2.78\times10^{-11}],$$

$$\beta = [2.54 \times 10^{-6}; 3.90 \times 10^{-7}; 4.55 \times 10^{-7}; 5.05 \times 10^{-7}; 6.86 \times 10^{-6}]$$

图 9-3 给出了计算获得炉温曲线与附件数据的比较,不难看出两者吻合得相当好。

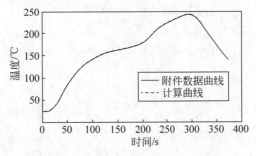

图 9-3　计算曲线与附件数据的比较

4. 问题求解

引入如下记号。

(1) 加热区域设定温度定义为 $\text{Tem} = (k_1, k_2, k_3, k_4)$ 其调控范围为

$$\text{Tem} \in A = \{(k_1, k_2, k_3, k_4) \mid k_1 \in [165, 185], k_2 \in [185, 205], k_3 \in [225, 245],$$
$$k_4 \in [245, 265]\}$$

单位为℃。

(2) 传送带速度定义为 v,且 $v \in [65, 100]$,单位 cm/min。

(3) 焊接区域中点的"时间-温度"定义为 $u_m(t)$,$t \in \left[0, \dfrac{L}{v}\right]$,$t$ 的单位为 s,u_m 单位为摄氏度,L 为回焊炉长度。

(4) $u_m(t)$ 和 (Tem, v) 的映射关系记为 $M_p : (\text{Tem}, v) \rightarrow u_m(t)$。

(5) 制程界限(记为 H 条件)即炉温曲线 $u_m(t)$ 满足:$\left|\dfrac{du_m(t)}{dt}\right| \leqslant 3$;$t_2 - t_1 \in [60,$ 120]其中,t_1、t_2 分别第一次使 $u_m(t_1) = 150$,$u_m(t_2) = 190$ 成立的时刻;$t_4 - t_3 \in [40, 49]$,这里 t_3、$t_4 (t_3 \leqslant t_4)$ 是方程 $u_m(t) = 217$ 的两个根;$\max\limits_t u_m(t) \in [240, 250]$。

(6) 曲线族 $\Gamma = \{u_m(t) \mid u_m(t)$ 满足 H 条件,且 $u_m(t) = M_p(\text{Tem}, v), \text{Tem} \in A, v \in [65, 100]\}$。

显然,曲线族 Γ 包含了在温度和速度调控范围内,且满足制程界限 H 条件的所有炉温曲线。

1) 问题 1 的求解

在上述温度场和相关系数设定下,易求解问题 1 的解,即传送带过炉速度为 78cm/min,各温区温度的设定值分别为 173℃(小温区 1~5)、198℃(小温区 6)、230℃(小温区 7)和 257℃(小温区 8~9)的炉温曲线计算结果,其中炉温曲线如图 9-4 所示。

小温区 3、6、7 中点及小温区 8 结束处焊接区域中心的温度依次为:130.2679℃,167.6540℃,189.4755℃ 和 223.5468℃。

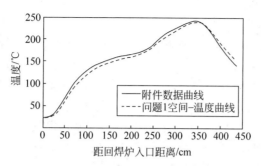

图 9-4 问题 1 的炉温曲线与附件数据的比较

2）问题 2 的求解

数学模型为

$$\max_{M_p(\mathrm{Tem}^*,v)\in\Gamma} v$$

其中，$\mathrm{Tem}^* = (182,203,237,254)$。

在上述温度场和相关系数的设定下，各温区温度的设定值分别为 182℃（小温区 1～5）、203℃（小温区 6）、237℃（小温区 7）和 254℃（小温区 8～9），求传送带最大过炉速度时，可将速度按 $0.01\mathrm{cm/min}$ 的步长遍历即可求得，其最大过炉速度为 $78.98\mathrm{cm/min}$。

3）问题 3 和 4 的求解

问题 3，对于过炉曲线 $u_\mathrm{m}(t)$，设其在 t 时刻取得最大值，则最上侧尖端区覆盖的面积的最优曲线为

$$u_\mathrm{m}^*(t) = \arg \min_{u_\mathrm{m}(t)\in\Gamma} \int_{t_3}^{t_q} u_\mathrm{m}(t)\mathrm{d}t$$

针对问题 4，对于过炉曲线 $u_\mathrm{m}(t)$ 成对称关系的最优曲线镜像对称误差可写为

$$\varepsilon = \| u_\mathrm{m}(t) - u_\mathrm{m}(2t_q - t) \|_{L_p}, \quad t \in [t_q, t_4]$$

其中，$\| \cdot \|_{L_p}$ 可采用 L_1、L_2 或 ∞ 范数。

问题 4 要求除满足制程界限外，还希望以峰值温度为中心线的两侧超过 217℃ 的炉温曲线应尽量对称，即在问题 3 所提出的区域面积最小情况下，求最最优解。考虑到面积和对称误差量纲不同，进行归一化处理后相加，然后挑选出加和最小的炉温曲线，因此问题 4 可转换为如下规划问题

$$u_\mathrm{m}^*(t) = \arg \min_{u_\mathrm{m}(t)\in\Gamma} P_4(u_\mathrm{m}(t)), \quad t \in [t_q, t_4],$$

其中

$$P_4(u_\mathrm{m}(t)) = \frac{1}{S_b - S_a}\left(\int_{t_3}^{t_q} u_\mathrm{m}(t)\mathrm{d}t - S_a\right) + \frac{1}{E_b - E_a}\left(\| u_\mathrm{m}(t) - u_\mathrm{m}(2t_q - t) \|_{L_p} - E_a\right);$$

$$S_a = \min_{u_\mathrm{m}(t)\in\Gamma} \int_{t_3}^{t_q} u_\mathrm{m}(t)\mathrm{d}t, \quad S_b = \max_{u_\mathrm{m}(t)\in\Gamma} \int_{t_3}^{t_q} u_\mathrm{m}(t)\mathrm{d}t,$$

$$E_a = \min_{u_\mathrm{m}(t)\in\Gamma} \| u_\mathrm{m}(t) - u_\mathrm{m}(2t_q - t) \|_{L_p}, \quad t \in [t_q, t_4],$$

$$E_b = \max_{u_{\mathrm{m}}(t) \in \Gamma} \| u_{\mathrm{m}}(t) - u_{\mathrm{m}}(2t_q - t) \|_{L_p}, \quad t \in [t_q, t_4]$$

注 由于 t_q 并一定为 t_3 和 t_4 的中点,因此上述 t 的取值范围可以为 $t \in [t_3, t_q]$。

实际上,问题 3 和 4 的求解难度很大程度上是制程界限 H 条件带来的,为了判断是否满足制程界限 H,只能将炉温曲线以某种方式求解出来,这就涉及偏微分方程的求解。而由于边界条件和方程中的系数是分段线性的,解析解很难求解,在温度与速度的设置下解析求解最优曲线同样困难。因此,可行的办法是:以某种方式"遍历"所有的温度与速度的设置,计算并挑选出符合制程界限的所有炉温曲线即曲线族 Γ,在 Γ 中计算出最优曲线。上述过程的关键在于如何合理地"遍历"所有的温度与速度设置。这种"遍历"实际上是对温度与速度设置空间的一种"采样"算法,当然均匀采样会是首选,但这会使得采样点的个数随着空间的维数指数增长。

下面给出一种实现近似的"遍历"的"混沌迭代"法,其迭代格式在给定初值 $x_1 \in (0,1)$ 后可以生成 $(0,1)$ 之间的一个混沌序列 $\{x_k\}_{k=1}^M$:$x_{k+1} = 4x_k(1-x_k)$。在得到一个长度为 M 的混沌序列 $\{x_k\}_{k=1}^M$ 后,经过简单的线性变换后可将其映射到区间 (a,b) 的一个混沌序列 $\{y_k\}_{k=1}^M$,其中 $y_k = (b-a)x_k + a$。基于此,可以生成一种 M 种温度速度设置的"混沌采样"结果,也即 M 条炉温曲线,从而在有限的时间内求解出问题 3 和问题 4。

关于 M 的设置,M 越大结果越好,但计算量也会增大。以计算问题 3 的最优曲线为例,给出如下解决算法如下。

(1) 给定 $M_0 = m_0$,计算出最优曲线对应的面积 S_0。

(2) 令 $M_1 = M_0 + d$,计算出最优曲线对应的面积 S_1,对应的曲线即为最优曲线。

(3) 若相对误差小于 5%,则认为(2)中面积 S_1 为最优曲线对应的面积。

(4) 若相对误差大于 5%,则令 $M_0 = m_0 + d$ 重复上述(1)、(2)直到(3)成立。

下面利用"10000 条混沌遍历法"求解问题 3 和 4。首先计算 3000+3500 条混沌采用曲线大概用时 5.71min。设定 $M_0 = 3000$ 和 $M_1 = 3500$ 对应的问题 3 和问题 4 的相对误差分别是 1.29% 和 1.35%。为了使得结果更加精确,并且计算时间控制在 10min 左右,可以用 10000 条混沌采样来计算问题 3 和问题 4,实际用时 12.75min。

表 9-3 与表 9-4 给出了 10000 条混沌采样下问题 3 尖端区面积和问题 4 综合指标分别最小的前 5 个温度速度设置。从表 9-5 可以看出,问题 3 和问题 4 为同一条最优曲线(见图 9-5),且它对应的温度和速度设置为:178.38℃(小温区 1~5)、185.89℃(小温区 6)、225.22℃(小温区 7)、264.91℃(小温区 8~9),传送带过炉速度为 86.79cm/min。此时,问题 3 的最小面积为 467.8918s·℃,问题 4 的最小综合指标为 0,对应的镜像误差 2 范数为 18.0598。

表 9-3 问题 3 顶端区域面积最小的 5 个温度速度设置

区域温度/℃				速度/(cm/min)	面积/(s·℃)	综合指标	镜像误差(2 范数)	镜像误差(∞ 范数)
178.38	185.89	225.22	264.91	86.79	467.8918	0.0000	18.0598	8.4113
175.00	205.00	225.01	264.95	89.59	469.8847	0.0069	18.1906	8.4750

续表

区域温度/℃				速度/ (cm/min)	面积/ (s·℃)	综合指标	镜像误差 (2 范数)	镜像误差 (∞范数)
179.13	185.01	240.28	264.97	94.28	472.2584	0.0143	18.3184	8.5274
173.58	188.50	231.49	265.00	89.15	475.7097	0.0284	18.6144	8.6057
183.06	190.89	240.77	264.68	96.38	477.6622	0.0390	18.8659	8.7546

表 9-4　问题 4 综合指标最小的 5 个温度速度设置

区域温度/℃				速度/ (cm/min)	面积/ (s·℃)	综合指标	镜像误差 (2 范数)	镜像误差 (∞范数)
178.38	185.89	225.22	264.91	86.79	467.8918	0.0000	18.0598	8.4113
175.00	205.00	225.01	264.95	89.59	469.8847	0.0069	18.1906	8.4750
179.13	185.01	240.28	264.97	94.28	472.2584	0.0143	18.3184	8.5274
173.58	188.50	231.49	265.00	89.15	475.7097	0.0284	18.6144	8.6057
183.06	190.89	240.77	264.68	96.38	477.6622	0.0390	18.8659	8.7546

表 9-5　问题 4 镜像误差 2 范数最小的 5 个温度速度设置

区域温度/℃				速度/ (cm/min)	面积/ (s·℃)	综合指标	镜像误差 (2 范数)	镜像误差 (∞范数)
178.38	185.89	225.22	264.91	86.79	467.8918	0.0000	18.0598	8.4113
175.00	205.00	225.01	264.95	89.59	469.8847	0.0069	18.1906	8.4750
179.13	185.01	240.28	264.97	94.28	472.2584	0.0143	18.3184	8.5274
173.58	188.50	231.49	265.00	89.15	475.7097	0.0284	18.6144	8.6057
183.06	190.89	240.77	264.68	96.38	477.6622	0.0390	18.8659	8.7546

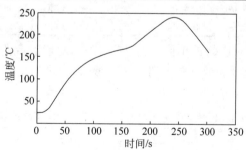

图 9-5　"10000 条混沌"遍历下问题 3 和问题 4 的最优曲线

下面给出采用"粗细网格遍历"法求解问题 3 和问题 4 的结果。

所谓"粗细网格遍历"就是温度和速度在"大步长下"遍历全部设置,根据计算结果在大步长下"最优曲线"的温度和速度设置附近,加细步长,以找到最优曲线。

首先设置温度遍历步长为 5℃,速度遍历步长为 5cm/min,得到"大步长全局遍历"的结果,如表 9-6～表 9-8 所示。

表 9-6　问题 3 顶端区域面积最小的 5 个温度速度设置

区域温度/℃				速度/ (cm/min)	面积/ (s·℃)	综合指标	镜像误差 (2 范数)	镜像误差 (∞ 范数)
185.00	195.00	225.00	265.00	90.00	473.9879	0.0198	18.6159	8.6096
175.00	195.00	230.00	265.00	90.00	476.3479	0.0272	18.7297	8.6505
185.00	205.00	230.00	265.00	95.00	477.6490	0.0949	20.7799	9.3270
180.00	190.00	230.00	265.00	90.00	480.0830	0.0676	19.8079	9.0146
175.00	185.00	225.00	265.00	85.00	480.7246	0.0107	17.9986	8.4248

表 9-7　问题 4 综合指标最小的 5 个温度速度设置

区域温度/℃				速度/ (cm/min)	面积/ (s·℃)	综合指标	镜像误差 (2 范数)	镜像误差 (∞ 范数)
175.00	185.00	225.00	265.00	85.00	480.7246	0.0107	17.9986	8.4248
185.00	195.00	225.00	265.00	90.00	473.9879	0.0198	18.6159	8.6096
175.00	195.00	230.00	265.00	90.00	476.3479	0.0272	18.7297	8.6505
185.00	195.00	225.00	265.00	85.00	497.5220	0.0949	18.8378	8.7478
180.00	190.00	230.00	265.00	90.00	480.0830	0.0676	19.8079	9.0146

表 9-8　问题 4 镜像误差 2 范数最小的 5 个温度速度设置

区域温度/℃				速度/ (cm/min)	面积/ (s·℃)	综合指标	镜像误差 (2 范数)	镜像误差 (∞ 范数)
175.00	185.00	225.00	265.00	85.00	480.7246	0.0107	17.9986	8.4248
185.00	195.00	225.00	265.00	90.00	473.9879	0.0198	18.6159	8.6096
175.00	195.00	230.00	265.00	90.00	476.3479	0.0272	18.7297	8.6505
185.00	195.00	225.00	265.00	85.00	497.5220	0.0949	18.8378	8.7478
180.00	190.00	230.00	265.00	90.00	480.0830	0.0676	19.8079	9.0146

在大步长下,问题 3 对应的最小面积为 473.9879,温度设置为(185,195,225,265),速度设置为 90,然后在此速度和温度附近用小步长搜索,温度遍历方式为 ±2℃,步长 1℃,速度 ±2cm/min,步长 1cm/min,搜索结果如表 9-9~表 9-11 所示。

表 9-9　问题 3 顶端区域面积最小的 5 个温度速度设置

区域温度/℃				速度/ (cm/min)	面积/ (s·℃)	综合指标	镜像误差 (2 范数)	镜像误差 (∞ 范数)
185.00	194.00	227.00	265.00	91.00	468.7109	0.0125	18.6509	8.6212
175.00	194.00	226.00	265.00	90.00	470.5875	0.0090	18.4485	8.5445
185.00	197.00	226.00	265.00	91.00	470.7622	0.0191	18.7548	8.6619
183.00	197.00	227.00	265.00	91.00	471.0499	0.0200	18.7686	8.6665
184.00	193.00	226.00	265.00	90.00	471.3145	0.0113	18.4842	8.5582

表 9-10　问题 4 综合指标最小的 5 个温度速度设置

区域温度/℃				速度/(cm/min)	面积/(s·℃)	综合指标	镜像误差(2 范数)	镜像误差(∞范数)
183.00	194.00	226.00	265.00	90.00	470.5875	0.0090	18.4485	8.5445
184.00	193.00	226.00	265.00	90.00	471.3145	0.0191	18.4842	8.5582
185.00	194.00	227.00	265.00	91.00	468.7109	0.0125	18.6509	8.6212
183.00	197.00	225.00	265.00	90.00	472.5340	0.0152	18.5445	8.5820
184.00	196.00	225.00	265.00	90.00	473.2610	0.0175	18.5802	8.5958

表 9-11　问题 4 镜像误差 2 范数最小的 5 个温度速度设置

区域温度/℃				速度/(cm/min)	面积/(s·℃)	综合指标	镜像误差(2 范数)	镜像误差(∞范数)
183.00	195.00	225.00	264.00	88.00	478.3208	0.0200	18.4077	8.6404
184.00	194.00	225.00	264.00	88.00	478.9367	0.0219	18.4381	8.6522
185.00	194.00	226.00	265.00	90.00	470.5875	0.0090	18.4485	8.5445
183.00	193.00	225.00	264.00	88.00	479.5527	0.0239	18.4684	8.6639
184.00	193.00	226.00	265.00	90.00	471.3145	0.0113	18.4842	8.5582

在大步长下,问题 4 对应的最小"综合指标"为 0.0107,温度设置为(175,185,225,265),速度设置为 85。同样地,在此速度和温度附近用小步长搜索,即温度遍历方式为 ±2℃,步长 1℃,速度±2cm/min,步长 1cm/min,且温度和速度在问题的可调控范围内,搜索结果如表 9-12～表 9-14 所示。

表 9-12　问题 3 顶端区域面积最小的 5 个温度速度设置

区域温度/℃				速度/(cm/min)	面积/(s·℃)	综合指标	镜像误差(2 范数)	镜像误差(∞范数)
174.00	187.00	225.00	265.00	86.00	468.3152	−0.0139	17.8466	8.3321
175.00	186.00	225.00	265.00	86.00	468.7850	−0.0124	17.8706	8.3413
176.00	185.00	225.00	265.00	86.00	469.2548	−0.0109	17.8947	8.3506
176.00	187.00	226.00	265.00	87.00	469.5030	0.0194	18.8276	8.6535
173.00	186.00	226.00	265.00	86.00	469.9524	−0.0086	17.9299	8.3638

表 9-13　问题 4 综合指标最小的 5 个温度速度设置

区域温度/℃				速度/(cm/min)	面积/(s·℃)	综合指标	镜像误差(2 范数)	镜像误差(∞范数)
174.00	187.00	225.00	265.00	86.00	468.3152	−0.0139	17.8466	8.3321
175.00	186.00	225.00	265.00	86.00	468.7850	−0.0124	17.8706	8.3413
176.00	185.00	225.00	265.00	86.00	469.2548	−0.0109	17.8947	8.3506
173.00	186.00	226.00	265.00	86.00	469.9524	−0.0086	17.9299	8.3638
174.00	186.00	226.00	265.00	86.00	470.4222	−0.0071	17.9540	8.3731

表 9-14 问题 4 镜像误差 2 范数最小的 5 个温度速度设置

区域温度/℃				速度/ (cm/min)	面积/ (s·℃)	综合指标	镜像误差 (2 范数)	镜像误差 (∞范数)
174.00	187.00	225.00	265.00	86.00	468.3152	−0.0139	17.8466	8.3321
175.00	186.00	225.00	265.00	86.00	468.7850	−0.0124	17.8706	8.3413
176.00	185.00	225.00	265.00	86.00	469.2548	−0.0109	17.8947	8.3506
173.00	186.00	226.00	265.00	86.00	469.9524	−0.0086	17.9299	8.3638
174.00	185.00	226.00	265.00	86.00	470.4222	−0.0071	17.9540	8.3731

从表 9-5～表 9-12 可以看出,使用"粗细网格遍历法",问题 3 的最优曲线对应的温度和速度设置为 185℃(小温区 1～5)、194℃(小温区 6)、227℃(小温区 7)、265℃(小温区 8～9),传送带过炉速度为 91cm/min。此时,问题 3 的最小面积为 468.7109s·℃。图 9-6 给出了"粗细网格遍历法"下搜索的问题 3 的最优曲线。问题 4 的最优曲线对应的温度和速度设置为 174℃(小温区 1～5)、187℃(小温区 6)、225℃(小温区 7)、265℃(小温区 8～9),传送带过炉速度为 86cm/min。此时,问题 3 的最小面积为 468.3152s·℃,最小综合指标为 −0.0139,此时镜像误差的 2 范数为 17.8466。图 9-7 给出了"粗细网格遍历法"下搜索的问题 4 的最优曲线。

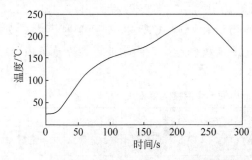

图 9-6 "粗细网格遍历法"下问题 3 的最优曲线　　图 9-7 "粗细网格遍历法"下问题 4 的最优曲线

本问题主要考察对实际物理过程的简化及建模仿真能力,以及对单目标、多目标优化问题的求解能力。处理本问题,应在焊接区域的温度假设、边界条件设置(第三类边界)、差分求解、参数检验、制程界限、尖端区面积、双目标优化目标函数设置等方面进行合理有效的设定。

9.3.2 案例 2:机场的出租车问题

机场的出租车问题是 2019 年全国大学生数学建模竞赛 C 题,主要考查学生对现实生活问题的机理性分析,具有较大的发挥创造空间。

1. 机场出租车问题提出

大多数乘客下飞机后目的地是市区(或周边),出租车是主要的交通工具之一。国内多数机场都是将送客(出发)与接客(到达)通道分开的。送客到机场的出租车司机都将会面临如下两个选择。

（1）前往到达区排队等待载客返回市区。出租车必须到指定的"蓄车池"排队等候,依"先来后到"排队进场载客,等待时间长短取决于排队出租车和乘客的数量多少,需要付出一定的时间成本。

（2）直接放空返回市区拉客。出租车司机会付出空载费用并可能损失潜在的载客收益。

在某时间段抵达的航班数量和"蓄车池"里已有的车辆数是司机可观测到的确定信息。通常司机的决策与其个人的经验判断有关,比如在某个季节与某时间段抵达航班的多少和可能乘客数量的多寡等。如果乘客在下飞机后想打车,就要到指定的"乘车区"排队,按先后顺序乘车。机场出租车管理人员负责"分批定量"放行出租车进入"乘车区",同时安排一定数量的乘客上车。在实际中,还有很多影响出租车司机决策的确定和不确定因素,其关联关系各异,影响效果也不尽相同。

请你们团队结合实际情况,建立数学模型研究下列问题。

（1）分析研究与出租车司机决策相关因素的影响机理,综合考虑机场乘客数量的变化规律和出租车司机的收益,建立出租车司机选择决策模型,并给出司机的选择策略。

（2）收集国内某一机场及其所在城市出租车的相关数据,给出该机场出租车司机的选择方案,并分析模型的合理性和对相关因素的依赖性。

（3）在某些时候,经常会出现出租车排队载客和乘客排队乘车的情况。某机场"乘车区"现有两条并行车道,管理部门应如何设置"上车点",并合理安排出租车和乘客,在保证车辆和乘客安全的条件下,使得总的乘车效率最高。

（4）机场的出租车载客收益与载客的行驶里程有关,乘客的目的地有远有近,出租车司机不能选择乘客和拒载,但允许出租车多次往返载客。管理部门拟对某些短途载客再次返回的出租车给予一定的"优先权",使得这些出租车的收益尽量均衡,试给出一个可行的"优先"安排方案。

2. 机场出租车问题专家讲评

本部分讲评内容引自韩中庚教授所发表的竞赛论坛论文[17]。

针对该问题,主要从出租车司机的经济效益角度考虑,分析研究与出租车司机决策相关的确定和不确定因素的影响机理,综合考虑机场乘客数量的变化规律和出租车司机的收益,建立出租车司机的选择决策模型,并给出司机可能的选择方案。

3. 机场出租车司机的选择模型

正常情况下,司机空载返回的成本(耗油费和过路费等)基本上是确定的,影响司机决策的主要因素取决于可能的等待时间成本。等待时间长短取决于排队等待的出租车数量和可能乘坐出租车的乘客数量,可能乘坐出租车的乘客数与具体的时间段和到达的航班数量有密切的关系。通常每个机场的航班数量有季节性差异,每天进出的航班基本上是确定的,而每天早、中、晚不同时间段的一个航班可能乘坐出租车的人数也不尽相同。同时,注意到每天早上送机的车多,但到达的航班少;正常时间通常都有地铁和机场大巴车往返机场与市区之间,会分流一定数量的乘客;其他时间可能会有更多的乘客需要乘坐出租车。

实际中有诸多不确定的影响因素,需要根据具体情况做一定的简化处理。

(1) 空载返回的基本成本(记 R)是由出租车空载返回的油耗 a 和过路(桥)费 b(可能不存在)决定的,且

$$R \geqslant a+b$$

(2) 载客受益(记 $p(s)$)由起步价 p_0 和阶梯公里价 $p(s)$ 与行驶公里数 s 组成,即

$$p(s) = p_0 + [p(s) \cdot s]$$

(3) 机场乘客数量(记 $Z(t)$)的估计,机场乘客数量受机场一天的航班数(记 $f(t)$)、航班的载客量(记 $N(t)$)与乘客乘坐出租车的人数比例(记 $R(t)$)等影响,且 $Z(t) = f(t)N(t)R(t)$。

某机场的一天航班数量 $f(t)$,$0 \leqslant t \leqslant 24$ 是由不同的机场、不同时间段等因素确定,可查询相关机场信息或以当前时节为例统计某一天到达航班数量的分布规律;t 时段每个航班的载客数量 $N(t)$ 主要由飞机机型所确定,假设为常见机型,平均载客量为 $120 \sim 180$ 人不等;乘客乘坐出租车人数比例 $R(t)$ 受机场巴士(或地铁)运行等时段信息影响,不妨设乘坐出租车的人数比例为

$$R(t) = \begin{cases} k, & 7 < t < 22 \\ k + r(t), & 22 \leqslant t \leqslant 24 + 7 \pmod{24} \end{cases}$$

其中,$r(t) = k(1 - e^{-\frac{(t-\alpha)}{\sigma^2}})$,$\alpha$ 和 σ 由经验给定,诸如取 $\alpha = 22$,$\sigma = 1$,k 由统计规律确定,如 $0.2 \sim 0.3$。此处变量 α、σ、k 取值也可通过统计规律进行估值和检验。

(4) 出租车在机场排队可能等待时间(记 $\omega(t)$)的估计值取决于不同时段出租车的到达规律、排队数量和乘坐出租车的乘客数量。

实际运行中,每天到达机场"蓄车池"的出租车数量是不确定的,一般早晚会相对少一些,正常时间段服从一定的概率分布。这里给出平均到达率、平均服务率、平均等待时间等假设模型。

① 出租车的平均到达率 $P_n(t)$。

正常情况下,假设每天出租车到达机场的时间间隔服从 Poisson 分布,其平均到达率与时间段 t 有关,记为 $\lambda(t)$,即在 $[0,t]$ 时间内有 n 辆出租车到达的概率为

$$P_n(t) = \frac{\lambda(t)^n}{n!} e^{-\lambda(t)}, \quad (n = 0, 1, \cdots; t > 0)$$

其中,平均到达率 $\lambda(t)$ 随时间的变化规律与机场出港的航班有关,一般地,早上赶早班飞机的较多,会有一个早高峰,中午和傍晚时段也会有一个小高峰,具体数值可根据机场统计数据估计和验证。

② 出租车的平均服务率 $\mu(t)$。

假设机场有 $c(c \geqslant 2)$ 个独立的出租车上车站点,每辆出租车接受服务(载客后离开乘车区)的时间 $\mu(\mu > 0)$ 是不同的,其中包括从"蓄车池"到达乘车区的时间、等待乘客到达上车

站点的时间、乘客上车的时间和载客离开乘车区的时间,则出租车接受服务的时间服从负指数分布,即 $F(t)=1-\mathrm{e}^{-\mu t}$。其中接受服务的时间 $\mu(\mu>0)$ 与不同时间段乘坐出租车的乘客数量有关,乘客的数量却决于航班数量和乘坐出租车的乘客比例 $R(t)$,即 $\mu(t)$ 是随时间变化的,也就是与乘坐出租车的人数有关。

正常情况下,如果每辆出租从"蓄车池"安全到达乘车区停稳后需要的时间为 t_1;每组乘客上车需要的时间为 t_2;每辆车载客后启动、离开乘车区需要时间为 t_3,则在乘客足够多时每辆车接受服务的时间为 $\mu_0=t_1+t_2+t_3$,假设 t_1 和 t_3 为设定的常数,即意味着每小时有 $n_0=\left[\dfrac{60}{\mu_0}\right]$ 辆车接受服务(载客离开)。如果乘客数量不多,出租车到达乘车区时不能立即载客,就需要在乘车区等待乘客,记等待时间为 τ,其值与需要乘坐出租车的人数有关,则

$$\tau(t)=\begin{cases}\dfrac{n_0}{Z(t)}\mu_0, & Z(t)\leqslant n_0 \\[2mm] 0, & Z(t)>n_0\end{cases}$$

于是有平均服务率

$$\mu(t)=\mu_0+\tau(t)$$

③ 出租车的平均等待时间 $\omega(t)$。

假设出租车到机场"蓄车池"排队等候载客过程满足顾客(出租车)到达时间间隔服从 Poisson 分布,服务时间(出租车从进入乘车区到载客离开的时间)服从负指数分布,c 个服务台(上车点),顾客源和系统容量无限,以及先到先服务的排队模型,即

$$M/M/c/\infty/\infty/\mathrm{FCFS}$$

由于这个排队系统各服务台的服务工作(各辆车载客离开)是相互独立的,则对于时段 t,整个系统的平均服务率为 $c\mu(t)$(当 $n\geqslant c$),令 $\rho(t)=\dfrac{\lambda(t)}{c\mu(t)}$ 即为系统的服务强度。当 $\rho>1$ 时,系统中就会有出租车在排队等待载客。于是可以得到时段 t 排队系统的状态转移方程为

$$\begin{cases}\mu(t)P_1=\lambda(t)P_0 \\ (n+1)\mu(t)P_{n+1}+\lambda(t)P_{n-1}=[\lambda(t)+n\mu(t)]P_n, & 1\leqslant n\leqslant c \\ c\mu(t)P_{n+1}+\lambda(t)P_{n-1}=[\lambda(t)+c\mu(t)]P_n, & n>c\end{cases}$$

其中,$\displaystyle\sum_{n=0}^{\infty}P_n=1$。由递推关系可得系统状态概率为

$$P_0=\left[\sum_{k=0}^{c-1}\frac{1}{k!}\left(\frac{\lambda(t)}{\mu(t)}\right)^k+\frac{1}{c!}\frac{1}{1-\rho(t)}\left(\frac{\lambda(t)}{\mu(t)}\right)^c\right]^{-1}$$

$$P_n=\begin{cases}\dfrac{1}{n!}\left(\dfrac{\lambda(t)}{\mu(t)}\right)^n P_0, & n\leqslant c \\[3mm] \dfrac{1}{c!}\dfrac{1}{c^{n-c}}\left(\dfrac{\lambda(t)}{\mu(t)}\right)^n P_0, & n>c\end{cases}$$

相应的排队长度为

$$L_q(t) = \frac{[c\rho(t)]^c \rho(t)}{c![1-\rho(t)]^2} P_0$$

相应的等待时间为

$$\omega_q(t) = \frac{L_q(t)}{\lambda(t)} = \frac{[c\rho(t)]^c \rho(t)}{c![1-\rho(t)]^2 \lambda(t)} P_0$$

其中，$\omega_q(t)$ 是 t 时间段内每辆出租车需要等待的时间长度。

（5）根据出租车需要等待的时间来估算出等待时间的成本 Q，首先要估计等待单位时间的成本 $q_0(t)$，则等待的时间成本为

$$Q = q_0(t)\omega_q(t)$$

其中，等待时间的成本 $q_0(t)$ 可以考虑出租车在正常运营情况下单位时间的收益。通常情况下，$q_0(t)$ 在一天中是随时间变化的，实际处理时可以简化（如取分段函数），具体数值根据某城市的情况可具体确定。

（6）空车返回的潜在损失。

如果出租车从机场空车返回，不仅要付出空载成本 R，还损失可能载客的收益，记空载返回市区所需要的时间为 T，从机场载客返回市区总收益为 P_U。由于乘客从机场乘出租车返回市区的距离不同，所需要的时间也不同，不妨设从机场到达市中心的距离为 S_0，辐射周边方圆距离为 σ_0^2。于是不妨设乘客搭乘出租车返回市区的距离 $S \sim N(S_0, \sigma_0^2)$，平均行驶速度为 v_0，故可能的总收益为

$$P_U = P(s) = P[N(s_0, \sigma_0^2)]$$

所需要的总时间为

$$T = \frac{S}{v_0} = \frac{N(S_0, \sigma_0^2)}{v_0}$$

单位时间的潜在损失（载客收益）为 $\dfrac{P_U}{T}$。

空载返回潜在的总损失为

$$R_0(t) = \begin{cases} \dfrac{P_U}{T}[T - \omega_q(t)], & \omega_q(t) < T \\ 0, & \omega_q(t) \geqslant T \end{cases}$$

因此，出租车司机选择决策的准则（比较空载返回成本和等待时间成本的关系）为

当 $Q > R + R_0(t)$ 时，则应选择空载返回市区。

当 $Q < R + R_0(t)$ 时，则应选择排队等待载客。

当 $Q = R + R_0(t)$ 时，则可以随意选择，即等待载客和空载返回效果相同。

4．模型检验与合理性分析

问题需要收集国内某一机场及其所在城市出租车的相关数据，利用机场出租车司机的选择模型验证给出选择方案，分析模型的合理性和对相关因素的依赖性。

不难获取某个机场一天的实时动态的进出航班数量、时间、机型和载客量等数据,某城市的出租车定价和一辆出租车单位时间的收益情况,以及机场距离市区的里程和成本费用等数据,则可以验证说明模型的合理性,并给出出租车司机的选择方案。针对相关参数的变化情况,可以说明模型对相关参数的依赖性。

(1) 如果取正常时间段(6:00—22:00)的乘坐出租车人数的平均值 k 为 0.1~0.2,其他时段乘坐出租车的人数平均值 k 为 0.3~0.5,则可以得到全天的出租车乘客比例 $R(t)$,从而可以得到相应的每个航班可能乘坐出租车的人数 $n(t)$ 和 t 时段内可能乘坐出租车的人数 $Z(t)$。

(2) 该机场距所属城市市区距离 30~60km,距其市中心为 45km,即机场出租车载客从机场到市区的距离服从正态分布 N(45,15);高速过路费 10 元;出租车起步价(2km 内)5:00—22:00 为 8 元,22:00—5:00 为 10 元;2~12km 为 1.5 元/km,12km 后为 2.25 元/km。

(3) 该机场出租车南北各有一个"乘车区",每个"乘车区"各有两条道路,即两个上车点。

(4) 该市城区道路限速为 50~60km/h;机场高速限速 90~120km/h,全段长 30km;正常行驶时间为 30~60min。

(5) 该市出租车每天行驶 10~20h(单班或两班),收益 400~800 元,平均每小时收益 20~50 元。

由这些实际数据即可对上述模型进行验证计算,给出出租车司机在不同时间段的决策方案,并调整相关参数的数值(航班数量、乘坐出租的乘客比例、行驶里程、出租车的收益率和等待时间等)的变化,由此可以说明模型的合理性。通过计算比较出租车等待时间和等待成本的变化,以及对决策方案的影响,则可以检验模型对相关参数的依赖性。

5. 乘车区上车点的设置模型

针对某机场有两条并行车道的"乘车区"的情况,建立"上车点"的优化设置模型,在保证车辆和乘客安全的条件下,合理安排出租车和乘客,使得乘车区总的乘车效率最高,即单位时间内出租车载客离开乘车区的车辆(或人数)最多。

(1) 如果设置一个上车点,即每批次、每车道各安排 1 辆车,乘客由 1 个队列按次序乘车,则每辆出租车从"蓄车池"安全到达乘车区停稳后需要时间为 t_1;每组乘客(同车 1~4 人)上车需要时间为 t_2,介于 30~60s;每辆车载客后启动、离开乘车区平均需要时间为 t_3。于是 1 个批次安排 2 辆车共需时间为 $t_1+t_2+t_3$,其运行效率(平均每辆车乘载一批乘客所需时间)为 $S_1=\dfrac{t_1+t_2+t_3}{2}$。

(2) 如果设置两个上车点,即每批次、每车道各安排 2 辆车,乘客由 1 个队列按次序乘车,则从实际安全考虑,当所有车辆停稳后才能上客,车辆在乘客全部上车后才可以离开乘车区。由于车辆和乘客的相互影响,则所需要的时间会比 1 个上车点的情况有所增加。

不妨设 2 辆车都安全到达乘车区停稳需要的时间为 $t_1+\alpha_1 t_1(0<\alpha_1<1)$;每组乘客上

车需要时间为 $t_2+\alpha_2 t_2(0<\alpha_2<1)$；每辆车载客后启动、离开乘车区所需要的时间为 $t_3+\alpha_3 t_3(0<\alpha_3<1)$。于是 1 个批次安排 4 辆车共需时间为 $\sum\limits_{i=1}^{3}(1+\alpha_i)t_i$，其运行效率(平均每辆车乘载 1 批乘客所需时间)为

$$S_2=\frac{\sum\limits_{i=1}^{3}(1+\alpha_i)t_i}{4}$$

(3) 如果设置 $k(k>1)$ 个上车点，即每批次、每车道各安排 k 辆车，乘客由 1 个队列按次序乘车，则在实际安全的条件下，所有车辆停稳后才能上客，在所安排的乘客全部上车后车辆依次启动、离开乘车区。

不妨设 k 辆车到达乘车区停稳后所需要的时间为 $t_1+(k-1)\alpha_1(k)t_1(\alpha_1(k)\geqslant 0)$；每组乘客(同车 1~4 人)上车所需要的时间为 $t_2+(k-1)\alpha_2(k)t_2(\alpha_2(k)\geqslant 0)$；每辆车载客后从启动、离开乘车区所需要的时间为 $t_3+(k-1)\alpha_3(k)t_3(\alpha_3(k)\geqslant 0)$。于是 1 个批次安排 $2k$ 辆车共需时间为

$$\sum_{i=1}^{3}[t_i+(k-1)\alpha_i(k)t_i]$$

其运行效率(平均每辆车乘载 1 批乘客所需时间)为

$$S_k=\frac{\sum\limits_{i=1}^{3}[t_i+(k-1)\alpha_i(k)t_i]}{2k}$$

其中，$\alpha_i(k)\geqslant 0,i=1,2,3$。

在通常情况下，同时到达乘车区的车辆越多，会产生相互的影响，在保证安全的条件下，从相互影响的效果来确定取值，根据现实情况分析，不妨假设

$$\alpha_1(k)=\begin{cases}0, & k=1\\0.2, & k=2\\0.3, & k=3\\0.4, & k=4\\0.5, & k=5\\\vdots\end{cases},\quad \alpha_2(k)=\begin{cases}0, & k=1\\0.3, & k=2\\0.4, & k=3\\0.5, & k=4\\0.6, & k=5\\\vdots\end{cases},\quad \alpha_3(k)=\begin{cases}0, & k=1\\0.3, & k=2\\0.4, & k=3\\0.5, & k=4\\0.6, & k=5\\\vdots\end{cases}$$

考虑到机场的实际情况，通常乘车区的空间是有限的，为此设立上车点数不会太多，即 k 值不会太大。于是在保证安全的条件下，应取使乘车区运行效率最高的方案，即

$$\min_k S_k=\frac{1}{2k_0}\Big\{\sum_{i=1}^{3}[t_i+(k_0-1)\alpha_i(k_0)t_i]\Big\}$$

即有 $S_{k_0-1}>S_{k_0}<S_{k_0+1}$。

事实上，如果一辆车从"蓄车池"到乘车区停稳需要时间 $t_1=120\mathrm{s}$，每组乘客上车时间 $t_2\in[30,60]\mathrm{s}$，不妨取平均值 $t_2=45\mathrm{s}$，出租车载客后启动、驶离乘车区的时间 $t_3=30\mathrm{s}$。

当 $k=1$（设 1 个上车点）时，则有 $S_1=\dfrac{120+45+30}{2}=97.5(\mathrm{s})$。

当 $k=2$（设 2 个上车点）时，则有 $S_2=\dfrac{1.2\times120+1.3\times45+1.3\times30}{4}=60.375(\mathrm{s})$。

当 $k=3$（设 3 个上车点）时，则有 $S_3=\dfrac{1.6\times120+1.8\times45+1.8\times30}{6}=54.5(\mathrm{s})$。

当 $k=4$（设 4 个上车点）时，则有 $S_4=\dfrac{2.2\times120+2.5\times45+2.5\times30}{8}=56.4375(\mathrm{s})$。

由此可知，设置 3 个上车点，乘车区的运行效率是最高的，不难说明这是符合实际情况的。

注　进一步扩展思考，针对 3 个上车点和乘客的排队方式可以作相应的讨论。

6. 短途往返车辆的优先安排模型

机场的出租车载客收益与载客的行驶里程（或时间）有关，乘客的目的地有远有近，出租车司机不能选择乘客和拒载，但允许出租车多次往返载客。管理部门拟对某些短途载客再次返回的出租车给予一定的"优先权"，使得这些出租车的收益尽量均衡，那么应该如何确定这样的"优先"方案？

如果某时间段内排队等待的出租车等待的时间长度都为 T_0（如 1～3h）。在正常情况下，对于一辆载客返回市区的出租车，行驶时间为 T_1（如 30～60min），收益额为 P_1（如 100～180 元）；而对于一辆乘载了短途乘客的出租车，行驶时间长度为 $T_2<T_1$（如 10～30min），收益额为 $P_2<P_1$（如 20～50 元），即需要经 $2T_2$ 时间后返回机场，那么应该如何安排"优先"方案？

事实上，对于一辆正常载客返回城区的出租车的平均收益为 $\dfrac{P_1}{T_0+T_1}$，而对于一辆载短途乘客的出租车的平均收益为 $\dfrac{P_2}{T_0+T_2}$。如果该车经 $2T_2$ 时间后返回机场，并且需要等待 t 时间后"优先"载客，不妨设乘载非短途乘客，则要让这些同样在机场排队等待 T_0 时间的出租车单位时间的收益尽量均衡，即要求其等待时间 t 应该满足

$$\min_{t\geqslant0}\left[\frac{P_1+P_2}{T_0+2T_2+T_1+t}-\frac{P_1}{T_0+T_1}\right]$$

根据某机场的实际情况，给出确定的 T_0、T_1、T_2、P_1 和 P_2 的具体数值，则可以求解出相应的 t_0 值。即对于一辆短途的出租车来说，只要载客离开并在 $2T_0$ 时间内返回，只需要等待 t_0 时间即可"优先"载客，根据机场的具体情况确定合适的 T_0 和 t_0。

实证分析：以某机场和所隶属的城市为例，相关数据均取平均值，从机场载客到市区行驶时间为 $T_1=45\mathrm{min}$，相应收益为 $P_1=140$ 元；短途的行驶时间为 $T_1=20\mathrm{min}$，相应收益为 $P_2=35$ 元。不妨假设排队等待时间为 $T_0=120\mathrm{min}$，则有 $t_0=1.25\mathrm{min}$。即如果机场的短途载客出租车能够在 40min 内返回机场载客，该出租车只需要等待 1.25min 即可"优先"直接载客，而且能够载客（长途客）返回市区，这样就能使得与之前载客（长途客）返回市区的

出租车单位时间的收益基本均衡,这也是与该机场现实行的"优先"方案相吻合。

上述问题具有开放性、实用性,解决该问题没有固定的数学模型和建模方法,也没有确定的结果和结论。参赛队应该针对现实问题实际,抓住核心问题和主要因素,从实际问题出发,深入分析问题、自主研究问题,通过机理分析探索解决问题的模型和方法,从而获得贴合实际问题的结论。

参 考 文 献

[1] 李大潜.中国大学生数学建模竞赛[M].2 版.北京：高等教育出版社,2001.
[2] 姜启源.数学模型[M].2 版.北京：高等教育出版社,2003.
[3] 姜启源,谢金星,叶俊.数学模型[M].5 版.北京：高等教育出版社,2018.
[4] 司守奎,孙玺菁.数学建模算法与应用[M].北京：国防工业出版社,2014.
[5] 司守奎,孙玺菁.Python 数学实验与建模[M].北京：科学出版社,2020.
[6] 韩中庚.数学建模方法及其应用[M].3 版.北京：高等教育出版社,2017.
[7] 韩中庚.数学建模实用教程[M].北京：高等教育出版社,2012.
[8] 韩中庚,周素静.数学建模实用教程[M].2 版.北京：高等教育出版社,2020.
[9] 叶其孝.中学数学建模[M].长沙：湖南教育出版社,1998.
[10] 黄忠裕.初等数学建模[M].成都：四川大学出版社,2005.
[11] 薛凤,陈骑兵.数学实验与数学模型[M].北京：科学出版社,2016.
[12] 赵静,但琦.数学建模与数学实验[M].4 版.北京：高等教育出版社,2014.
[13] 靖新.数学建模[M].上海：同济大学出版社,2017.
[14] 薛毅.数学建模基础[M].北京：北京工业大学出版社,2004.
[15] 朱道元.数学建模案例精选[M].北京：科学出版社,2003.
[16] 刘红良.数学模型与建模算法[M].北京：科学出版社,2020.
[17] 沈继红,蔡志杰,李晓乐.炉温曲线的数学模型与求解[J].数学建模及其应用,2021,10(1)：62-72.
[18] 韩中庚.机场出租车问题的数学模型[J].数学建模及其应用,2020,9(1)：49-56.